辽宁瓦房店金伯利岩特征与金刚石成矿

倪　培　朱仁智 等　著

科　学　出　版　社

北　京

内 容 简 介

本书系统地总结了近些年来金伯利岩型金刚石矿床的研究进展，回顾了辽宁瓦房店金伯利岩的勘探开发历史，介绍了瓦房店金伯利岩的区域地质特征和典型矿床特征，分析了瓦房店金伯利岩的岩相学特征和地球化学成分，阐述了金伯利质岩浆经历的复杂地质过程，获得了金伯利质岩浆的初始成分，讨论了金伯利岩岩石学成因，建立了金伯利岩含矿性和指示矿物特征的内在联系，揭示了岩浆温度氧逸度条件对金刚石成矿的影响，建立了金伯利岩含矿性评价指标。

本书适合从事金刚石矿床研究的科研人员阅读，也适合从事金伯利岩型金刚石矿床矿山工作的一线地质工作者参考。

审图号：GS 京(2023)0846 号

图书在版编目(CIP)数据

辽宁瓦房店金伯利岩特征与金刚石成矿/倪培等著. —北京：科学出版社，2023.5

ISBN 978-7-03-075524-7

Ⅰ. ①辽… Ⅱ. ①倪… Ⅲ. ①金伯利岩–研究–瓦房店 ②金刚石矿床–成矿–研究–瓦房店 Ⅳ. ①P588.12 ②P619.24

中国国家版本馆 CIP 数据核字(2023)第 084346 号

责任编辑：周 丹 黄 梅/责任校对：郝璐璐

责任印制：师艳茹/封面设计：许 瑞

科学出版社 出版

北京东黄城根北街 16 号

邮政编码：100717

http://www.sciencep.com

北京九天鸿程印刷有限责任公司 印刷

科学出版社发行 各地新华书店经销

*

2023 年 5 月第 一 版 开本：720×1000 1/16

2023 年 5 月第一次印刷 印张：16

字数：323 000

定价：199.00 元

(如有印装质量问题，我社负责调换)

《辽宁瓦房店金伯利岩特征与金刚石成矿》

作者名单

倪　培　朱仁智　王殿忠

丁俊英　康　宁　居　易

序

金刚石是一种由碳元素组成的矿物，属于碳元素同素异形体之一。它是自然界中天然存在的最坚硬物质，广泛应用于国防、电子、航天等科学技术研究领域。一个国家对金刚石的需求量通常标志着该国的工业化水平。中国金刚石资源相对较为贫乏，产量仅为全球的0.1%。

金刚石最早被发现于印度，其后在南非、纳米比亚、俄罗斯、加拿大、澳大利亚相继被发现。20世纪70年代末以前，地质学家普遍认为金伯利岩是金刚石的唯一成矿母岩。直到澳大利亚阿盖尔地区钾镁煌斑岩型金刚石原生矿的发现才改变了这一认识，新的金刚石母岩得到了地质学家的关注。21世纪以来，在雅鲁藏布江缝合带的蛇绿岩型地幔橄榄岩体中，发现了金刚石等超高压矿物，在安徽宿州栏杆地区新元古代辉绿岩中发现大量的金刚石，不同产出金刚石的发现，揭示出新的潜在金刚石矿资源。

20世纪50年代我国最早在湖南发现了金刚石砂矿；60～70年代，山东沂蒙地区和辽宁南部地区相继发现了金刚石原生矿床。尤其，70年代以来，陆续发现了一些100克拉以上的宝石金刚石，如158克拉的“常林金刚石”、124克拉的“陈埠一号”金刚石、119克拉的“蒙山1号”金刚石等，这表明我国的金刚石具有很高的品质。目前我国的金刚石原生矿主要位于山东蒙阴和辽宁瓦房店（原被称为复县），均为金伯利岩型金刚石矿。这两个地方的金刚石原生矿为我国的经济发展作出了重大贡献，但随着岩区内富金刚石金伯利岩管（如山东胜利1号岩管和辽宁50号岩管）的闭坑停采，我国金刚石资源变得非常紧缺。

近些年，我国的金刚石矿床勘查取得了重大进展。辽宁省第六地质大队于2009～2010年和2011～2012年在瓦房店金刚石矿区分别提交了29.04万克拉和100万克拉金刚石资源量，2021年在瓦房店50号岩管旁发现深部隐伏矿体，这表明我国特别是瓦房店金伯利岩岩区仍然具有良好的找矿潜力。2014年，中国地质调查局开展了全国范围内的整装勘查区关键基础地质研究，辽宁省第六地质大队和南京大学地球科学与工程学院倪培教授团队合作，共同承担了瓦房店金伯利岩型金刚石原生矿床的关键基础地质研究项目。该书则反映了该项目的主要研究成果。

该书以瓦房店金刚石矿为研究对象，通过详细地野外地质调查和室内分析测试，系统地开展了金伯利岩岩石学成因研究，揭示了金刚石成矿过程，取得了许多创新性成果和认识。书中讨论了低温蚀变作用、地壳混染作用、分离结晶作用和地幔岩捕获作用等对金伯利岩岩浆成分的影响，限定了金伯利岩的初始岩浆成分，约束了金伯利岩源区成分和深度。该书运用指示矿物镁铝榴石和铬铁矿约束了华北克拉通古生代金刚石稳定区温度范围，建立了金伯利岩含矿性和指示矿物特征的内在联系，指出部分岩管中二者关系解耦的内在原因；首次报道了瓦房店金伯利岩岩浆的温度和氧逸度，揭示了低氧逸度和低温金伯利岩岩浆有助于金刚石成矿；建立了金伯利岩含矿性评价指标，对金刚石勘探工作具有重要的指导意义。书中提出了可以用指示矿物的岩相学和地球化学特征来示踪金刚石成矿过程，通过金伯利岩的空间岩相分布特征来判别金刚石形成后的保存，指导金刚石找矿。

我欣喜于并祝贺该书的出版，相信其对从事金刚石矿床研究的科研人员和从事金刚石矿床矿山工作的一线人员有重要的意义。欣然为序。

中国科学院院士

杨经绥

2023 年 5 月于南京

目　　录

第1章　绪　　论

金刚石是一种由碳元素组成的单质矿物，与石墨、赵击石等共同构成同质四象。它是目前自然界发现的最为坚硬的矿物，化学性质稳定，用途广泛。在工业上常用作切割工具，在高温高压实验研究中用作金刚石压腔，在生活中象征最坚不可摧的爱情。由于金刚石具有高折射率，在灯光下显得熠熠生辉，因此常作为宝石，具有极高的经济价值。金伯利岩作为与金刚石关系最为紧密的岩石，虽然在自然界的分布极少，但受到地质学者们的广泛关注。金伯利岩也是目前地球上来源最深的天然样品，对于了解深部岩石圈地幔性质及演化具有不可替代的优势。本书选择华北克拉通瓦房店含金刚石金伯利岩岩区作为研究对象，重点介绍金伯利岩岩石学特征及金刚石成矿过程，以期对我国金刚石成矿作用和金刚石勘探提供一定的理论指导。

1.1　金　刚　石

1.1.1　世界金刚石矿床发现简史

印度是最早发现金刚石的国家。大约在2800年前，在现在印度安得拉邦境内的克里希纳河和彭纳河的砂砾层中，发现了大量的金刚石。从河流砂砾层和古老的砂砾岩中开采金刚石在印度持续了十几个世纪。到20世纪30年代印度才发现了原生金刚石矿，然而这些原生矿储量有限，品位很低（张培元，1997）。17世纪中叶，巴西在米纳斯吉拉斯州首次发现金刚石砂矿，随后在皮奥伊州等地也找到了金刚石砂矿床。结果，巴西取代了印度成为世界金刚石的主要来源地。然而经过300多年的普查找矿，巴西虽然找到了600多个金伯利岩体，但没有一个岩体是具有经济价值的金刚石原生矿（张培元，1997）。

1866年是世界金刚石找矿史上非常重要的一年，这一年在南非首次发现金刚石。这颗金刚石在开普省金伯利城以西的霍普敦附近的奥兰治河（Orange river）阶地上被发现，重21.25克拉，被命名为“尤里卡”（Eureka）（Lewis, 1887）。1869年在该地又发现了一颗重达83.5克拉的宝石级金刚石，命名为“南非之星”（Star of South Africa）。此后，在南非掀起了寻找金刚石的热潮，成千上万的人聚集在奥兰治河的阶地砂砾层中寻找金刚石并发现了几处规模大、品位高的金刚石砂矿。在开采金刚石砂矿的过程中，于1869年在金伯利地区的布尔丰坦（Bulfontien）

农场首次发现了世界上第一个富含金刚石的金伯利岩筒，即金刚石原生矿床；同年在布尔丰坦农场附近的杜托依茨潘（Dutoitspan）农场发现了富含金刚石的金伯利岩筒。1870年在金伯利城附近发现了举世闻名的“金伯利”（Kimberlity）和“戴比尔斯”（De Beers）金伯利岩筒。金伯利岩（kimberlite）的命名由此而来（张培元，1997）。后来在南非又陆续发现了著名的“普列米尔”（Premier）、“芬契”（Finsch）和“维尼仕亚”（Venetia）金伯利岩筒。随着这些原生矿和其他砂矿的发现，在19世纪中叶，南非取代了巴西，成为世界上最重要的金刚石产地。南非目前发现的金伯利岩筒超600个，其中约60%含金刚石，具有重要经济价值的大约有10个。

1908年在西南非洲（1968年更名为纳米比亚）发现了金伯利岩筒。随后的勘查工作表明，这里蕴藏着世界上最大的滨海金刚石砂矿，金刚石的质量也最好，宝石级金刚石约占95%。

俄罗斯早在1829年就发现了第一个次生金刚石，然而直到1954年才发现第一个含金刚石的金伯利岩筒——“闪光”岩筒。1955年以后，该区又陆续发现了多个大型金刚石原生矿床。自1971年以后，苏联的金刚石产量就超过南非，仅次于扎伊尔[现为刚果（金）]，跃居为世界第二位。

澳大利亚1851年在东南部的新南威尔士开采黄金和锡石砂矿时首次发现金刚石。历经一个多世纪，直到20世纪70年代才将金刚石找矿的重点地区由东部转移到西北部，在西澳的金伯利地区发现了一批含金刚石的金伯利岩筒。特别是1979年发现了金刚石原生矿床的新类型——钾镁煌斑岩型金刚石原生矿床，使澳大利亚一跃成为世界上最重要的金刚石产地。

美国早在20世纪初期就有发现金刚石的报道，但至今尚未找到具有重要经济价值的金刚石矿床。与美国相邻的加拿大早在1899年就被预测有金刚石，然而历经近100年，除发现少量金刚石和微含金刚石的金伯利岩筒外，几乎一无所获。直到1981年，在菲普克为首的三人小组艰苦奋斗下，才终于发现了大型金刚石原生矿床。加拿大比较著名的金伯利岩筒有“熊猫”“树熊”“狐狸”“莱斯里”“米色利”等。

中国最早发现金刚石是清朝道光年间（1821～1850年）在湘西地区的桃源、常德等地。大约在同一时期，山东临沭中下游的郯城地区也发现了金刚石（张培元，1997）。1953年以来先后在山东、湖南、贵州、江苏、辽宁等省开展金刚石普查，并取得了金刚石的勘探突破。20世纪50年代在湖南发现了金刚石砂矿；60年代在山东沂蒙地区首次发现了金伯利岩型金刚石原生矿床；70年代在辽宁南部地区发现了金刚石原生矿床，金刚石品质高，以宝石级金刚石为主。

1.1.2　金刚石物理化学特征

金刚石（diamond），又称钻石，是一种由碳元素组成的单质矿物，与石墨、赵击石等构成同质四象。它具有金刚光泽、高折射率（2.40～2.48）等特征。自然界中金刚石有无色、淡黄色、黄色、蓝色、褐色等，其中以前两种颜色为主。市场上最为常见的为无色透明的钻石，而有些特殊颜色的有色钻石价格不菲。世界上最昂贵的有色钻为蓝色的水蓝钻石——希望之星。金刚石呈现不同颜色的原因有多种，如金刚石中含有杂色元素、晶格错位或缺陷、包裹体等。金刚石中除碳元素外，常含有一定含量的氮（N）、硼（B）、硅（Si）和氧（O）（Mainwood，1979；Briddon and Jones, 1993; Kaminsky et al., 2001; Breeding and Shigley, 2009）。氮和硼是金刚石中含量最高并且最重要的杂质元素，它们的含量和赋存状态是金刚石类型划分的重要依据（图 1-1）。

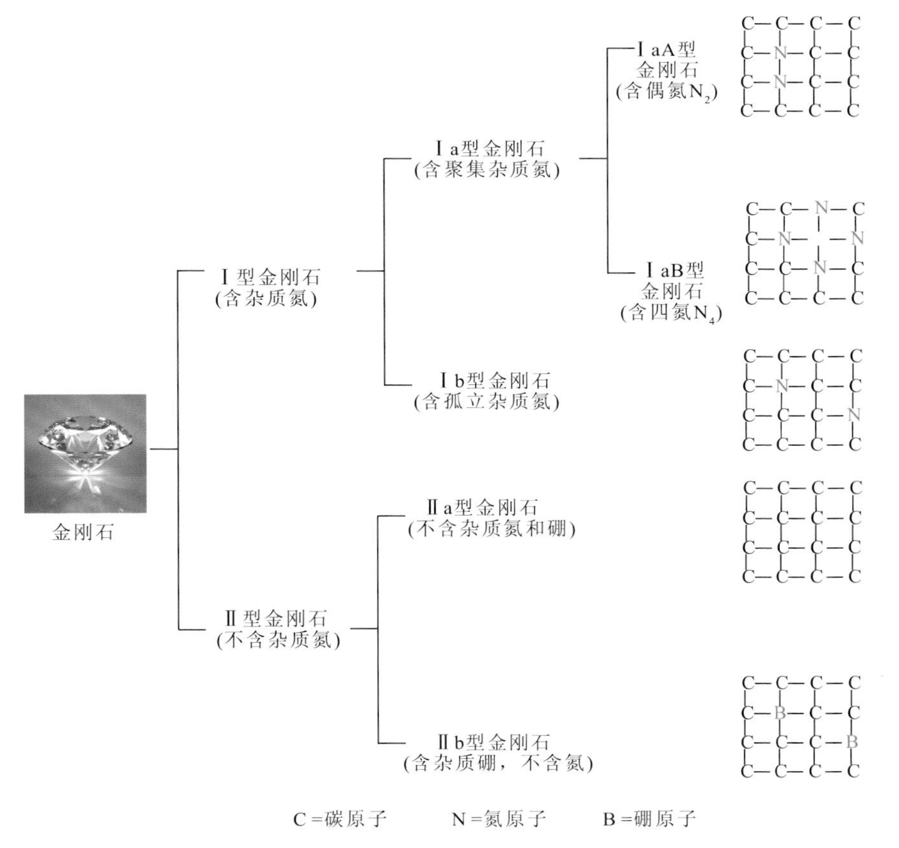

图 1-1　不同类型金刚石的内部原子特征

金刚石中N的含量及特征可以利用红外光谱仪进行分析。根据N含量的不同，金刚石可以被划分为Ⅰ型金刚石（N含量高于20×10^{-6}）和Ⅱ型金刚石（N含量低于20×10^{-6}，不足以被红外吸收光谱仪检测到）(Kaminsky et al., 2001; Breeding and Shigley，2009)。Ⅰ型金刚石杂质N的红外吸收峰主要表现为1370 cm^{-1}、1430 cm^{-1}、1282 cm^{-1}、1175 cm^{-1}和1130 cm^{-1}等，Ⅱ型金刚石表现为微弱的或无杂质N吸收峰。根据杂质N在晶格中的聚集状态，Ⅰ型金刚石可以进一步被划分为Ⅰa和Ⅰb型金刚石。Ⅰa型金刚石中的氮原子呈现出聚集状态，可以表现为两个氮原子相邻（又称作A心）或四个氮原子相邻（又称之为B心）以及它们的过渡状态，相对应形成的金刚石称为ⅠaA型、ⅠaB型和ⅠaAB型金刚石。Ⅰb型金刚石中的氮原子表现出孤立的状态，相互之间不相邻。Ⅱ型金刚石同样可以根据杂质硼（B）含量进一步分为Ⅱa和Ⅱb型金刚石，其中Ⅱa型金刚石不含杂质硼，红外光谱无明显吸收峰，Ⅱb型金刚石含有杂质硼，具有2800 cm^{-1}的红外光谱吸收峰（Breeding and Shigley, 2009）。

在地幔环境中，金刚石中的氮呈现出由孤立状态向聚集状态转变的趋势，转变的速率主要由金刚石所在的地幔源区温度决定（Evans and Qi，1982）。从Ⅰb型金刚石向ⅠaA型金刚石的杂质N转变速率是非常快的，而ⅠaA型金刚石向ⅠaB型金刚石的杂质N转变要缓慢一些（Taylor et al., 1996）。在金刚石稳定的温度范围内（例如>950℃），Ⅰb和ⅠaA型金刚石在地幔中的滞留时间很短（<<15Ma），而ⅠaB型金刚石的滞留时间相对较长一些。金刚石中不同类型的氮集合体（主要是“A心”和“B心”）的相对比例可用来估算金刚石在地幔中的留存时间，结合金刚石载体岩石（如金伯利岩）的形成时代，可获得金刚石的结晶时间（Evans and Harris,1986; Taylor et al.,1990)。蔡逸涛等（2020）利用此方法计算了徐州碱性基性岩中金刚石在地幔中赋存的年龄为550 Ma，比辽宁金刚石赋存年龄短300 Ma。

1.1.3 金刚石中包裹体

金刚石在形成过程中往往会包裹周围环境中的物质，这些物质被称为包裹体。金刚石中包裹体为我们了解金刚石形成环境、形成时代、形成机制提供了重要信息（Stachel and Luth, 2015）。对金刚石中包裹体的描述和研究可以追溯到20世纪50年代。金刚石中包裹体主要为硅酸盐矿物（如橄榄石、单斜辉石和石榴石），还包括氧化物（如铬尖晶石和柯石英）、金属（如自然铁和自然镍）、硫化物（如黄铁矿）以及碳化硅和碳化铁（Davies et al., 2004; Hunt et al., 2012; Kaminsky and Wirth, 2011; Leung et al., 1990; Miller et al., 2014; Moore and Gurney, 1985; Pearson et al., 1998; Smit et al., 2010；Stachel and Harris, 2008）。Stachel和Harris（2008）对3145粒含有硅酸盐矿物和氧化物矿物包裹体的金刚石进行了统计分析，约有90.4%的金刚石来源于克拉通岩石圈地幔；3.6%的金刚石含有超硅石榴石

（majoritic garnet）包裹体，其中2.8%为深部榴辉岩型，0.8%为深部地幔橄榄岩型；此外还有约 6% 的金刚石含有铁方镁石（ferropericlase）包裹体，可能来自于下地幔。根据包裹体的组合以及成分特征，可以将来自于克拉通岩石圈地幔中的金刚石划分为3种类型，分别为地幔橄榄岩型、榴辉岩型和二辉辉石岩型（Stachel and Harris, 2008）。在所有金刚石中，地幔橄榄岩型金刚石最多，约占 65%；榴辉岩型金刚石次之，约占 33%；二辉辉石岩型金刚石仅占 2%（图 1-2）。典型的地幔橄榄岩型金刚石中单斜辉石包裹体通常为翠绿色，有较高的 Cr_2O_3 含量（0.6%～2.4%），同时具有较高的 $Mg^{\#}$（92.5～93.5）（$Mg^{\#}=[Mg/(Mg+Fe^{2+})\times100]$），石榴子石包裹体的 Cr_2O_3 含量通常大于 1%（Grütter et al., 2004）；榴辉岩型金刚石中单斜辉石包裹体通常为浅绿色，具有较低的 $Mg^{\#}$，小于 85，石榴子石包裹体的 Cr_2O_3 含量通常小于 1%（Stachel and Harris, 2008, 2009）。

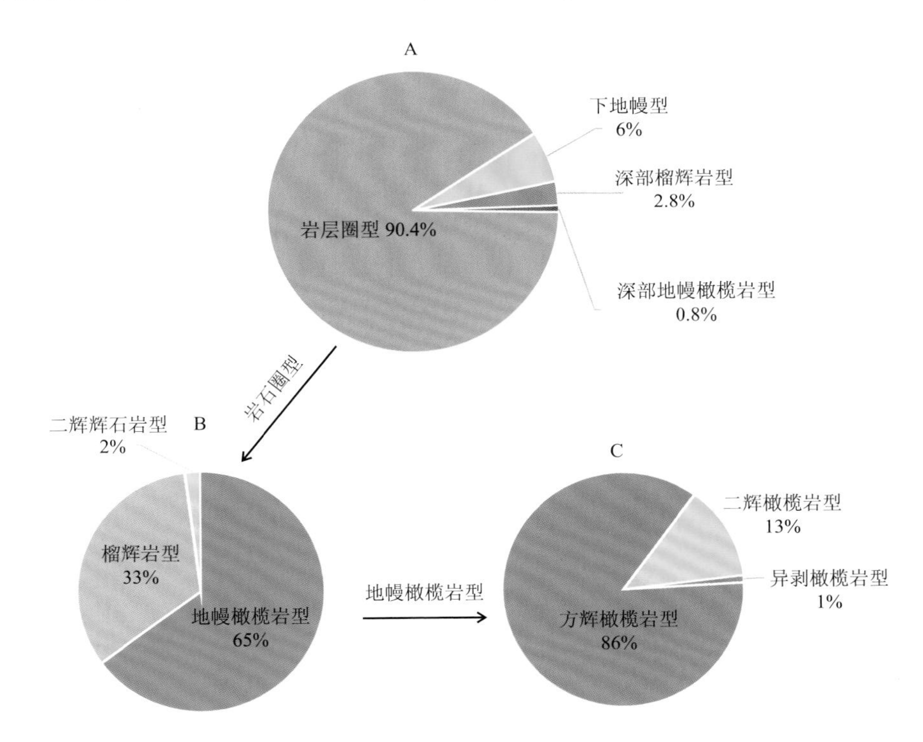

图 1-2　不同类型的幔源型金刚石分布

地幔橄榄岩型金刚石可以进一步划分为二辉橄榄岩型、方辉橄榄岩型以及异剥橄榄岩型（Stachel and Harris，2009）。地幔橄榄岩型金刚石中，方辉橄榄岩型占比 86%，二辉橄榄岩型占比 13%，异剥橄榄岩型占比约 1%（Stachel and Harris, 2008, 2009）。二辉辉石岩型金刚石的橄榄石包裹体通常具有较低的 $Mg^{\#}$，小于 88；

二辉橄榄岩型金刚石中的橄榄石的 $Mg^{\#}$ 介于 90.1～93.6，平均值为 92.0；方辉橄榄岩型金刚石的橄榄石包裹体具有较高的 $Mg^{\#}$，介于 90.2～95.4，平均值为 93.2。二辉辉石岩型金刚石的斜方辉石包裹体具有较低的 $Mg^{\#}$，通常小于 86；方辉橄榄岩型和二辉橄榄岩型金刚石中的斜方辉石包裹体成分接近，但是前者具有较高的 $Mg^{\#}$ 值和较低的 CaO，显示更为亏损的特征，与橄榄石包裹体的成分具有一致的特征规律（Stachel and Harris，2008）。金刚石中橄榄石包裹体 $Mg^{\#}$ 的增高，反映了形成金刚石的围岩的亏损程度增加，这种从二辉橄榄岩到方辉橄榄岩逐渐亏损的趋势，与现代大洋地幔橄榄岩和蛇绿岩型地幔橄榄岩的亏损特征是一致的。

金刚石中的尖晶石包裹体主要以铬尖晶石为主，不透明，深红色，具有很高的 Cr_2O_3 含量（最高可达 65%）。铬尖晶石的 $Cr^{\#}$ 为矿物形成的环境提供重要信息。克拉通型二辉橄榄岩和方辉橄榄岩中铬尖晶石的 $Cr^{\#}$ 至少大于 80。根据 Stachel 和 Harris（2008）的统计结果，98%的金刚石中的铬尖晶石包裹体的 $Cr^{\#}$ 大于 80。铬尖晶石的铬指数和 Zn 也可以为金刚石形成的温度和压力提供重要信息（Kaminsky and Wirth, 2011; Zhu et al., 2022）。

硫化物是金刚石中除硅酸盐矿物和氧化物矿物之外的一种较为常见的矿物包裹体。这种矿物包裹体常被用来约束金刚石的形成时间和形成环境。Pearson 等（1998）对南非 Koffiefontein 金伯利岩中的地幔橄榄岩型和榴辉岩型金刚石中的硫化物包裹体进行了 Re-Os 同位素分析，其中单粒地幔橄榄岩型金刚石中的两粒硫化物包裹体形成的 Re-Os 等时线年龄为（60±30）Ma，与金伯利岩喷发的年龄一致；而榴辉岩型金刚石中硫化物包裹体产生较老的 Re-Os 模式年龄，范围为 1.1～2.9 Ga。Smit 等（2019）对来自稳定的西非克拉通大于 120 km 深度岩石圈地幔的六个新元古代金刚石中的 6 个硫化物包裹体进行了硫同位素研究，揭示了岩石圈地幔水平侧向增生导致的大陆形成过程的差异性。

1.1.4　金刚石成因

金刚石是地球早期地质作用的产物，它们的形成作用是一个长期结晶、生长和演化的过程。金伯利岩最早是作为产出金刚石的工业矿床被地质学家关注的。在发现金伯利岩以来的 150 多年间，全球金刚石矿床成矿理论正处于深化研究和不断发展的阶段，各种不同的金刚石成因类型及其形成条件陆续被提出。概括起来主要有 4 种观点：一是地幔捕虏晶成因；二是幔源岩浆结晶成因；三是变质作用成因；四是陨击作用成因（Haggerty, 1986; Navon, 1999；Sobolev and Shatsky, 1990; Xu et al., 1992；张培元, 1998, 1999）。

成因 1（地幔捕虏晶成因）：金刚石在上地幔的岩石圈与软流圈的交界处，距地表 150～250 km 的深部，在温度为 1150～1400℃、压力为 45～60 kbar 的高温、超高压的热动力条件下，在中等氧逸度的上地幔环境中形成（Navon, 1999）。俯冲到地幔深部的大陆地壳重新熔融成富含挥发分的熔体或引起地幔热点作用，使岩石圈底部的橄榄岩质岩石部分熔融形成金伯利岩、钾镁煌斑岩等携带金刚石的“特殊岩浆”，先后沿着岩石圈的薄弱地带以及古老克拉通内部和边缘断裂带，在H_2O、CO_2等挥发分的驱动下，快速上侵，在接近地表时，以火山形式爆发形成含金刚石的金伯利岩筒或钾镁煌斑岩（图1-3）。在这些含金刚石岩石中，颗粒较大的金刚石属于地幔捕虏晶成因（Haggerty, 1986; Wilson and Head, 2007）。该成因有以下证据支持：金伯利岩型和钾镁煌斑岩型原生矿床以及砂矿床中金刚石内的包裹体矿物，均属幔源岩石矿物（Menzies, 2001）；原生矿床中金刚石的形成年龄往往要比金伯利岩或钾镁煌斑岩的侵位时代老得多（Smith, 1983）。

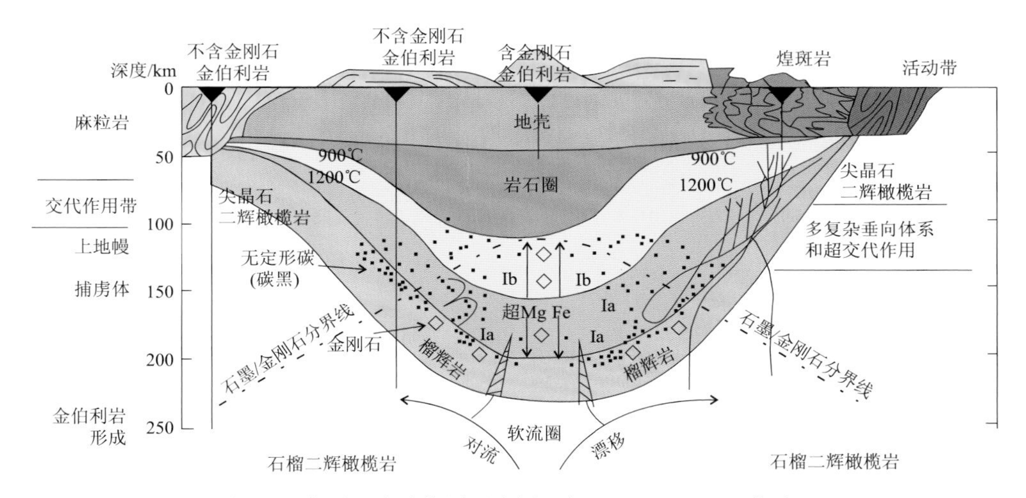

图1-3 金刚石成矿作用示意图（据Haggerty, 1986修改）

成因2（幔源岩浆结晶成因）：金伯利岩型和钾镁煌斑岩型原生矿床中的绝大多数金刚石形成于上地幔，属于地幔捕虏晶成因，但一些晶形完整的小颗粒金刚石也可能是从幔源岩浆中结晶出来的。除金伯利岩和钾镁煌斑岩外，世界各地已发现10多处偏碱性超基性岩含极少量的晶形完整的微粒金刚石（张培元，1998, 1999）。只要原始岩浆中有足够的原生碳，并具备形成金刚石相应的热动力条件，就有可能从岩浆中结晶出金刚石。金伯利岩中富含比其他岩浆更高的原生碳含量和挥发分，这样有利于产生超高压的环境。

成因3（变质作用成因）：变质岩中的金刚石是由俯冲板块在地幔深处经过变质作用形成（如哈萨克斯坦的北部、中国安徽大别山，Sobolev and Shatsky, 1990; Xu et al., 1992）。

成因4（陨击作用成因）：陨星对地球的撞击作用，形成高温、超高压的热动力条件，可以使靶岩中的碳质转变成金刚石（俄罗斯 Popigai 陨石坑，Masaitis,

1998）。

关于金刚石原生矿成因，地质学家现在普遍接受地幔捕虏晶成因理论。除以上4种金刚石成因理论外，近些年来也发现了一些特殊的含金刚石岩石。在华北克拉通东部陆块东南缘安徽栏杆地区的新元古代辉绿岩中发现了大量的金刚石（蔡逸涛等, 2014；朱仁智等, 2018；倪培和朱仁智, 2020），栏杆地区金刚石呈黄绿色-黄褐色，透明，金刚石光泽，高硬度，晶形良好，为八面体和菱形十二面体，粒径0.1～0.5 mm，在1332 cm^{-1}出现典型金刚石拉曼谱峰。金刚石红外光谱中出现1130 cm^{-1}谱峰，未出现1282 cm^{-1}和1175 cm^{-1}谱峰，为Ⅰb型金刚石（朱仁智等, 2018）。西藏雅鲁藏布江蛇绿岩的铬铁矿中也发现了金刚石，这种新型的金刚石被称为蛇绿岩型金刚石（杨经绥等, 2013；杨经绥, 2020）。这些金刚石是早期俯冲的地壳物质到达地幔过渡带后被肢解，加入到周围的强还原流体和熔体中，随后熔融物质向上运移到地幔过渡带顶部，与铬铁矿以及周围的地幔岩石等一并结晶形成，之后被上涌的地幔柱带至浅部（杨经绥等, 2013）。

1.2　金伯利岩

1.2.1　金伯利岩的地质产出

金伯利岩是自然界来源最深的火成岩，也是一种不常见的岩石。在经济上，金伯利岩与金刚石这种昂贵的宝石资源有着紧密的联系；在学术研究上，金伯利岩和其携带的幔源岩石捕虏体都是源自地球深部的样品，为研究岩石圈地幔的性质和演化提供了重要窗口。

金伯利岩是大陆板块内岩浆作用的产物。Clifford（1966）最先认识到金伯利岩岩浆作用都发生在古老克拉通地区。目前已经在中国、南非、坦桑尼亚、加拿大、南美、西伯利亚和西澳大利亚等地发现了金伯利岩（图1-4，Pasteris, 1984; Eckstrand et al., 1995），这些金伯利岩呈群分布在太古宙-古元古代的厚的克拉通上。在地质历史上，金伯利岩形成时代可分成几个周期。目前已知的最老的金伯利岩（～1600Ma）来自于南非的Kuruman（Shee et al., 1989）；前寒武系金伯利岩（～1000Ma）分布在非洲、巴西、澳大利亚、印度和西伯利亚；寒武系-奥陶系（450～500Ma）金伯利岩分布在中国、加拿大、南非和西伯利亚；志留系-泥盆系（370～410Ma）金伯利岩分布在西伯利亚和美国；二叠系（～200Ma）金伯利岩分布在博茨瓦纳、加拿大、新西兰、坦桑尼亚；白垩系（80～120Ma）金伯利岩分布在非洲、加拿大、印度、巴西、西伯利亚和美国；始新统（～50Ma）金伯利岩分布在加拿大和坦桑尼亚；最年轻的金伯利岩（～22Ma）来自于澳大利亚西北部（Dawson, 1980, 1989; Pasteris, 1984）。

图 1-4　世界上含金刚石岩石分布

1.2.2　金伯利岩的定义

金伯利岩具有复杂的结构构造、矿物组成、岩相学和地球化学特征，因此关于金伯利岩的定义和分类是多样的。目前 Mitchell 提出的金伯利岩定义（Mitchell, 1979; Mitchell, 1986）最为学者理解和接受，该定义介绍了一个金伯利岩类的概念，覆盖了范围很宽的一些岩石组成，包括金伯利岩中的粗粒/巨晶矿物。Mitchell（1986）的定义如下：金伯利岩是一种富挥发分（主要是 CO_2）钾质超基性岩类。在其细粒的基质内常出现粗粒矿物（某些情况下为巨晶 megacrysts），它们呈现出不等粒结构。粗粒或者巨晶矿物组合包含浑圆状的它形晶：镁钛铁矿、贫铬钛镁铝榴石、橄榄石、贫铬单斜辉石、金云母、顽火辉石和贫钛铬铁矿。橄榄石在粗粒矿物组合中占主导地位。基质矿物包括第二世代自形的原生橄榄石和金云母、钙钛矿、尖晶石（含钛镁铝铬铁矿、钛铬铁矿、镁钛尖晶石-钛铁尖晶石-磁铁矿系列）、透辉石（贫铝和贫钛）、钙镁橄榄石、磷灰石、方解石和原生的晚阶段蛇纹石（通常富铁）。一些金伯利岩含有晚期形成的嵌晶金云母。含镍硫化物和金红石是常见的副矿物。岩浆晚期的蛇纹石和方解石常交代取代早期形成的橄榄石、金云母、钙镁橄榄石和磷灰石。经历岩浆演化后的金伯利岩类可能没有或者仅含有少量粗粒矿物，主要由方解石、蛇纹石、磁铁矿以及少量的金云母、磷灰石和钙铁矿组成。Mitchell（1986）认为自然界存在金伯利岩浆，幔源捕虏体不是必需的成分，但是含粗粒或巨晶应包括在定义之内。他的观点认为金伯利岩不含有霞石、白榴子石、黄长石或者钾霞石等矿物。

我国学者池际尚等（1996b）把金伯利岩看作是一种由地幔（橄榄岩物质）-岩

浆（钾质超基性）-流体（CHO 体系）三种组分共同组成的杂岩（hybrid rock）。具体特征简述如下：①金伯利岩中的浑圆状粗粒矿物主要为橄榄石，其次为铬镁铝榴石、铬透辉石、铬铁矿、金云母、顽火辉石等，这些矿物是地幔橄榄岩或其他深源物质的解体矿物；②自然界存在金伯利岩岩浆，它们是由低程度部分熔融形成的富含挥发分的钾质超基性熔体，原生结晶矿物有橄榄石和金云母斑晶，基质矿物有金云母、钙镁橄榄石、尖晶石、钛铁矿、钙钛矿和磷灰石；③流体是一独立组分，在金伯利岩岩浆结晶后期，H_2O 和 CO_2 形成独立结晶相，以蛇纹石、碳酸盐矿物和绿泥石为主。

1.2.3　金伯利岩分类

目前，关于金伯利岩的分类方式国际上仍然存在较大的争议。国际地质科学联合会（IUGS）在分类体系中还没有给出金伯利岩的分类。研究金伯利岩的学者们提出了众多分类方法，其中以下两种分类方式被广泛应用：按照金伯利岩结构分类和按照金伯利岩化学成分分类。

第一种金伯利岩分类方式是基于金伯利岩管的结构（Clement and Skinner, 1979; Clement, 1982）。金伯利岩管主要有两种形态：垂直的胡萝卜型和平坦的岩脉型（Mitchell, 1986）。20 世纪 70 年代，Dawson（1971）和 Hawthorne（1975）对这两者的关系做了大量的研究，他们注意到金伯利岩的顶部常有火成碎屑金伯利岩和外生碎屑金伯利岩，随着深度下降，金伯利岩常表现为无碎屑的半深成侵入岩。在他们研究的基础上，Mitchell（1986）提出了金伯利岩管模型（图 1-5）：金伯利岩管包括火山口相、火山通道相和根部相。每一种相中金伯利岩的结构都不相同，它们是由不同期次的岩浆活动形成的。

火山口相金伯利岩包括火成碎屑金伯利岩和外生碎屑金伯利岩（Mannard, 1968）。金伯利岩岩浆极难形成熔岩，但是很容易形成火成碎屑岩。火山口相中从深部到浅部，角砾岩可分为以下几种：深部形成火成碎屑岩（凝灰岩、凝灰角砾岩），成层性差，包括金伯利岩碎片、围岩角砾和地幔捕虏体；往上形成成层性好的凝灰岩，这些凝灰岩由互层的凝灰岩（粗粒角砾凝灰层和薄层细粒凝灰岩层）组成；最上面为外生碎屑岩，湖泊相沉积。许多金伯利岩管火山口相看不到层状结构和沉积特征，主要是因为这类凝灰岩是火山灰形成的。大量的火成碎屑岩矿床与火山通道相和凝灰岩环有关，但储量都很低。火成碎屑岩核部有时会被随后的浅成岩浆侵入或者岩浆喷发破坏，边部发生下降作用，得以保存下来。矿体横切面呈圆形-椭圆形，纵切面竖直。火山通道相最常见的岩石为凝灰质金伯利角砾岩（Mitchell, 1986），这些角砾岩中包括大量的厘米到微米级的球形颗粒和棱角-椭圆形围岩角砾。角砾岩中常见分离的破碎橄榄石、石榴子石、钛铁矿以及其他

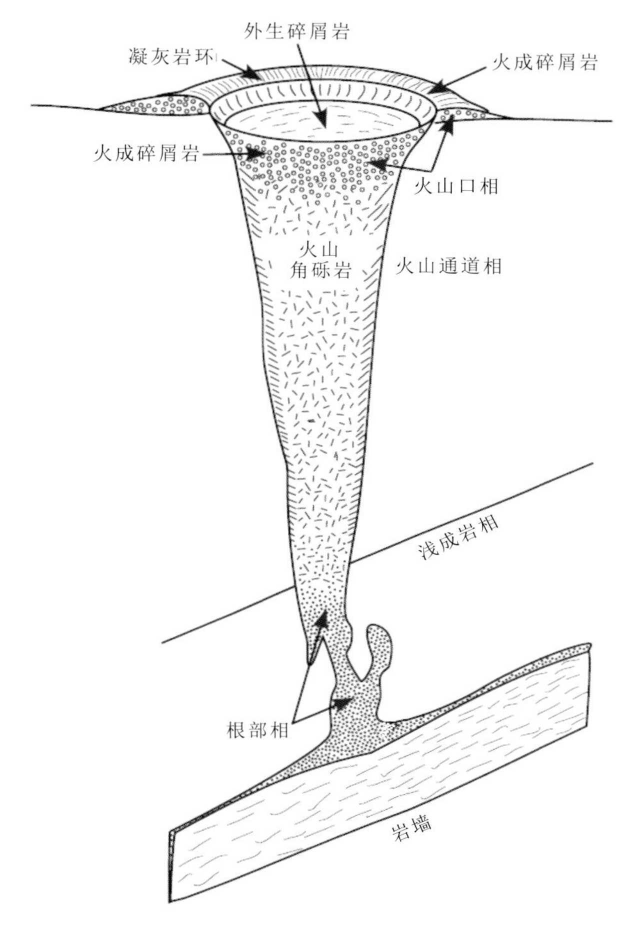

图 1-5　金伯利岩岩管形态图（据 Mitchell, 1986）

岩管从下到上依次为根部相、火山通道相和火山口相

粗晶矿物碎片。角砾岩基质为结晶程度好的微晶透辉石和蛇纹石，基质常遭受后期黏土和碳酸盐矿物交代。在火山通道相中常见一到三种结构的凝灰金伯利角砾岩。根部相的岩石由富含挥发分的金伯利岩浆结晶形成。岩石具火成岩结构和结晶分异作用，常见围岩捕虏体。根部相岩石主要呈垂直岩墙产出，宽 1～3 m，最大可达到 10 m（Mitchell, 1986）。根部相岩石常形成多个岩墙，平行分布，成群产出，大多数岩墙之间无联系，岩墙深部越深，宽度越大。岩浆结晶作用明显，围岩蚀变作用轻微。岩墙通常都很小，来源不明，深部弯曲，往上逐渐转为垂直（Mitchell, 1986）。岩墙整个形态不受其他因素控制，但岩墙范围限制在与围岩接触带内。岩墙之间互相切割现象很少，暗示此时岩浆作用已处于晚期。

第二种金伯利岩分类方式是基于金伯利岩的矿物、岩相学和同位素特征。该分类方式最早由 Wagner（1914）提出，然后由 Smith（1983）进行了改进。根据此分类模型，金伯利岩可划分为Ⅰ型金伯利岩和Ⅱ型金伯利岩。Ⅰ型金伯利岩是最早发现的原生金刚石的母岩，曾被称为“玄武质金伯利岩”，该类金伯利岩中可见橄榄石斑晶和橄榄石微晶，非常富 CaO、H_2O 和 CO_2，贫 K_2O 和 SiO_2；Ⅱ型金伯利岩曾被称为橙色岩或云母金伯利岩，是一种富 H_2O 和 K_2O 的岩石，并以更高的 K_2O/Na_2O 值区别于Ⅰ型金伯利岩（Mitchell, 1995）。Ⅰ型金伯利岩具有类洋岛玄武岩的同位素组成（例如，$^{87}Sr/^{86}Sr$=0.703～0.705，$^{143}Nd/^{144}Nd$=0.51271～0.51277，$\varepsilon_{Nd}=-0.5\sim+6$）；Ⅱ型金伯利岩具有类大陆钾质火山岩的同位素特征（例如，$^{87}Sr/^{86}Sr$ = 0.707～0.712，$^{143}Nd/^{144}Nd$ = 0.51208～0.51228，$\varepsilon_{Nd}=-7\sim-12$）。

1.2.4　金伯利岩上升和侵位

金伯利岩岩浆上升和侵位的动力学模型如图 1-6 所示（Wilson and Head, 2007）。该模型认为金伯利岩岩浆从地幔深处以岩墙形式快速侵位至地表，而不是先经过底辟作用然后再形成岩墙（Green and Gueguen, 1974）。在此模式中，地幔岩石发生部分熔融形成金伯利岩岩浆，当部分熔融程度超过临界水平时，金伯利岩岩浆得以上升，这一过程中由于应力作用会使得地幔岩石发生变形。该模型将金伯利岩上升过程分为 6 个阶段，每个阶段其岩管压力会发生很大的变化（Wilson and Head, 2007）。

阶段 1：该阶段包括岩墙形态形成和 CO_2 流体分离。地幔中形成金伯利岩岩墙的深度大概为 250 km，压力 8 GPa。岩墙中的 CO_2 溶解度随着压力变化而变化，最大可达 20%。当岩浆开始运移时，岩浆会释放大约 90%的 CO_2，从而达到最大流动速度，此时压力会减小到 2 GPa（图 1-6A）。释放的 CO_2 和水会形成超临界流体填充在岩墙的尖端。由于岩浆释放的挥发分（CO_2 和水）运移到岩墙尖端这一过程比较困难，所以会在尖端和岩浆之间快速形成一个泡沫层（图 1-6B）。泡沫层中的流体泡会快速进入尖端，尖端的压力会下降到流体球形泡体积分数的 0.7～0.8。低于这个压力流体泡会发生破裂，从而释放气相成分。当流体泡达到 75%的体积分数，CO_2 密度为 220 kg/m^3，此时尖端压力会下降到 70 MPa，由于泡沫层两端压力差（2 GPa 和 70 MPa），泡沫层和尖端中的 CO_2 会不断得到供应更新。岩墙尖端接近地表时其长度可以达到 2～4 km。

阶段 2：该阶段包括岩墙上升和围岩的破碎。当岩浆从源区（8 GPa）上升到泡沫层段（2 GPa），它的温度会由 1650 K 下降到 1450 K。岩浆穿透泡沫层压力会从 2 GPa 下降至 70 MPa，这一过程可被认为是气体的绝热膨胀，导致温度从 1450 K 下降到 1110 K。岩墙尖端到岩浆源之间压力差减去岩浆柱静态重力差得到的压力值会保持稳定，这个值大概为 8 GPa，压力梯度值大概为 4 MPa/m，随着岩浆越接近地表，这一压力值会减小到 1 GPa，压力梯度值大概为 1 MPa/m。平均

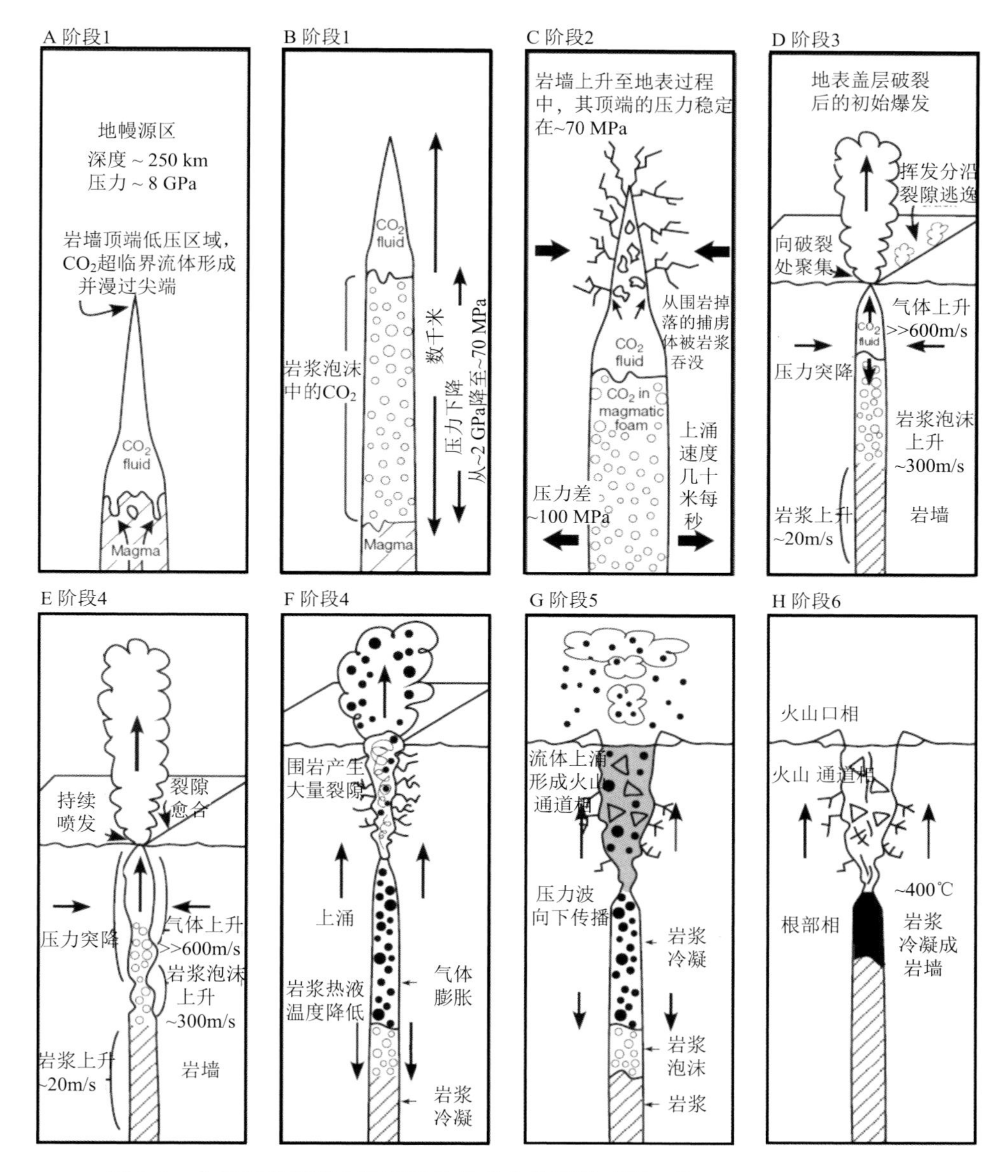

图 1-6 金伯利岩岩浆上升和侵位的动力学模型（据 Wilson and Head, 2007）

的压力梯度值大概是玄武质岩浆喷发时压力梯度值的 20 倍（图 1-6C）。在岩浆整个上升过程中，岩浆尖端压力值会稳定在 70 MPa 左右，随着上覆围岩厚度减少，重力负荷降低，岩墙尖端压力值会降低。上升过程与岩浆接触的围岩会发生破碎，围岩被撕裂、捕虏，快速穿过 CO_2 层，最终被岩浆同化，未能被完全同化的就成为金伯利岩中捕虏体。在岩浆离地表只有几千米时，应力从拉伸转换成压缩性质，这时会有大量的围岩被捕虏，岩浆与围岩作用的时间会影响岩浆最后的侵入位置。

阶段 3：该阶段中，岩墙顶端会穿透地表，大量的 CO_2 气体释放。岩墙顶端到达地表时，会呈凸面形状接触地表，其凸面最高点会首先到达地表（图 1-6D）。超临界流体由于压力的降低会导致第一次的火山作用，其速度达到 20 m/s，其气体速度可以达到 1.4 km/s，温度下降到 300 K。扩展波会使得岩墙流体的速度增加到 300 m/s，从而导致携带微粒的混合并与大气发生作用。

阶段 4：去气作用造成的减压效果会使得流体泡的膨胀和岩浆泡沫的破裂，从而导致更多的 CO_2 气体释放。上部的波会继续对下部的岩浆进行作用，使得岩浆中更多的 CO_2 气体得到释放（图 1-6F）。只要拓展波稳定在大气压，气体和岩浆液体就会从 1110 K 下降到 680 K。地表的张力会使得压降液滴分裂成球形这种最优体积比从而进入地表。在上升过程中这种球形液滴会吸收沿途的固体碎片，这些碎片相当于一个挥发分泡，其内部环境相当于一个巨绝热系统阻止热量的转送。

阶段 5：此阶段中，气体的扩散会产生一个向上的压力波，使得火成碎屑冷却加快。岩墙中释放的 CO_2 会加速进入到围岩中，进而产生一个压力波，这个波是火山通道相结构形成的主要原因（图 1-6G）。压力波也会引起岩墙泡沫层中泡沫发生瓦解和重组。岩管上部会形成一个气体液化而成的流体，流体会冷却成球形液体，然后结晶成微粒。压力的改变会使液体脱溶过程变得不稳定，从而使得气体更快地释放，产生一个气体释放、压力改变、压力变化消除的循环作用。一系列的伸缩效应使得岩管结构扩大化，流体发生上涌形成火山口相。

阶段 6：岩管会形成下部根部相、中部火山通道相、上部火山口相（图 1-6H）。如果火山通道相形成于一个富地下水区域，火山口相就有可能形成，地下水弥漫火山通道相，快速交代其中的矿物。

1.2.5　含矿性指示矿物

金伯利岩岩浆从深部源区运移到地表的过程中，会捕获金刚石、地幔捕虏体和捕虏晶。通过矿物分选从金伯利岩中获得的金刚石中 90%来自于岩石圈地幔，剩下的 10%来自于软流圈地幔和地幔过渡带或者下地幔（Stachel et al., 2005）。对含金刚石的地幔捕虏体和金刚石中矿物包体的研究表明，含金刚石的岩石主要有两种：橄榄岩型和榴辉岩型。在金伯利岩中，地幔捕虏晶含量远高于金刚石，因此这些矿物被用作金伯利岩指示矿物（kimberlite indicator minerals, KIMs）。橄榄岩型金刚石指示矿物包括铬尖晶石、铬透辉石、铬镁铝榴石和橄榄石，榴辉岩型金刚石指示矿物包括铁铝榴石和绿辉石。金伯利岩中巨晶镁钛铁矿也可作为指示矿物（Irvine, 1965; Sobolev et al., 1973; Dawson and Stephens, 1975; Haggerty, 1975;

Gurney, 1984; Schulze, 2003; Grütter et al., 2004; Wyatt et al., 2004; Chalapathi Rao et al., 2012; Carmody et al., 2014; Hardman et al., 2018）。

通常低钙高铬镁铝榴石（G10 类）被认为与金刚石的关系最为密切，但是也有研究表明非常富金刚石的金伯利岩，如 Argyle 岩管，只含有很少的 G10 类镁铝榴石；一些非常贫矿的金伯利岩，如 Zero 岩管和 Sekameng 岩管，却含有大量的 G10 类镁铝榴石（Shee et al., 1989; Hamilton and Rock, 1990）。还有金刚石中含有低钛高铬镁铬铁矿包体，然而贫金刚石金伯利岩中也含有同样的铬铁矿。这些案例表明，这些指示矿物和金伯利岩含矿性在某些情况下会发生解耦。

1.3 华北克拉通金刚石矿床

华北克拉通是我国金刚石原生矿床主要成矿远景区，目前已发现了多个金伯利岩岩体群和煌斑岩岩体群。池际尚等（1996a）根据地理上或成因上密切关联及年龄相近等因素，将这些岩群合并为以下岩区：蒙阴含矿金伯利岩区、瓦房店含矿金伯利岩区、铁岭金伯利岩区、桓仁金伯利岩区、鹤壁-涉县金伯利岩区、柳林金伯利岩区、应县金伯利岩区及阳高金伯利岩区（图 1-7）。这些岩区的岩浆来源于同一地幔源，岩区内岩相和结构的差异多半由于不同批次或不同深度的岩浆具有不同的演化程度，另外所含的地幔、熔浆及流体的相对比例不完全相同也会对这种差异产生一定的影响（池际尚等, 1996a）。在这些金伯利岩区中，只有山东蒙阴和辽宁瓦房店的金伯利岩是含金刚石的。

1.3.1 瓦房店金刚石矿勘探开发历史

1971 年经群众报矿，瓦房店含矿金伯利岩岩区被发现。该岩区随即开展了普查勘探工作。大致分为三阶段：第一阶段 1972～1988 年，为找矿勘查提交储量阶段；第二阶段 1989～2000 年，为对外合作勘查阶段；第三阶段 2009 年至今，为寻找隐伏金伯利岩体阶段。第一阶段，辽宁省第六地质大队在瓦房店地区发现了 3 个金伯利岩矿带，111 个金伯利岩体，其中 24 个岩管，87 条岩脉，提交了 4 个大型金刚石原生矿床和 3 个中小型近源沟谷砂矿，共提交金刚石储量 1219.7 万克拉。第二阶段，辽宁省第六地质大队与外国公司（包括英国奇切斯特金刚石有限公司和澳大利亚光塔资源有限公司）进行多次合作，开展金刚石找矿勘查工作。在这期间，辽宁省第六地质大队开展了大量的水系重砂测量和航磁测量，发现了一批有价值的水系重砂、航地磁异常区。第三阶段，辽宁省第六地质大队发现了 112 号金伯利岩体，并在 110 号、38 号、111 号岩管深部及边部发现了隐伏矿体和岩墙，共提交金刚石资源量 29.04 万克拉（康宁等，2011）。

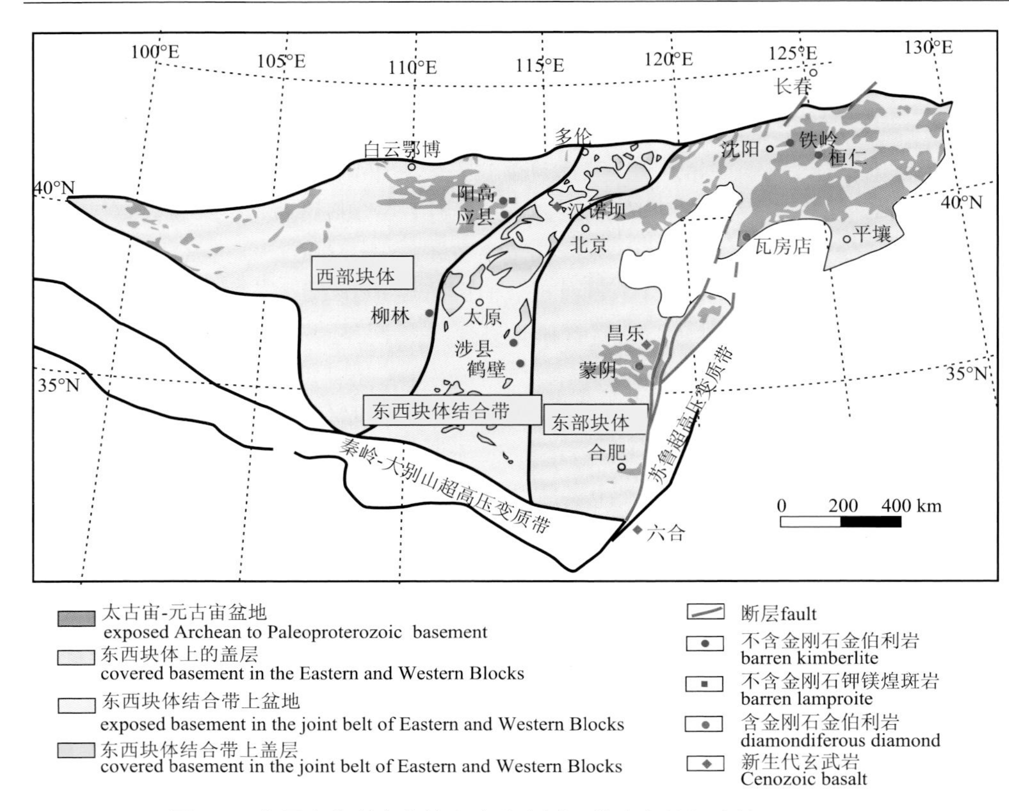

图 1-7　中国金伯利岩和煌斑岩分布图（修改自池际尚等，1996b）

瓦房店地区自发现金伯利岩体以来，辽宁省第六地质大队共进行了 4 次勘查研究工作：①辽宁省金刚石矿成矿区远景规划（1979 年，辽宁省第六地质大队），该次工作总结了研究区地质背景、地球物理及地球化学等特征、金刚石成矿作用规律及成矿模式，并根据成矿地质条件和找矿信息，划分了 3 个成矿区带，圈定了多个成矿预测区，为辽宁省金刚石矿找矿工作指明了方向；②辽宁省复县金刚石原生矿地质研究（1980 年，辽宁省第六地质大队），该次工作主要对原生矿田地质特征、金伯利岩岩石矿物特征、金伯利岩含矿性、金伯利岩岩体分布规律进行研究，研究了金伯利岩型金刚石原生矿床成矿模型；③辽宁省Ⅱ型金刚石特征及分布规律研究（1987 年，辽宁省第六地质大队），此次工作对不同类型金刚石和形成的地质环境进行了鉴别工作；④瓦房店地区隐伏金伯利岩体赋存规律及找矿方向研究（1990 年，辽宁省第六地质大队），此次工作充分研究了隐伏金伯利岩体形态学特征、形成物理化学条件，总结了隐伏金伯利岩分布规律，推测了研究区隐伏基底构造特征，探讨了隐伏金伯利岩与区域构造的关系，探究了隐伏金伯利岩体形成条件，为今后工作指明方向。

1.3.2 研究现状和存在问题

自20世纪70年代被发现以来，作为我国两个含矿金伯利岩区之一的瓦房店金伯利岩区受到了国内外地质工作者的广泛关注。1996年池际尚等编撰的两本著作（池际尚等, 1996a，1996b）系统地介绍了瓦房店和蒙阴金伯利岩的区域地质、矿床特征、金伯利岩岩相学、岩石地球化学等特征。另外，从20世纪80年代到90年代的时间里，地质工作者积累了大量的研究成果。这些成果包括金伯利岩形成时代（张培元, 1989; 路凤香等, 1995）、金伯利岩岩石地球化学（郑建平等, 1989）、金刚石特征（Leung et al., 1990; Zhao, 1998; Cartigny et al., 1997; 陈美华等, 2000; Lu et al., 2001）、金刚石中幔源捕虏体和捕虏晶（张广城等, 1983; 赵磊等, 1995; Zhao, 1998；郑建平等, 1998; Wang et al., 1998, 2000; 郑建平和路凤香, 1999; 张宏福等, 2000; Wang and Gasparik, 2001）、古生代岩石圈地幔（路凤香等, 1991; 郑建平和路凤香, 1997）。21世纪以来，瓦房店金伯利岩研究热潮减退，只有零星的研究成果发表，主要集中在金伯利岩的形成时代（张宏福和杨岳衡, 2007; Li et al., 2011）、金伯利岩岩石学成因（Yang et al., 2009; Zhang et al., 2010）和指示矿物（张俊敏和迟广成, 2012; 迟广成等, 2013; 迟广成和伍月, 2014; 贾晓丹, 2014）等方面。虽然前人已积累了大量研究成果，但有关瓦房店金伯利岩岩石学成因和金刚石成矿作用的一些关键问题仍存在较大争议，或缺乏相关研究。现将瓦房店金伯利岩型金刚石原生矿床存在的主要科学问题归纳如下。

1. 金伯利岩初始岩浆成分及岩石学成因

金伯利岩是一种富挥发分的混染岩，因此获得其初始岩浆成分是比较困难的。虽然前人对瓦房店金伯利岩开展过一些岩石学研究，但这些研究存在一定的局限性，具体表现在以下几个方面：①研究发表时间较早，缺乏近些年来国际上对于金伯利岩成因的最新认识；②研究主要通过同位素特征来约束岩石学成因（张宏福和杨岳衡, 2007; Yang et al., 2009; Zhang et al., 2010），通过岩相学特征和全岩地球化学特征来约束的研究较少（池际尚, 1996a）；③在以上这些研究中，学者们未讨论分离结晶、幔源捕虏体同化混染、地壳岩石同化混染、岩浆后期蚀变作用等一系列地质过程对金伯利岩岩浆化学成分的影响，未曾获得瓦房店金伯利岩初始岩浆成分；④在未获得初始岩浆成分的基础上，使用已发生变化的金伯利岩成分来约束金伯利岩源区特征和岩石学成因。

2. 金伯利岩含矿性和指示矿物

和世界上其他国家金刚石找矿一样，我国也是通过指示矿物来寻找金刚石的。虽然也有一些学者研究了瓦房店金伯利岩中的铬铁矿指示矿物（张广城等, 1983;

迟广成和伍月, 2014; 贾晓丹, 2014)，但在这些研究中，并未给出铬铁矿的成因(铬铁矿捕虏晶或者基质铬铁矿)。另外，针对其他指示矿物（如镁铝榴石）的研究几乎没有。那么，瓦房店含矿金伯利岩的金刚石含矿性指示性矿物有哪些？富矿金伯利岩与贫矿金伯利岩中指示性矿物的分布、粒度、颜色、元素和同位素特征有哪些显著差异？国际上一些研究案例表明指示矿物与金伯利岩含矿性关系可能会发生解耦（Shee et al., 1989; Hamilton and Rock, 1990），即某些情况下，金伯利岩具有高的指示矿物含量，却不具有高的金刚石含矿性，这种情况是否也存在瓦房店金伯利岩中？

3. 金刚石熔蚀作用

瓦房店金伯利岩中通过矿物分选获得的金刚石颗粒呈现了复杂的形态学结构（Zhao, 1998），这些结构被认为是金伯利岩岩浆交代金刚石形成的。在这个过程中，金伯利岩岩浆的温度、氧逸度、挥发分起着重要的作用（Robinson et al.,1989; Gurney et al., 2004; Fedortchouk, 2015, 2019）。虽然也有学者估算过瓦房店金伯利岩的温度（郑建平, 1989），但这仅限于富矿的 50 号岩管。目前尚没有富矿金伯利岩和贫矿金伯利岩的温度、氧逸度和挥发分的系统研究以及它们对金刚石熔蚀作用的影响研究。

4. 金伯利岩岩石学特征对金伯利岩含矿性的指示

金伯利岩岩浆捕获的含金刚石地幔岩在岩浆运移过程中会发生解体，解体后的岩石碎片会被岩浆同化，在这个过程中金刚石会进入岩浆中。由于地幔岩碎片的同化作用，金伯利岩岩浆会发生成分变化，其变化可以用来显示金刚石的捕获情况。瓦房店地区不同岩管之间的金伯利岩岩相学特征不同，金刚石品位也不同，目前尚没有系统地研究这两者之间的关系。

5. 金伯利岩岩区的岩体

除金伯利岩外，金伯利岩岩区往往也发育其他的岩浆作用。比金伯利岩晚形成的岩体往往对金伯利岩产生很大的破坏。瓦房店金伯利岩岩区的金伯利岩野外露头旁可见大量的闪长玢岩，在钻孔上也可见闪长玢岩。目前对这些闪长玢岩的形成时代、岩石学成因、构造背景尚不清楚，这些岩体对金伯利岩岩体的破坏作用也尚不清楚。

1.4 研究内容与研究方案

1.4.1 研究内容

本书在系统总结前人研究的基础上，将瓦房店金伯利岩型金刚石原生矿床研究中尚未解决的关键科学问题总结归纳为以下5个方面：

（1）成矿岩体成因：金伯利岩的初始岩浆成分是什么？初始岩浆成分经历了怎样的地质过程形成了现在的金伯利岩？

（2）成矿作用深部过程：金伯利岩岩浆在地幔深部捕获金刚石时，同时捕获了哪些金刚石含矿性指示性矿物？富矿金伯利岩与贫矿金伯利岩中指示性矿物的分布、粒度、颜色和成分特征有哪些显著的差异？

（3）成矿作用浅部过程：在金伯利岩浆对金刚石熔蚀作用过程中，温度、氧逸度和挥发分是否具有不同的影响？

（4）成矿作用标志：金伯利岩岩石学特征中哪些指标可以用来指示金伯利岩含矿性？

（5）破矿作用过程：破坏金伯利岩矿体的岩体的形成年代、形成过程和构造背景是什么？

针对上述5个方面的关键科学问题，本书做了以下工作：①对瓦房店金伯利岩型金刚石原生矿床开展了系统的野外地质观察，通过对金伯利岩岩相学特征和全岩地球化学、同位素特征分析，精细厘定了金伯利岩的形成过程，获得了金伯利岩的初始岩浆成分，并探讨了金伯利岩的岩石学成因；②对比研究了具不同金刚石品位的金伯利岩中含矿性指示矿物特征，确定了金伯利岩指示矿物类型、特征，讨论了金伯利岩岩浆对金刚石的捕获作用及如何用这些指示矿物来评价金伯利岩含矿性；③对比研究了不同金刚石品位的金伯利岩温度、氧逸度和挥发分特征，揭示了金伯利岩岩浆对金刚石的熔蚀作用；④系统地比较了不同金刚石品位的金伯利岩岩石学特征的共性和不同，指出了成矿作用标志性因素；⑤对金伯利岩岩体旁的其他类型岩体进行了年代学、岩石学等方面的研究。

1.4.2 研究方案

本书第1章详细介绍了金刚石和金伯利岩型金刚石矿床的研究进展、研究背景和意义、研究内容和方案。第2章概括性地介绍了区域地质、金刚石典型矿床特征。第3章介绍了野外地质特征、钻孔编录和样品采集情况。第4～9章对瓦房店金伯利岩型金刚石矿床进行了精细解剖，从不同角度对岩石学成因和成矿作用开展了研究，每一章的内容相互独立但又有机结合，对应解决上述5个方面的关键科学问题。第10章在综合所有资料的基础上，预测了金伯利岩矿体。

在第4章（金伯利岩岩相学特征）和第5章（金伯利岩岩石学成因）中，选择瓦房店最新鲜的金伯利岩样品，通过细致的岩相学观察和地球化学成分分析，精细解密金伯利岩岩浆经历的地质作用过程（岩浆后期流体交代作用、地壳岩石混染作用、岩浆分离结晶作用和幔源岩石同化混染作用）以及这些过程对金伯利岩原始岩浆成分的影响。在此基础上，笔者根据金伯利岩原始岩浆成分特征，深入讨论金伯利岩的岩石学成因。

在第6章（成矿作用深部过程：金伯利岩含矿性和指示矿物）中，深入研究了传统金刚石找矿中常使用到的指示矿物（镁铝榴石和铬铁矿），通过它们的颜色、粒径、形态学特征和化学成分，判断它们的来源。通过其成分特征，重新厘定华北克拉通下岩石圈地幔中金刚石稳定区的范围。根据指示矿物和不同金伯利岩岩体金刚石品位的关系，探讨如何用指示矿物来进行金伯利岩含矿性评价。

在第7章（成矿作用浅部过程：金伯利岩岩浆对金刚石熔蚀作用）中，根据矿物的温度计和氧逸度计估算不同岩管金伯利岩的温度和氧逸度，根据基质尖晶石成分演化特征研究金伯利岩挥发分特征。在此基础上，将金伯利岩的温度、氧逸度、挥发分和金伯利岩金刚石品位进行联合对比分析，从而探讨金伯利岩岩浆作用过程对金伯利岩熔蚀作用的影响。

在第8章（金伯利岩旁岩体研究）中，以金伯利岩野外露头和钻孔中出现的岩体为研究对象，进行了年代学、岩相学和地球化学研究，确定它们的形成时代、岩石学成因和构造背景。通过它们与金伯利岩的接触关系，探讨它们对金伯利岩金刚石矿的破坏作用。

在第9章（金伯利岩岩相学特征对金伯利岩含矿性的指示意义）中，系统比较了不同岩管中金伯利岩的岩相学特征，结合不同岩管金伯利岩的金刚石品位，在金伯利岩型金刚石成矿作用过程的基础上，探讨金伯利岩相学特征对金刚石含矿性的指示作用。

在第10章（矿体预测研究）中，根据岩管中金伯利岩的特征，判断岩管所处的结构相。结合经典金伯利岩岩管的形态特征，探讨已有金伯利岩岩管周围有无潜在的金伯利岩体以及它们可能存在的位置。

第 2 章　研究区地质特征

华北克拉通是世界上最古老的克拉通之一，最古老的陆壳年龄达到 38 亿年（Liu et al., 1992; Song et al., 1996; Zhao and Zhai, 2013）。克拉通北部为晚古生代形成的中亚造山带（Sengor et al., 1993），西部为早古生代形成的祁连山造山带（Meng and Zhang, 1999），东南部为古生代-三叠纪形成的秦岭-大别山-苏鲁超高压变质带（图 1-7）。根据年龄、岩性组合、构造演化和 *P-T-t* 路径，可以将华北克拉通划分为东西两个块体，这两部分沿元古宙造山带结合（Zhao et al., 2002, 2005; Liu et al., 2011）。华北克拉通由两个太古宙核组成：西部的鄂尔多斯陆核和东部的冀鲁辽陆核，这两个核被一条元古宙的造山带（地理位置上相当于太行山）隔开（Zhao et al., 2002）。与世界上其他古老克拉通相似，华北克拉通有一个古老的地壳基底，该基底主要由一套 TTG 岩石（奥长花岗岩-英云闪长岩-花岗闪长岩）组成，这些岩石在约 25 亿年前发生变质，随后在大约 18 亿年前因东西块体的碰撞而发生克拉通化（Zhao et al., 2005）。18 亿年前之后，华北克拉通保持相对稳定，在基底之上形成了中元古代-新元古代的海相沉积岩（石灰岩和页岩）。古生代含金刚石金伯利岩侵位到山东蒙阴和辽宁瓦房店地表（路凤香等, 1991; Menzies et al., 1993; Griffin et al., 1998）。从寒武纪到奥陶纪早期，华北克拉通沉淀了巨厚的海相碳酸盐岩。在中生代，华北克拉通发育广泛的火山活动和花岗岩。在新生代，大量的含地幔包体碱性玄武岩集中爆发（图 2-1，Zhang et al., 2002; Rudnick et al., 2004; Zheng et al., 2004, 2006, 2007; Zhang et al., 2008; Xiao et al., 2010; Li et al., 2014; Princivalle et al. , 2014）。

2.1　瓦房店金伯利岩区区域地质

辽宁瓦房店金伯利岩区是我国重要的原生金刚石矿产区。该区位于华北克拉通冀鲁辽陆核中部，辽东半岛南部，郯庐断裂带东侧 60～80 km 处。金伯利岩体分布于瓦房店西部头道沟、老虎屯、李店、二道沟一带。自然地理坐标为东经 121°13′～122°16′，北纬 39°20′～40°07′。东邻普兰店湾，西濒渤海，南与大连市金州区隔海相望，北与盖州市接壤。

金州断裂纵贯该区中部，其东西两侧沉积地层、岩浆活动和地质发展历史均有明显差异。东侧处于长期隆起地区，广泛出露前震旦系古老变质岩，并有燕山期花岗岩侵入；西侧为拗陷区，沉积了自震旦纪以来的一套沉积岩层，岩浆活动作用弱。金州断裂是区内重要的断裂构造，断裂走向 NE20°～30°，倾向北西，是形成于古元古代并长期活动的正断层。本区已发现的金伯利岩，均分布于金州断裂西部具有沉积盖层的地区，属于辽东台隆上的瓦房店拗陷地区（图 2-1）。

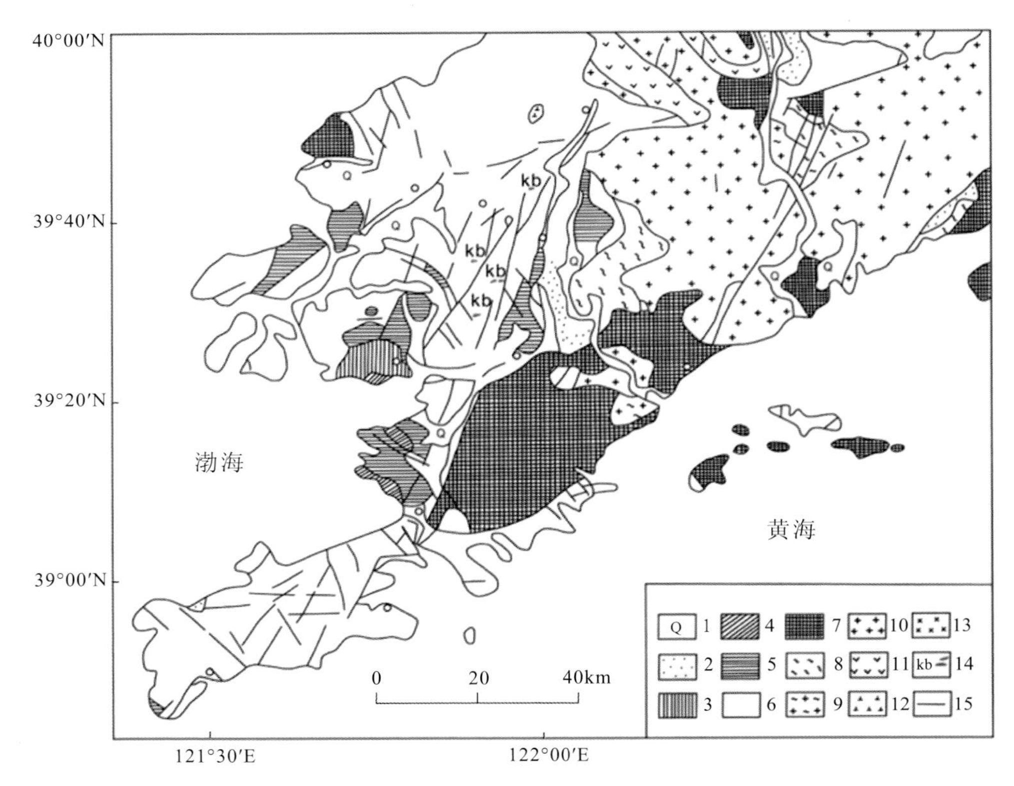

1. 第四系; 2. 侏罗系; 3. 石炭系; 4. 奥陶系; 5. 寒武系; 6. 震旦系; 7. 太古宇基底; 8. 混合岩; 9. 混合花岗岩; 10. 花岗（斑）岩; 11. 石英闪长岩; 12. 闪长（玢）岩; 13. 辉绿岩; 14. 金伯利岩; 15. 断层

图 2-1　辽南地区地质构造略图（据齐玉兴和韩柱国, 1998）

2.1.1　区域地层

研究区内地层由太古宇基底和显生宙盖层两部分组成（图 2-2）。古老的结晶基底广泛分布在瓦房店拗陷区的东部，主要由太古宇鞍山群和古元古界辽河群组成。盖层主要包括从新元古界青白口系到第四系的沉积地层。地质特征如下所述。

1. 太古宇

太古宇是本区最古老的结晶基底岩石，形成时代为 3.8 Ga；主要为鞍山群，变质程度深，达到片麻岩相（Liu et al., 1992），岩性主要为角闪斜长片麻岩、黑云斜长片麻岩、斜长角闪岩等。鞍山群中城子坦组（Ar*c*）主要分布在城子坦和庄河市一带，主要以斜长角闪岩和斜长片麻岩为主，厚度超过 4000 m。

2. 古元古界

古元古界辽河群（Pt*l*）零星分布于瓦房店一带，和鞍山群呈不整合关系。辽河群从下而上依次分为高家峪组、里尔峪组、浪子山组、大石桥组和盖县组，形成时代为 2.1 Ga（Luo et al., 2004）。区内主要出露盖县组和大石桥组。前者主要出露于普兰店和瓦房店，岩性主要为片岩、大理岩和板岩，后者分布于前元台、得利寺东一带，主要为白云质大理岩。

3. 新元古界

新元古界地层分布广泛，是本区金伯利岩主要围岩。出露的地层包括青白口系永宁组（Qb*y*）、钓鱼台组（Qb*d*）、南芬组（Qb*n*），南华系桥头组（Nh*q*）和震旦系长岭子组（Z*c*）。永宁组出露于瓦房店城以北地区，主要岩性为变质长石石英砂岩，厚度大于 7000 m。钓鱼台组主要分布于普兰店，为一套滨海碎屑沉积岩。该组下部主要为中厚层含砾石英砂岩和砾岩，中部主要为海绿石石英砂岩和海绿石粉砂质页岩，上部为厚层石英砂岩。该组波状层理和水平层理等沉积构造发育，出露厚度大于 350 m。南芬组为一套陆源碎屑浅海沉积物，区内出露广泛，分三个岩性段：底部为黄绿色、紫色页岩夹薄层泥灰岩，中部为黄绿色、紫色粉砂质页岩，上部为互层的灰黄色细粒粉砂岩夹薄层砂岩。桥头组在研究区内分布较为广泛，主要岩性为灰白色石英砂岩，厚度超过 600 m。在炮台和小关里一带可见震旦系长岭子组，该组下部主要为黄绿色页岩，中部主要为砂岩夹页岩，上部为中厚层砂岩夹泥晶灰岩。

4. 古生界

寒武系（Є）地层分布在复州湾一带，岩性为泥质条带灰岩、灰岩、中厚层结晶灰岩、紫色云母质粉砂岩、页岩、石英砂岩等。

5. 中生界

中生界地层主要包括侏罗系（J）瓦房店组和白垩系（K）普兰店组。瓦房店组分布于普兰店-瓦房店一带，主要岩性为灰黑色砾岩、砂岩和泥岩。普兰店组底部为暗紫色砾岩，中上部地层主要为砂岩和粉砂岩，偶尔夹薄层泥灰岩。厚度超过 600 m。

年代地层				岩石地层			代号	柱状图	厚度/m	岩性描述
界	系	统		群	组	段				
新生界	第四系	全新统					Q		0.8~9.6	粉砂质黏土、粉砂、中细砂砾石、砂、砾
中生界	白垩系				普兰店组		K		2840	底部为砾岩，中上部以砂岩、粉砂岩为主，中部偶夹薄层泥灰岩
	侏罗系				瓦房店组		J		193.7	灰黑色砾岩、砂岩及泥岩夹煤线，偶夹灰岩透镜体
古生界	寒武系				崮山、张夏、毛庄组		€		1373.5	泥质条带灰岩、灰岩、团块状灰岩、夹花纹灰岩 中厚层结晶灰岩、灰岩、页岩、石英砂岩 紫色云母质粉砂岩、页岩、灰岩
新元古界	震旦系				长岭子组		*Zc*		1481.8	下部为黄绿色页岩，中部为薄-中层砂岩偶夹页岩，上部为中厚层砂岩夹泥晶灰岩
	南华系				桥头组		Nh*q*		698.3	粉砂质页岩、粉砂岩夹薄层砂岩 厚层石英砂岩 粉砂岩夹薄层砂岩
	青白口系				南芬组		Qb*n*		600.5	粉砂岩夹薄层砂岩 黄绿色、紫色粉砂质页岩 黄绿色、紫色页岩夹薄层泥灰岩
					钓鱼台组		Qb*d*		380.1	下部为中厚层含砾石英砂岩、砾岩 中部含海绿石石英砂岩夹薄层粉砂岩及粉砂质页岩 上部为厚层石英砂岩
					永宁组		Qb*y*		7300	下部为灰色及紫色砂岩，含砾砂岩夹砾岩透镜体 上部为紫色中粗粒含砾长石砂岩
古元古界					盖县组		Pt_1g		1492	石榴二云片岩、石榴黑云石英片岩夹白云质大理岩、碳质硅质板岩、石英岩等 底部见石英质糜棱岩
					大石桥组		Pt_1d		889.3	下部为斜长变粒岩、透闪石岩，中上部为白云方解大理岩，上部为透闪石岩、大理岩等
太古宇				鞍山群	城子坦组		Ar*c*			混合质黑云斜长片麻岩、角闪斜长片麻岩及斜长角闪岩

图 2-2　瓦房店地区区域地层图（据康宁等, 2011）

6. 新生界

新生界地层以第四系（Q）为主。该地层在区内广泛分布，主要为松散的砂砾石层和黄土等。

2.1.2 构造

研究区东部和新金凸起相接，其基底由前震旦纪相间组成的近东西向隆起与拗陷组成。拗陷区的基底高低不平，其盖层均为沉积岩层，为非磁性或弱磁性。在航磁资料图上，该区为平缓的负磁场异常区，然而在该区中出现了一个平缓的正磁场区，走向近乎东西。正、负磁场区的同时出现是由基底的拗陷和隆起造成的。区内结晶基底可分为复州城-松树古拗陷和永宁-万家岭古隆起。研究区金伯利岩为两者的交接部位（图 2-3）。

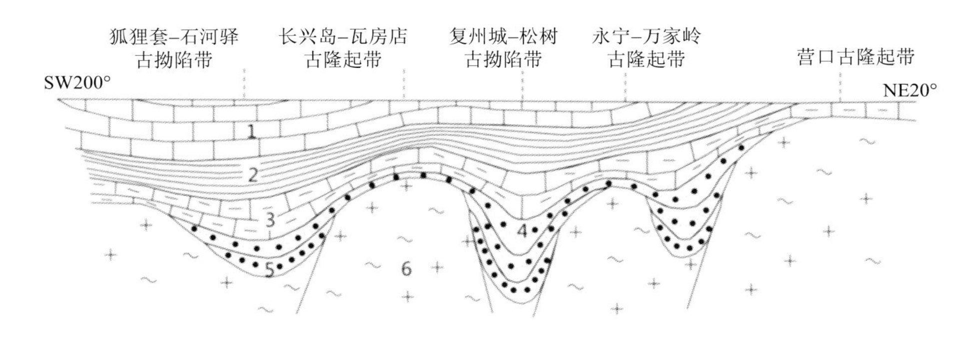

1. 碳酸盐岩；2. 页岩；3. 泥灰岩；4. 含砾砂岩；5. 砾岩；6. 混合花岗片麻岩

图 2-3　瓦房店地区基底古隆起和古拗陷示意图（辽宁省第六地质大队提供）

研究区内断裂极其发育。按照断裂走向可分为东西向（复州-得利寺断裂、普兰店湾断裂）、北北东向-北东向（金州断裂、复州河断裂、李店-太阳沟断裂）、北西向（岚崮山弧形断裂带）3 组断裂构造（图 2-4）。

1. 东西向断裂

东西向断裂主要有普兰店湾断裂和复州-得利寺断裂。前者位于研究区南部普兰店湾一带，走向北东东，倾向南，断裂较宽，该断裂受到强烈挤压作用，挤压破碎带很发育。后者位于区内北部复州-得利寺-东岗一带，出露长约 40 km，属于逆冲断裂。该断裂倾向北，呈东西走向，倾角为 70°～80°。挤压片理较为发育，为一大型超壳断裂，具有多期活动特征。

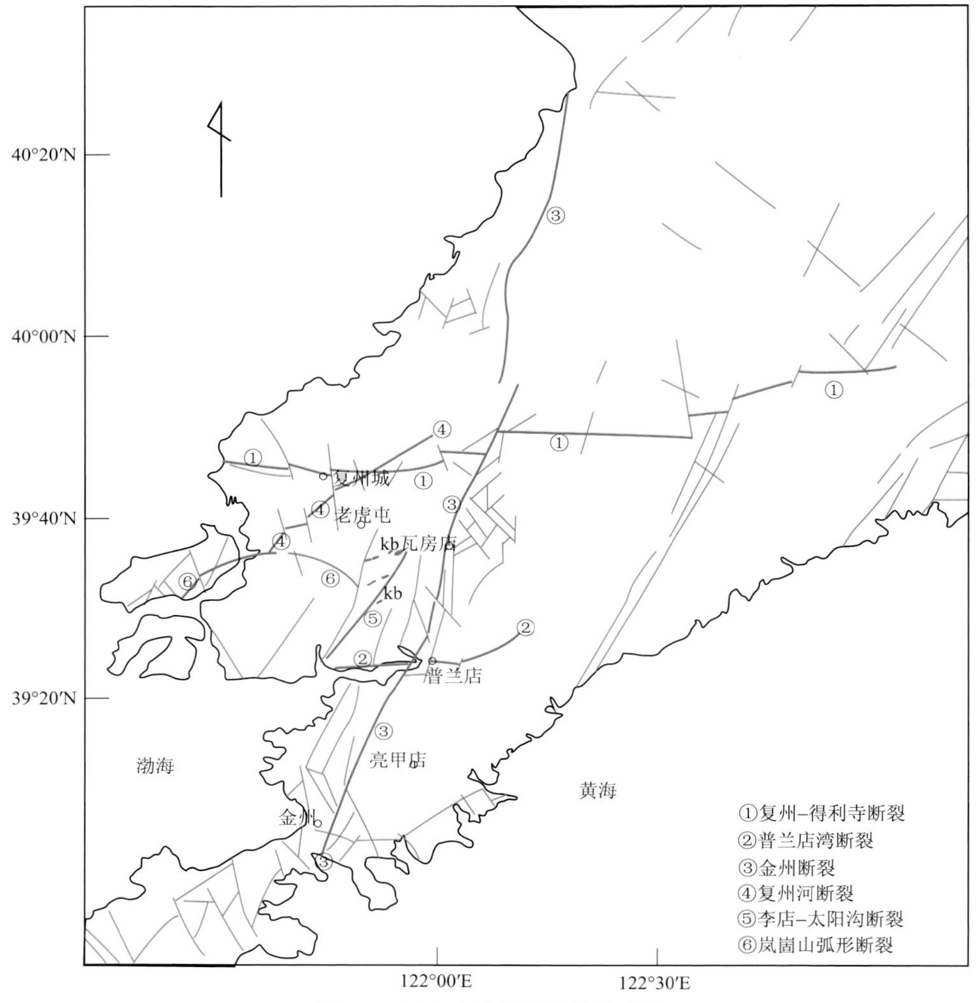

图 2-4　瓦房店地区区域构造略图

2. 北北东向-北东向断裂

北北东向-北东向断裂主要有复州河断裂、李店-太阳沟断裂和金州断裂。复州河断裂位于研究区西北部，经过长兴岛、达子营、潘大屯、三台子和松树镇一带。金州断裂呈北东向，倾向北西，经过大连湾、普兰店、金州、瓦房店和大石桥一带。该断裂为岩石圈断裂，控制中新元古界、古生界、中生界地层的展布。断裂东侧为太古宇和古元古界地层，西侧为中新元古界和古生界地层。李店-太阳沟断裂经过松木岛、罗家沟、李店和大王沟一带，长度约 30 km，断断续续分布，断裂为压扭性断裂，倾向北西。该断裂是研究区最重要的成矿构造。

3. 北西向断裂

北西向断裂主要为岚崮山弧形断裂带。该断裂位于金州断裂带的西侧大约 20 km 处，由一系列北西弧形断裂组成。断裂经过岚崮山和西三台子一带，整体上呈弧形，长度为 30 km，由多条次级断裂组成。

2.1.3 岩浆岩

在金州断裂西部地区，岩浆岩分布不多；相反在金州断裂东部地区，岩浆岩分布很广泛。区域岩浆岩主要呈脉状产出，部分呈岩床状和岩筒状产出，未见规模大的岩体。超基性脉岩和酸性岩石较为发育，分布广泛，岩性主要有橄榄玄武岩、辉绿岩、花岗斑岩、流纹斑岩和煌斑岩等。这些岩石和该区域金伯利岩的分布具有十分密切的空间和时间关系。

1. 流纹斑岩

区域内流纹斑岩分布广泛，产出形式有岩床和脉状两种。岩体规模差距较大，宽度最小为 0.5 m，最大可达 50 m。岩体产状变化大，北东东走向，形成时代为晚中生代，具体为 0.95 亿～1.37 亿年。

2. 闪长玢岩

区域内闪长玢岩分布广泛，产出形式有岩脉状和岩床两种。在 50 号和 42 号金伯利岩管旁均有产出，对金伯利岩体起破坏作用。

3. 辉绿岩

区域内辉绿岩分布范围最广，产出形式有岩床和岩脉状两种。岩床走向北西-北东向，其规模变化较大，最厚处可达到 50 m；岩脉状辉绿岩走向北北东向，岩体规模小。辉绿岩形成时代晚，整体上对金伯利岩体起破坏作用。

4. 玄武岩、橄榄玄武岩

区域内玄武岩和橄榄玄武岩在时间上和空间上与金伯利岩密切共生，是寻找金伯利岩的标志之一。这些岩石主要产出形式为脉状，少量呈管状产出。岩体走向北北东，局部产状可能发生较大的变化。部分玄武岩和橄榄玄武岩切穿金伯利岩脉，对金伯利岩起着破坏作用。

5. 煌斑岩

区域内煌斑岩分布广，走向北东、北北东向。岩石类型主要为闪斜煌斑岩、橄榄煌斑岩和云煌岩等。

2.2　区域地球物理特征

2.2.1　重力场特征

根据辽宁省 1∶20 万区域重力布格异常资料，本区以金州断裂为界，重力场存在明显的差别，该断裂以东重力场值远高于西侧。金州断裂西侧的重力异常由南向北呈逐渐降低的趋势，在复州城北侧形成局部重力低异常区，南北最大相差 10 mGal 以上，在永宁镇一带重力场又开始升高。总体上讲，金州断裂西侧的布格异常等值线呈北东走向，局部近东西走向。金州断裂东侧与西侧不同，从南至北呈现几个局部重力高异常区，每个重力高异常区均有 10～15 mGal 差值。这些局部重力高异常区的西部边界连线基本上和金州断裂一致。也就是说，本区重力场反映了区内深大断裂（金州断裂）和拗陷区断裂构造（北东至北东东向）的趋势，而这些北东或北东东向断裂与金伯利岩的分布具有一定的关系。

2.2.2　磁场特征

以往航空磁测资料表明，磁异常与重力异常具有一定的相似性，也是以金州断裂为界两侧呈现不同的磁场特征。金州断裂以东为北东东向的磁异常带，异常带长度超过 100 km，该异常带的西部边界即为金州断裂带。断裂带的西侧，磁场呈中间高、南北低的态势。磁异常等值线的总体走向近东西，局部北东东。已知的三条金刚石矿带均处在高磁场区内，由于已发现的金伯岩体规模不大，航磁测量结果只有较大的 42 号、30 号等岩管有微弱的异常显示。本区除金伯利岩外，超基性岩是引起磁异常的重要地质体。

2.3　区域地球化学异常特征

根据辽宁省 1∶20 万水系沉积物测量结果，本区的几个主要金伯利岩岩管（50 号、30 号、42 号岩管）周围均有化探异常显示，主要异常元素为 Cr、Co、Ni。虽然超基性岩的 Cr、Co、Ni 含量与金伯利岩相似，但金伯利岩的 Nb、Sr、Zr、Ba 远高于超基性岩，所以金伯利岩异常组合与超基性岩的异常组合是不一样的。

由于 1∶20 万区域化探样品密度较小，而本区的金伯利岩体规模也不大，所以 1∶20 万化探异常对金伯利岩体的反映不明显。

2.4　区 域 矿 产

区域金属矿产有铜铅锌矿、铁矿、金矿、银金矿等，绝大多数为小型，且数量有限；非金属矿产有花岗岩石材、水泥石灰岩矿、金刚石等，其中金刚石是本区重要矿产。

2.5　瓦房店金伯利岩体分布及规律

2.5.1　金伯利岩矿带特征

瓦房店金伯利岩岩区含有 112 个金伯利岩体（24 个岩管和 88 个岩脉），分布面积约 1000 km^2，分布密度之大在世界范围内也属少见。在空间上这些金伯利岩体具有成群成带的特征。受到构造控制的原因，岩体与岩体之间呈现大致平行的特点。根据金伯利岩体的分布特征，瓦房店地区可以分成由北向南相距 5～6 km 的 3 条矿带，矿带走向 NE65°～75°。Ⅰ号矿带金伯利岩管脉数最多，规模最大；Ⅱ号矿带中管脉数变少；Ⅲ号矿带规模最小，岩体最少（图 2-5）。3 条金伯利岩（矿）带从南向北呈现规律性变化：岩体群数量从少到多、岩体规模由小到大、成矿作用由弱到强。

Ⅰ号矿带：位于瓦房店含矿金伯利岩岩区北部，分布在石灰窑、方屯、马圈子、太阳沟、老田沟、大王沟、二道沟和庙下一带。矿带长度约 28 km，宽度约 2 km。矿带中金伯利岩岩体多且集中，矿带整体延续性好。该矿带由十多个规模不一的金伯利岩管和五十几条岩脉构成。矿带中 30 号和 42 号金伯利岩管为大型矿床。

Ⅱ号矿带：位于瓦房店含矿金伯利岩岩区中部，分布在小关里、吴店、头道沟和画花湾一带，矿带长度约 15 km，宽度约 1～2 km。矿带中金伯利岩体分布不均，主要分布在头道沟一带。该矿带由 4 条金伯利岩脉和 5 个大小不一的金伯利岩管构成。矿带中包括大型矿床 50 号金伯利岩管、中型矿床 51 号和 68 号金伯利岩管、小型矿床 74 号金伯利岩管。

Ⅲ号矿带：位于瓦房店含矿金伯利岩岩区南部，矿带长度约 6 km，宽度约 2 km。该矿带由 3 条金伯利岩脉和 2 个规模不一的金伯利岩管构成。该矿带中尚未发现具有经济价值的金刚石矿床。

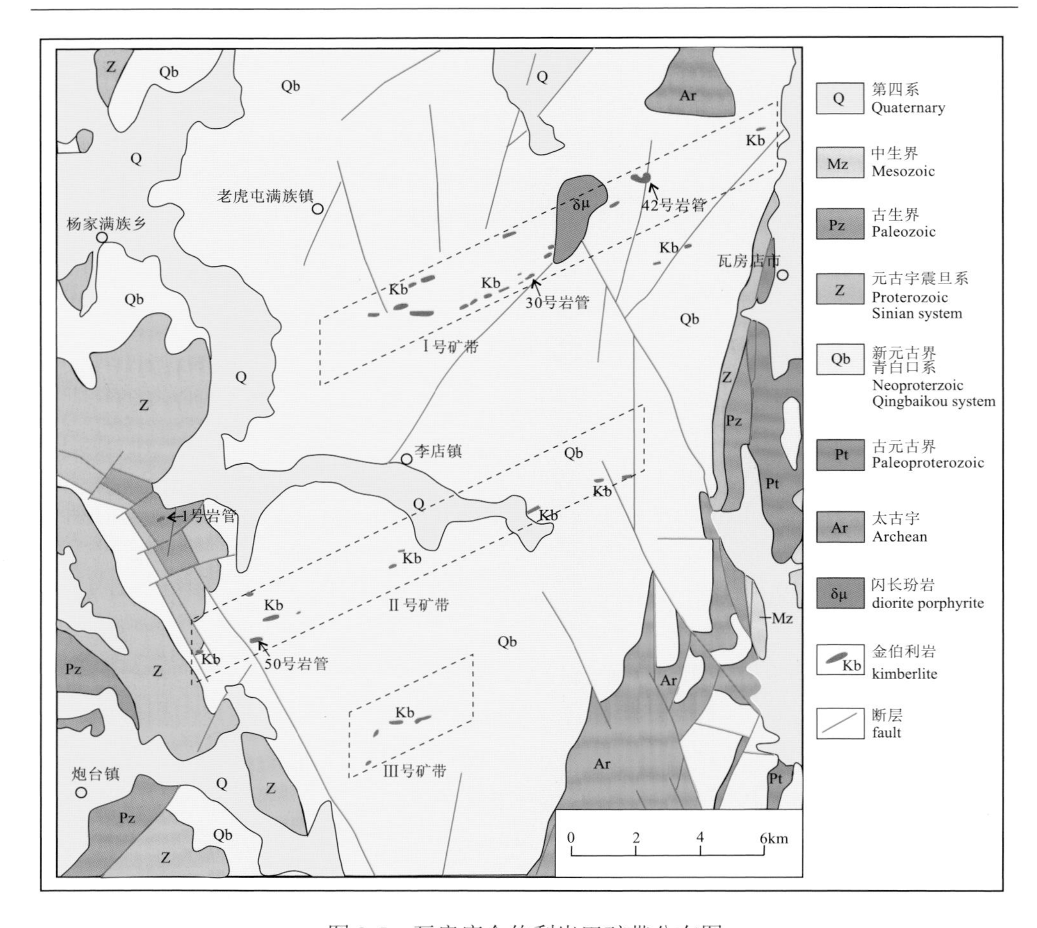

图 2-5　瓦房店金伯利岩田矿带分布图

2.5.2　矿体产状特征

按照岩体产出形态，瓦房店金伯利岩体包括管状、脉状和隐伏 3 种类型。其中管状约占 20%，该类岩体形态比较复杂，地表出露主要呈椭圆形和不规则状（图 2-6）。岩管长轴呈北东东-近东西方向，总体向南倾。受到围岩的影响，岩管形态在深部垂直上呈现一定的变化。当围岩地层为刚性的片麻岩和石英岩时，岩管倾角较大，为 75°～85°；当产出围岩为泥灰岩或者页岩时，岩管形态变化大，在底部呈现膨大的特征，往上可能缩小再膨大。研究区内金伯利岩管规模大小不一，最大的 42 号岩管地表出露面积 412500 m^2，最小的 66 号岩管仅 100 m^2。脉状金伯利岩走向北东东向，部分呈东西向。岩脉产状稳定，走向和倾向近乎平行，岩体总体向南东倾。金伯利岩脉一般长 50～60 m，脉体形态简单，连续性好。

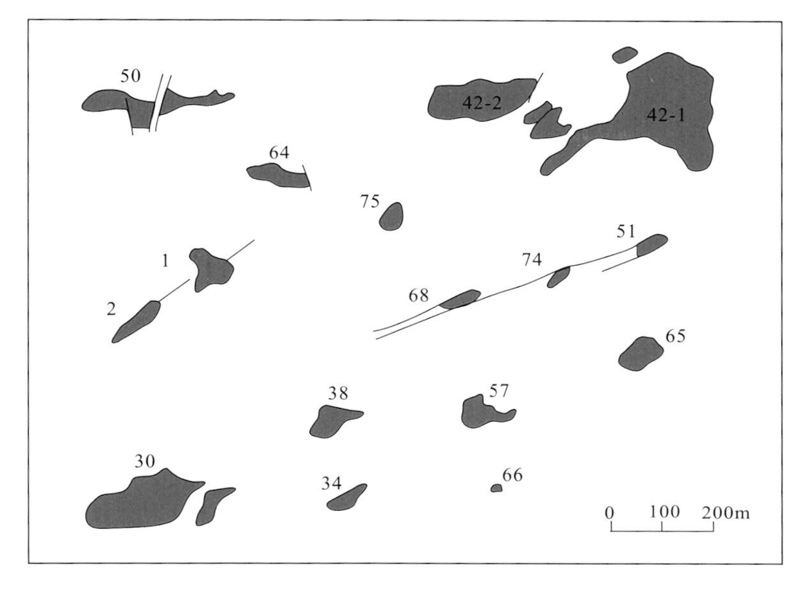

图 2-6　瓦房店地区金伯利岩管形态规模平面图

2.6　瓦房店典型矿床特征

2.6.1　50 号岩管

50 号岩管位于瓦房店金伯利岩Ⅱ号矿带西段头道沟矿区。矿体呈不规则菱形，走向呈近东西向，长 272 m，宽 40～60 m，面积 6400 m^2（图 2-7 和图 2-8）。矿体总体倾向南东，倾角 85°，深部约 240 m。该岩管金刚石平均品位为 1.54 ct/m^3。岩管出露地层为新元古界青白口系下统南芬组与南华系桥头组，二者整合接触。前者以页岩为主夹粉砂岩，分布在 50 号岩管西南部；后者以厚层石英砂岩为主夹薄层粉砂岩，在矿区广泛出露。围岩蚀变作用较微弱，仅在靠近岩管边部的小裂隙和富含围岩角砾斑状金云母金伯利岩的围岩角砾边部有绿泥石化。除金伯利岩外，矿区出露的岩浆岩主要为辉绿岩，岩石呈暗绿色，辉绿结构，呈脉状或岩床状产出，呈右列雁形展布，多受北西向构造控制。

2.6.2　30 号岩管

30 号岩管位于瓦房店大李屯地区，产于Ⅰ号矿带中段涝田沟。该岩管由两部分组成：30-1 岩体（浅部）和 30-2 隐伏矿体（深部）（图 2-9）。前者于 1972 年发现，后者于 1978 年发现。30 号岩管金刚石原生矿储量预测为 278 万克拉，平均品位 0.35 ct/m^3。金伯利岩体浅部围岩地层主要为青白口系南芬组和钓鱼台组，往

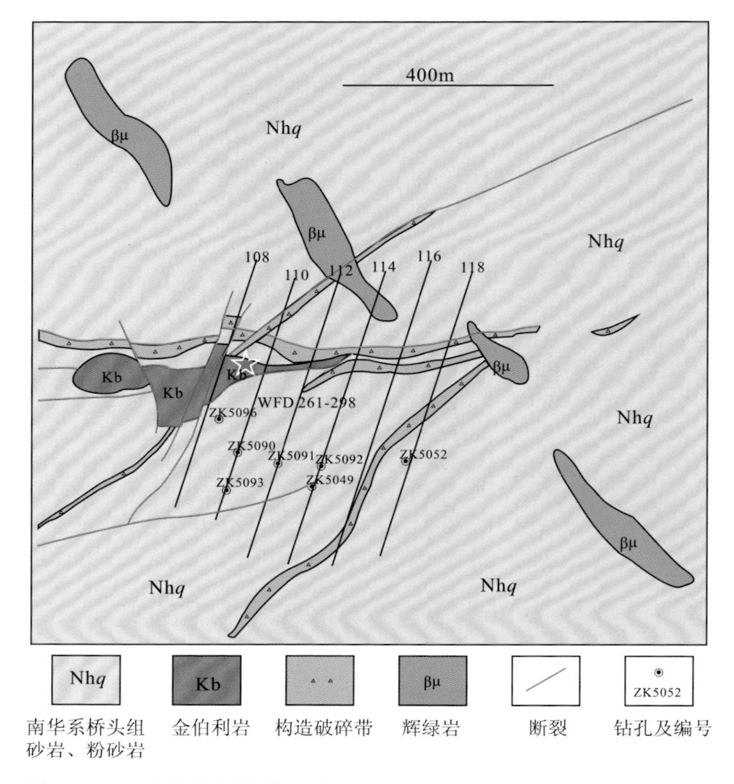

图 2-7　50 号金伯利岩管地质平面图（辽宁省第六地质大队提供）

深部转为城子坦组片麻岩。围岩地层岩石产状平缓，蚀变极其微弱。金伯利岩管中通常含有大量的围岩地层捕虏体，包括现地表出露的围岩（泥灰岩、片麻岩、石英砂岩、页岩、粉砂岩等）和已被剥蚀掉的上部围岩（石英岩、结晶灰岩、生物碎屑灰岩、鲕状灰岩等）。

30-1 号浅部矿体出露在涝田沟的东支沟中，绝大部分被第四系残坡积层覆盖。该岩体为筒状，倾向南东，倾角 50°，岩体在地表上呈现出不规则椭圆状。长轴方向为北东向，长度约 210 m，短轴方向为北西向，宽度变化大，最宽约 100 m，最窄处仅为 60 m，地表面积超过 14000 m^2。深部的 30-2 隐伏矿体位于 30-1 矿体的东南 100°方向，距离地表以下 200 m。矿体倾角很陡，向南倾斜，倾角 80°～85°。矿体整体呈椭圆状，长轴走向北东向，向下慢慢转为东西向。岩体中部最宽处处于–220 m，长轴长度约 250 m，短轴约 110 m（图 2-9 和图 2-10）。30-1 岩体和深部的 30-2 岩体之间有岩脉相连，整个岩管走向东，倾向南。30 号岩管主体受平行断裂和层间滑动构造控制，断裂走向北东东，倾向南东，倾角较大，为 60°～80°。

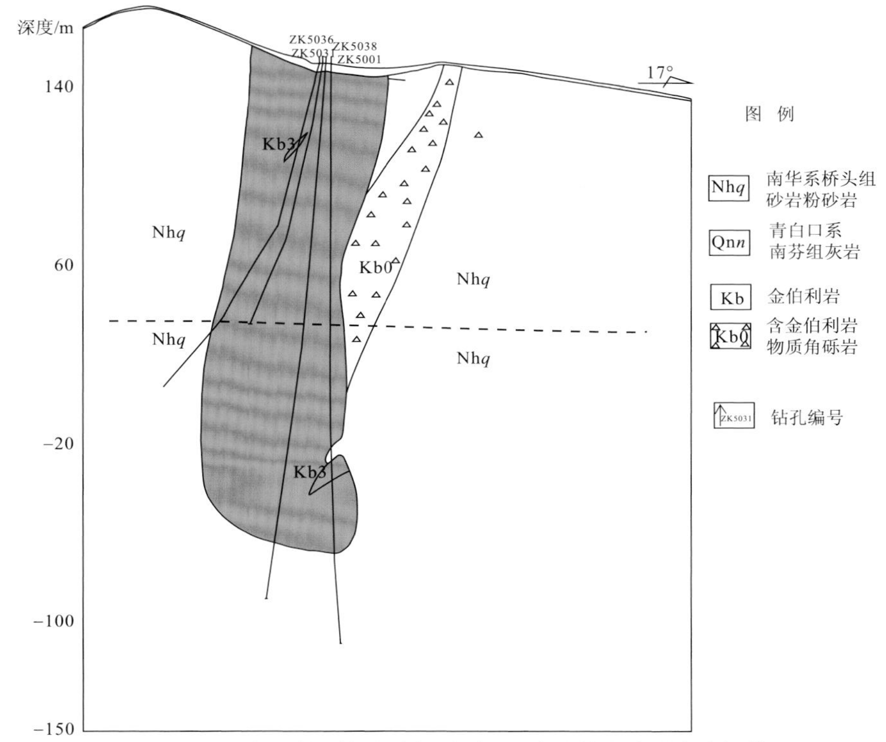

图 2-8　50 号金伯利岩管地质剖面图（辽宁省第六地质大队提供）

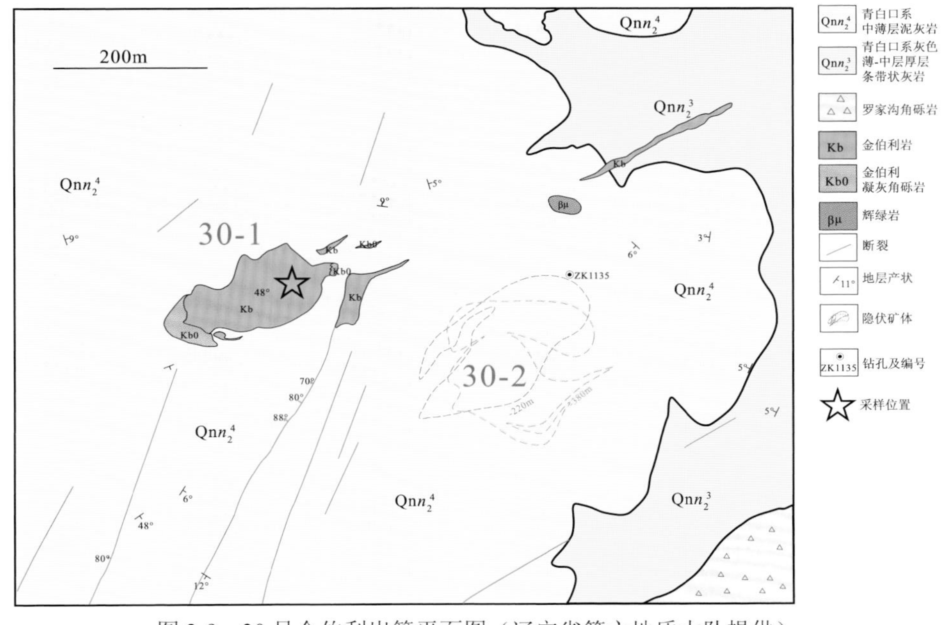

图 2-9　30 号金伯利岩管平面图（辽宁省第六地质大队提供）

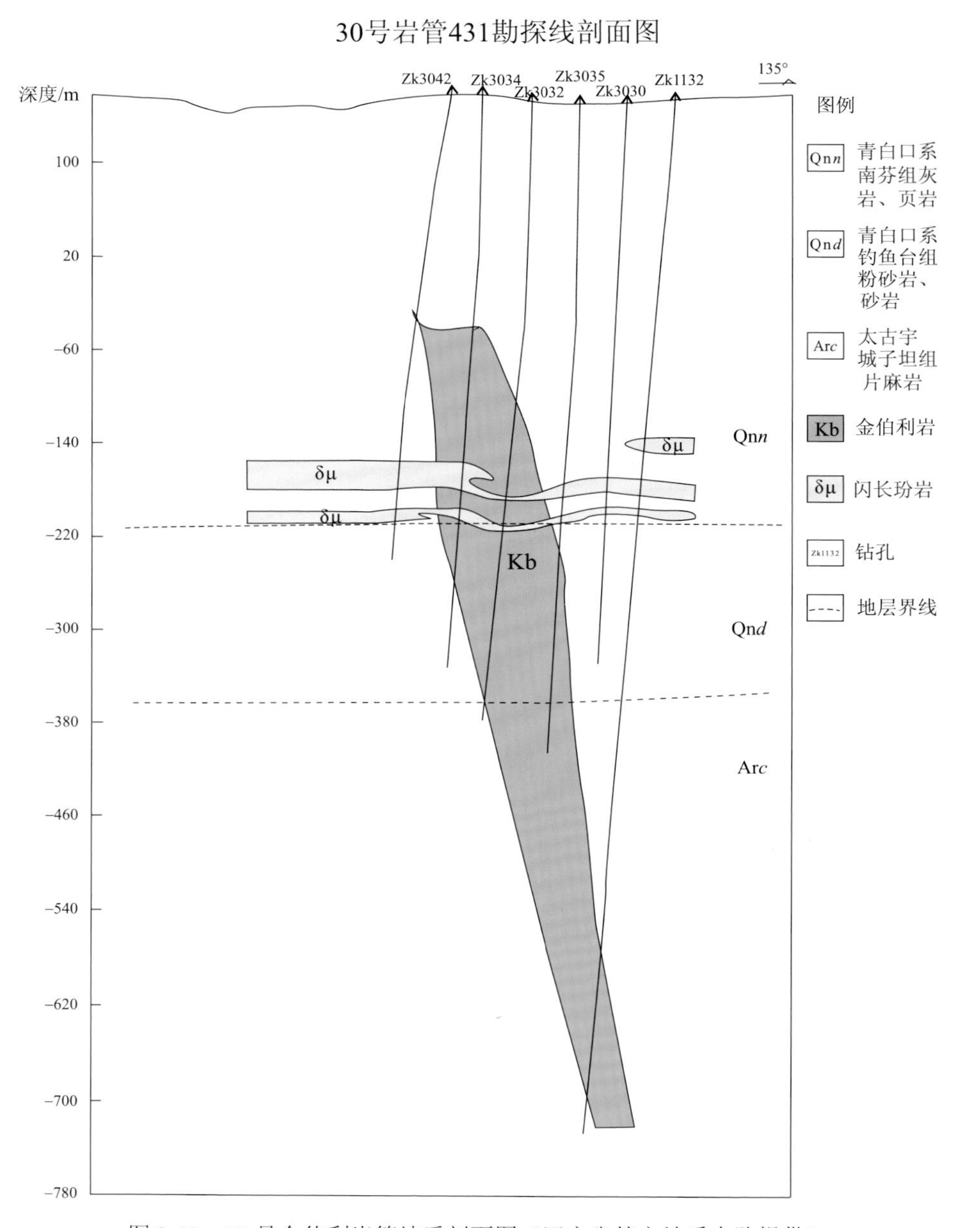

图 2-10　30 号金伯利岩管地质剖面图（辽宁省第六地质大队提供）

2.6.3　42 号岩管

42 号岩管位于瓦房店市三家村地区，产于Ⅰ号矿带东段二道沟。该岩管于 1972 年被发现，是目前瓦房店岩区已发现的金伯利岩体中面积最大、储量最大的岩管。42 号岩管金刚石原生矿储量预测为 427 万克拉，平均品位 0.15 ct/m^3，控制最低深度–410 m。

42 号金伯利岩管由 3 个岩管组成：42-1 号岩管、42-2 号岩管两个大的岩管和 42-3 号一个小的岩管（图 2-11 和图 2-12）。42-1 号岩管最大，为主要岩管，位于矿区东部，地表出露呈不规则状，有两个长轴方向，主长轴 75°，长 355 m，次长轴 340°，长 230 m，面积为 0.031 km^2；42-2 号岩管次之，为椭圆状，规模为 200 m×60 m，面积 0.011 km^2；42-3 号岩管规模最小，地表呈椭圆形，长轴长度约 35 m。42 号岩管整体位于背斜核部，受北东向及东西向构造控制。该岩管出露于低缓山坡和沟谷中，大部分被浮土掩盖，围岩地层主要为新元古界青白口系，主要岩性为粉砂岩、页岩和石英砂岩。围岩地层产状平缓，岩管被后期形成的辉绿岩和流纹斑岩脉切穿。

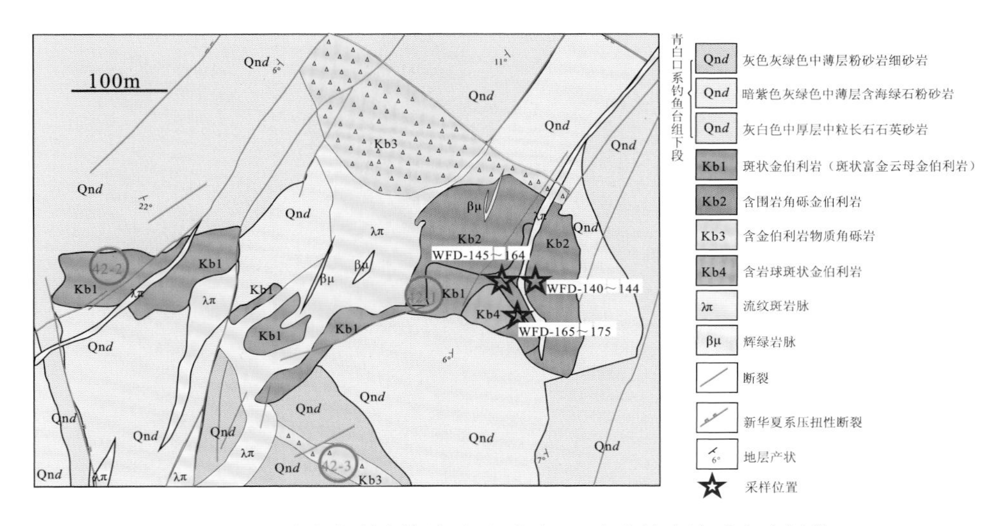

图 2-11　42 号金伯利岩管地质平面图（辽宁省第六地质大队提供）

2.6.4　1 号岩管

1 号岩管位于瓦房店金伯利岩Ⅰ号矿带西段（图 2-13）。岩管总体向南东倾伏，地表倾角 45°～80°不等，平均品位约 0.01 ct/m^3，岩管长轴呈北西向。围岩地层以南华系桥头组、青白口系南芬组上段，下寒武统毛庄组、馒头组为主。这些地层

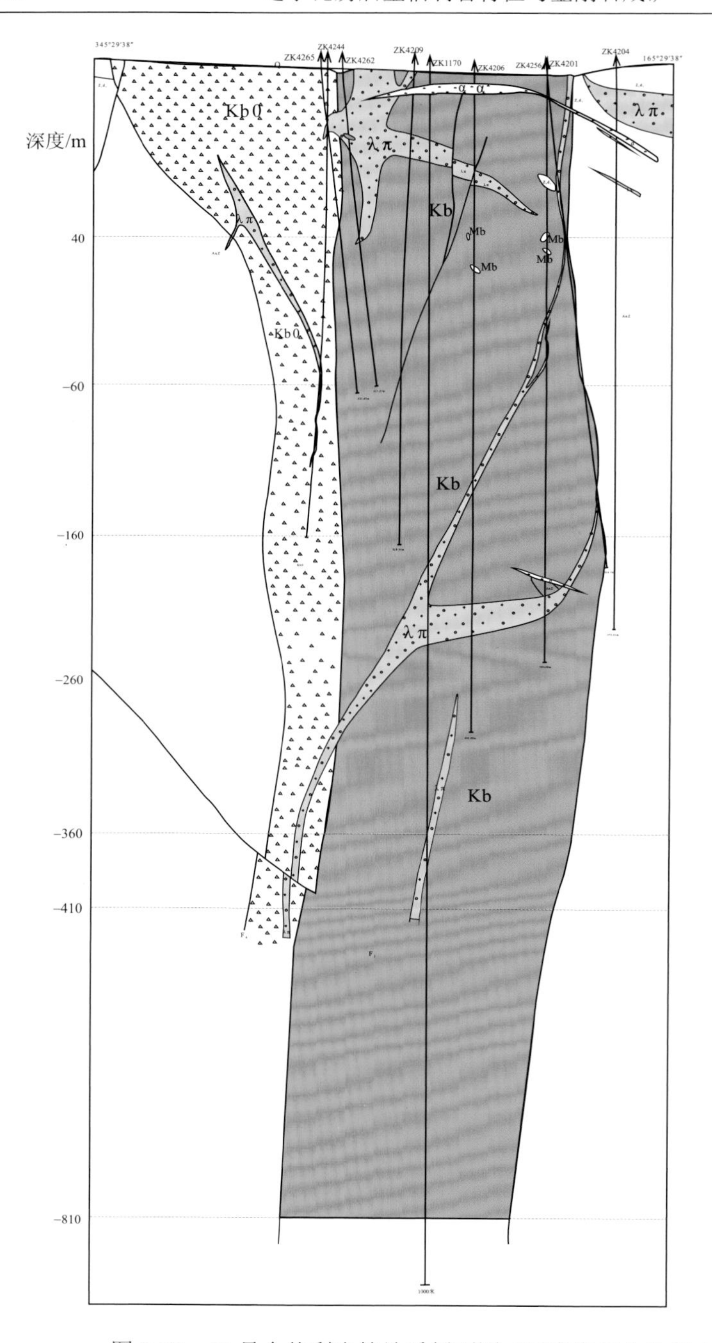

图 2-12　42 号金伯利岩管地质剖面图（辽宁省第六地质大队提供）

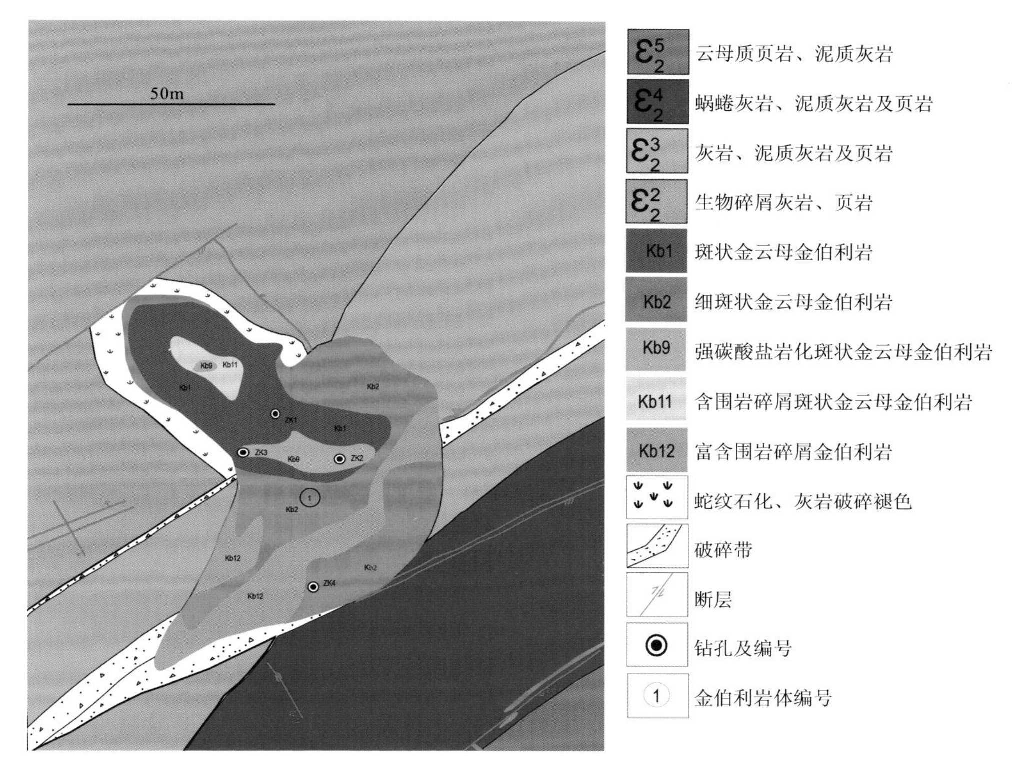

图 2-13　1 号金伯利岩管地质平面图（辽宁省第六地质大队提供）

整体产状平缓，倾角 15°～25°，靠近矿区受到构造作用呈东部 NNE 向挤压。金伯利岩矿体受构造作用，挤压带十分发育。共见三条北西向弧形断裂构造。岩浆岩不发育，且种类较少，仅见有花岗闪长岩、辉绿岩、橄榄玄武岩，呈管状、脉状产出。空间展布均与构造有关。金伯利岩蚀变作用主要为蛇纹石化和碳酸盐化，地表褐铁矿化、绿泥石化较发育，深部逐渐变弱。靠近岩体的围岩蚀变作用比较轻微。

第 3 章　野外地质剖面测量和钻孔编录

有关辽宁省瓦房店含金刚石金伯利岩岩区的典型矿床研究，获取与整理或测试的研究素材源自实测地表露头剖面和钻孔岩心编录两方面（图 3-1）。

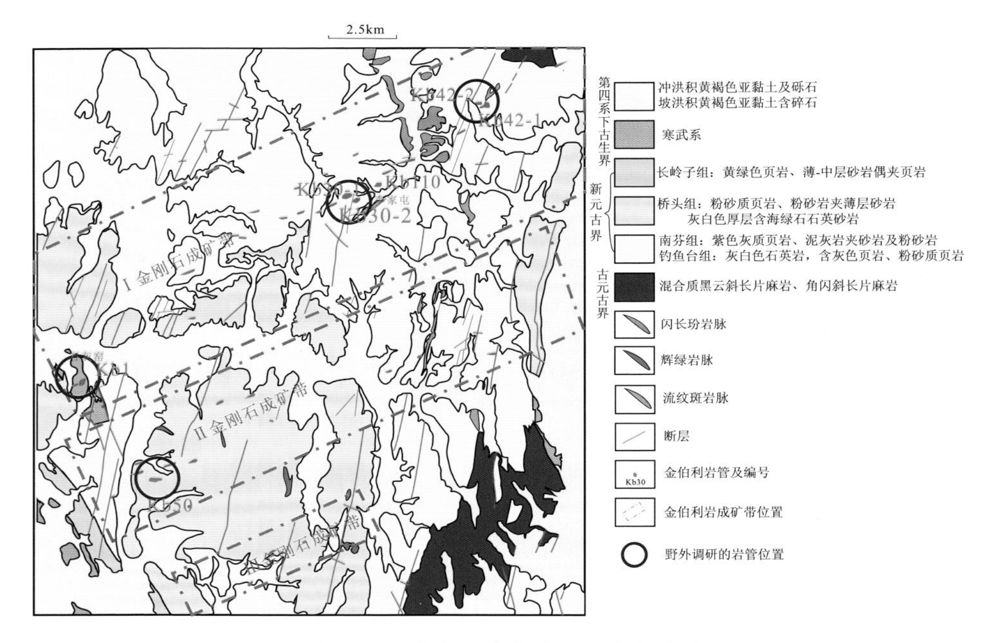

图 3-1　辽宁省瓦房店地区区域地质图

3.1　30 号金伯利岩管

30 号岩管由浅部岩体（30-1）和深部岩体（30-2）组成，浅部岩体出露地表，绝大部分被第四纪浮土覆盖，仅可见小部分露头，露头上覆盖层为青白口系泥灰岩，其地表形态为不规则的椭圆形；深部岩体在浅部岩体的东南方向，为隐伏岩体。岩管围岩为前震旦系片麻岩和青白口系钓鱼台组与南芬组地层（图 3-2）。本次野外考察采样点位于浅部岩体区域。

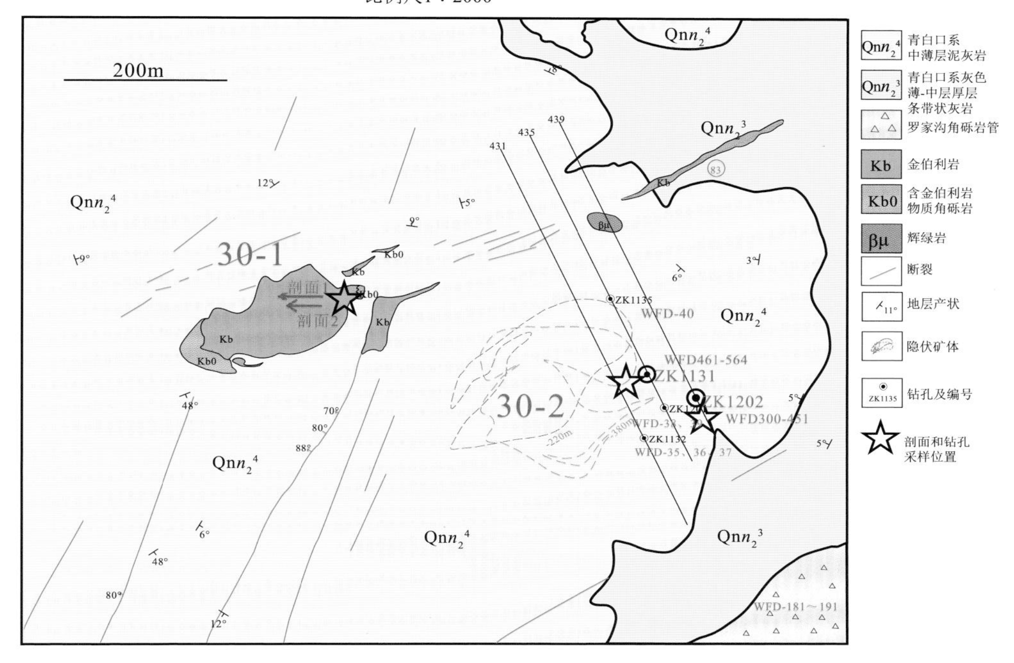

图 3-2　大李屯地区 30 号岩管工作示意图

图 3-3　30 号岩管探槽实测剖面 1、剖面 2 实景图

在30号岩管浅部岩体探槽中进行了两条地表剖面测量（剖面1、剖面2），共计采样63件（图3-3），并在深部岩体中选择两条代表性钻孔（ZK1131、ZK1202）进行岩心编录，共计采样254件。

3.1.1　30号岩管探槽剖面1

本剖面位于30号探槽北侧，总长57.0 m，总体方向向西，共分9层，采集各类标本/样品43套，基本地质特征及标本/样品采集位置如图3-2所示。

该剖面全为金伯利岩，根据金云母含量、捕房体含量、碳酸盐化程度特征将剖面分为9层（图3-4），各层岩性特点如下（图3-5）。

1）第一层：碳酸盐化金伯利岩

岩石新鲜面呈暗绿色，风化面呈灰绿色，斑状构造，岩石风化严重，易碎，结构疏松，碳酸盐化程度较轻，不含或几乎不含角砾，偶尔可见少量的非同源角砾，金云母含量一般。

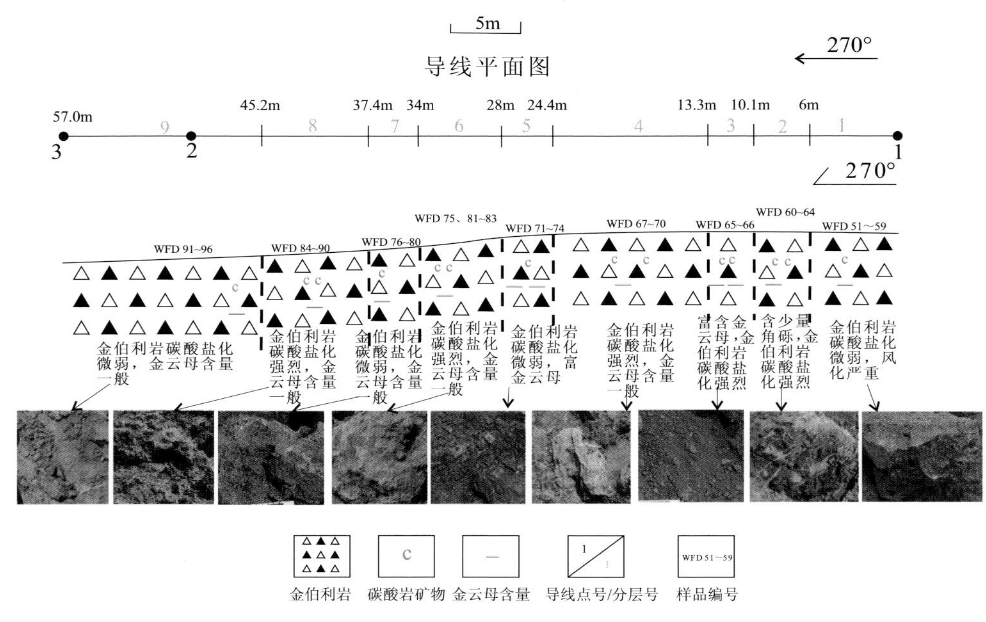

图3-4　30号岩管探槽实测剖面1编录图

图 3-5　30 号岩管探槽金伯利岩野外照片

2）第二层：强烈碳酸盐化含岩球围岩捕虏体金伯利岩

岩石新鲜面暗绿色，掺杂部分白色，风化面黄绿色，捕虏体含量小于 10%，捕虏体形状以棱角-次棱角为主，捕虏体主要为围岩捕虏体（5%），其中灰岩捕虏体较多。除围岩捕虏体外，还有部分同源捕虏体（3%），少见非同源捕虏体，金云母含量一般。

3）第三层：强烈碳酸盐化富金云母金伯利岩

岩石新鲜面暗绿色，掺杂部分白色，风化面土黄色，岩石风化极其严重，岩石表面积累了大量风化形成的金伯利岩粉末，粉末呈土状覆盖在金伯利岩上，粉末中可见大量金云母，少见捕虏体，金云母含量较高。

4）第四层：强烈碳酸盐化金伯利岩

岩石新鲜面呈暗绿色，掺杂部分白色，风化面浅黄色，斑状构造，岩石风化严重，易碎，结构疏松，碳酸盐化程度较高，岩石中随处可见脉状、块状方解石，镜下大量区域完全被碳酸盐矿物占据，不含捕虏体，金云母含量一般。

5）第五层：碳酸盐化富金云母金伯利岩

岩石新鲜面暗绿色，风化面黄绿色，斑状构造，风化较为严重，岩石表层覆盖有大量金伯利岩风化物，其中含大量金云母，碳酸盐化程度较低，金云母含量高，可见岩石表面存在晶形较完整的大颗粒金云母。

6）第六层：强烈碳酸盐化富含岩球金伯利岩

岩石新鲜面呈黑绿色，掺杂部分白色，风化面呈灰黄色，风化程度一般，金云母含量一般，碳酸盐化强烈，岩石中可见碳酸盐矿物脉通过，还可见被方解石交代的斑晶及包体，岩石中有大量岩球（35%），捕虏体已经蚀变，或被方解石交代。

7）第七层：碳酸盐化金伯利岩

岩石新鲜面呈暗绿色，风化面呈灰绿色，斑状构造，岩石风化严重，易碎，结构疏松，碳酸盐化程度较轻，不含或几乎不含有捕虏体，偶尔可见少量的非同源捕虏体，金云母含量一般。

8）第八层：强烈碳酸盐化金伯利岩

岩石新鲜面呈暗绿色，掺杂部分白色，风化面浅黄色，斑状构造，碳酸盐化程度极高，岩石中碳酸盐矿物脉互相连接，由于岩石中非碳酸盐部分风化严重，碳酸盐矿物在岩石中呈骨架状分布。极少出现捕虏体，金云母含量一般。

9）第九层：碳酸盐化金伯利岩

岩石新鲜面呈暗绿色，风化面土黄色，斑状构造，岩石风化严重，易碎，结构疏松，碳酸盐化程度较轻，不含或几乎不含捕虏体，偶尔可见少量捕虏体，金云母含量一般。

3.1.2　30 号岩管探槽剖面 2

本剖面位于 30 号岩管探槽南侧，总体方向向西，和剖面 1 相平行，与剖面 1 相隔 7 m，总长 55.3 m。剖面 2 共分 8 层，采集各类标本/样品 19 套，基本地质特征及标本/样品采集位置如图 3-6 所示。

该剖面全为金伯利岩，根据颜色、捕虏体含量、碳酸盐化程度特征将该剖面分为 8 层。整体上与剖面 1 岩性一致，角砾含量较剖面 1 增多，金云母含量降低，各层岩性特点如下。

1）第一层：碳酸盐化含岩球金伯利岩

岩石新鲜面呈暗绿色，风化面土黄色，斑状结构，岩石风化严重，碳酸盐化程度较轻，含有少量同源捕虏体，不超过 10%，同源捕虏体大多蚀变，金云母含量一般，镜下可见方解石生长呈方块状，推测可能受蛇纹石结构的控制。

2）第二层：碳酸盐化富含岩球金伯利岩

岩石新鲜面呈暗绿色，风化面土黄色，斑状结构，岩石风化严重，碳酸盐化程度较轻，含有较多同源捕虏体，捕虏体含量 25%，同源捕虏体大多蚀变。

3）第三层：碳酸盐化富含岩球金伯利岩

岩石新鲜面呈暗绿色，风化面土黄色，斑状结构，岩石风化严重，碳酸盐化程度较轻，含有较多同源捕虏体，捕虏体含量 30%，同源捕虏体大多蚀变，金云母含量一般。

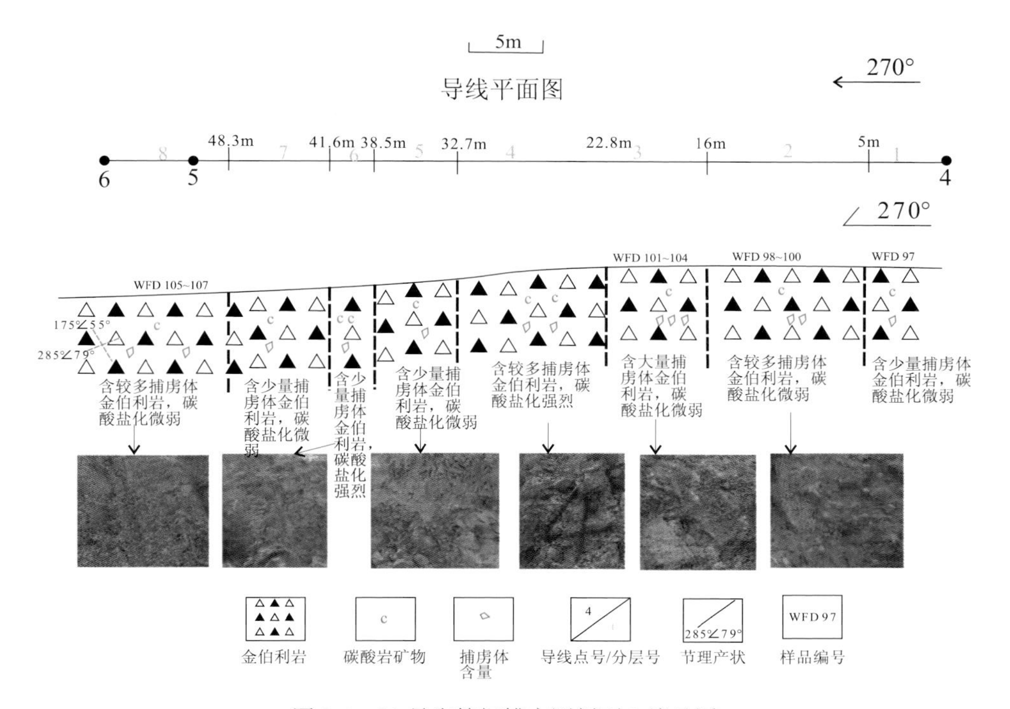

图 3-6　30 号岩管探槽实测剖面 2 编录图

4）第四层：碳酸盐化富含岩球金伯利岩

岩石新鲜面呈暗绿色，风化面黄绿色，斑状结构，岩石风化严重，碳酸盐化程度较高，岩石中可见数条粗大的方解石脉通过，含有较多同源捕虏体，捕虏体含量 25%，同源捕虏体大多蚀变，同时可见非同源捕虏体，含量约 10%，金云母含量一般。

5）第五层：强烈碳酸盐化含围岩角砾岩球金伯利岩

岩石新鲜面呈暗绿色，风化面土黄色，斑状结构，岩石风化严重，碳酸盐化程度较轻，含有少量同源捕虏体，约 10%，同源捕虏体大多蚀变，还可见少量非同源捕虏体，不超过 5%，含有少量围岩捕虏体，约 5%，以灰岩为主，在金伯利岩中呈颜色相对较浅的包体出现，金云母含量一般。

6）第六层：碳酸盐化含围岩角砾金伯利岩

岩石新鲜面呈暗绿色，风化面土黄色，斑状结构，岩石风化严重，碳酸盐化程度较高，岩石中常见方解石呈脉状或块状出现，含有少量围岩捕虏体，不超过 10%，在金伯利岩中呈颜色相对较浅的包体出现，金云母含量一般。

7）第七层：碳酸盐化含围岩角砾岩球金伯利岩

岩石新鲜面呈暗绿色，风化面土黄色，斑状结构，岩石风化严重，碳酸盐化程度较轻，含有少量围岩捕虏体，约10%，围岩捕虏体以灰岩为主，手标本上可见非同源捕虏体，呈黑色包体出现，金云母含量一般。

8）第八层：碳酸盐化含岩球角砾金伯利岩

岩石新鲜面呈暗绿色，风化面土黄色，斑状结构，岩石风化严重，碳酸盐化程度较轻，含有较多同源捕虏体，捕虏体含量约35%，同源捕虏体大多蚀变，金云母含量一般。

3.1.3　30号岩管钻孔

30号岩管深部岩体（30-2）中有一批钻孔，本次选取2条代表性钻孔（ZK1131和ZK1202）进行岩心编录。

1. 30号岩管ZK1131钻孔岩心编录

编录钻孔位于30-2隐伏岩体，总深度为720 m，共分31层，采集各类标本/样品104套（编号：WFD461～WFD564），基本地质特征如图3-7所示。

ZK1131钻孔中，除504～700 m为侵入的金伯利岩外，其余均为围岩（图3-8和图3-9）。由于在采样前钻孔中504～690 m段金伯利岩已被取走，因此本次只采得了690～700 m的金伯利岩。下面先描述侵入的金伯利岩，再对周围围岩进行介绍。

504～700 m：金伯利岩。根据岩石所含成分，通过手标本观察，将岩石分为以下几类：

1）富金云母金伯利岩

岩石新鲜面呈暗绿色，斑状结构，碳酸盐化程度低，金云母含量较高，约30%。

2）强烈碳酸盐化含围岩捕虏体富含岩球金伯利岩

岩石新鲜面总体呈暗绿色，斑状结构。岩球含量约25%，由于其含岩球而具有特殊的球状构造，围岩捕虏体含量约10%，手标本上可见浅色包体。岩石发生强烈碳酸盐化，手标本上可见脉状方解石通过岩石，不论捕虏体、斑晶还是基质都大量被碳酸盐交代。

3）富金云母金伯利岩

岩石新鲜面呈黑绿色，斑状结构。岩石富含金云母，含量超过15%。岩石发生碳酸盐化，碳酸盐化程度较轻，斑晶部分被方解石交代。

4）强烈碳酸盐化金伯利岩

岩石新鲜面总体呈暗绿色。岩石中无或含极少量的捕虏体，斑状构造，斑晶和基质几乎都被碳酸盐化，手标本上可见方解石脉通过。

层号	分层厚度/m	换层孔深/m	柱状图	岩性描述
1	68.5	68.5		青灰色泥晶灰岩
2	3.1	71.6		角砾灰岩
3	23.2	94.8		青灰色泥晶灰岩夹灰岩破碎带
4	91.6	186.4		青灰色泥晶灰岩
5	13.8	200.2		灰黑色泥晶灰岩
6	31.1	231.3		青灰色泥晶灰岩
7	3.8	235.1		红色薄层页岩
8	2.7	237.8		灰绿色薄层页岩
[illegible]	1.3	239.1		[illegible]
10	21.2	260.3		灰绿色薄层页岩
11	10.7	271		灰黑色薄层页岩
12	4.3	275.3		黑色薄层页岩
13	11.8	287.1		灰绿色薄层页岩
14	7.2	294.3		变质砾岩
15	7.6	301.9		黑色薄层页岩
16	13	314.9		灰绿色薄层页岩
17	10.8	325.7		灰黑色薄层页岩
18	14.5	340.2		灰白色闪长玢岩
19	12.3	352.5		黑色薄层页岩
20	10.5	363.0		灰白色闪长玢岩
21	15	378.0		粉砂岩
22	1.5	380.5		灰白色闪长玢岩
23	15.7	396.2		黑色薄层页岩和粉砂岩互层
24	17.7	413.9		粉砂岩
25	22	435.9		灰色页岩夹灰黑色页岩
26	30.5	466.4		粉砂岩夹黑色页岩
27	37.6	504		粗砂岩夹粉砂岩和黑色页岩
28	196	700		金伯利岩
29	6.7	706.7		黑色斜长角闪片麻岩
30	4.5	711.2		红色斜长角闪片麻岩
31	8.8	720		红色夹黑色斜长角闪片麻岩

灰岩　角砾灰岩　灰岩破碎带　页岩　粉砂岩　砂岩　变质底砾岩　闪长玢岩　金伯利岩　斜长角闪片麻岩

图 3-7　30 号岩管 ZK1131 钻孔岩心编录图

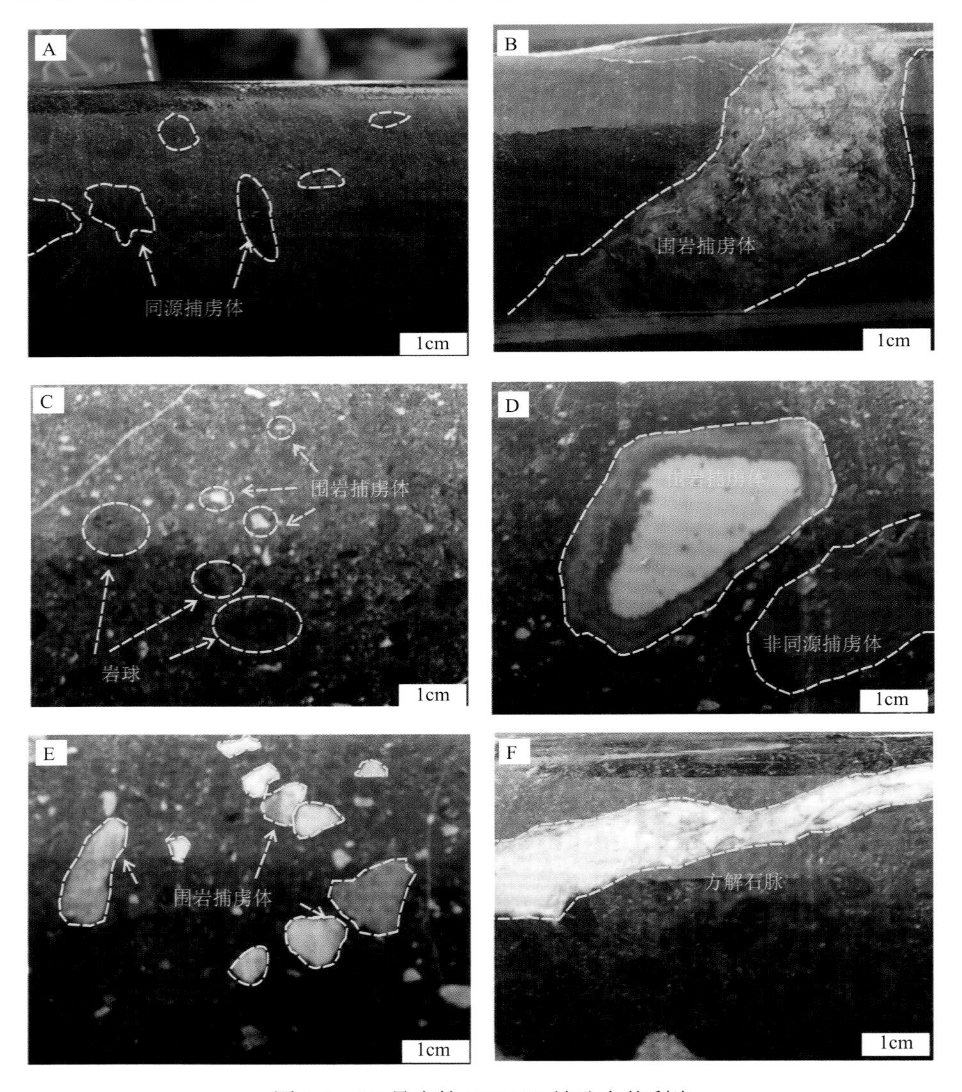

图 3-8　30 号岩管 ZK1131 钻孔金伯利岩

ZK1131 中围岩从深部到浅部依次为片麻岩、粗砂岩夹粉砂岩和页岩、粉砂岩夹页岩、页岩和灰岩，中间夹三段侵入的闪长玢岩和金伯利岩，其中下部碎屑岩系具类复理石构造，上部为碳酸盐岩，整体上构成一个较完整的海进-海退旋回。下部碎屑岩系中粗砂岩夹粉砂岩和页岩、粉砂岩夹页岩，这些构成小的沉积旋回。

图 3-9　钻孔编录工作照

0～231.3 m：青灰色、灰黑色灰岩、泥晶灰岩，中间夹一层角砾灰岩与一层灰岩破碎带（图 3-10）。

231.3～325.7 m：杂色页岩，中间夹一层变质砾岩。页岩具有成层性，由长石、石英组成（图 3-11）。

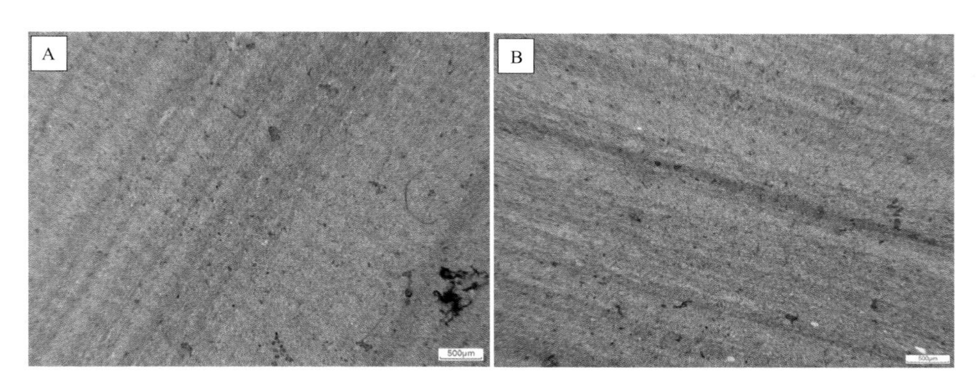

图 3-10　瓦房店 ZK1131 钻孔 0～231.3m 灰岩岩相学照片

A. WFD462 青灰色泥晶灰岩（单偏光）；B. WFD481 深灰色泥晶灰岩（单偏光）

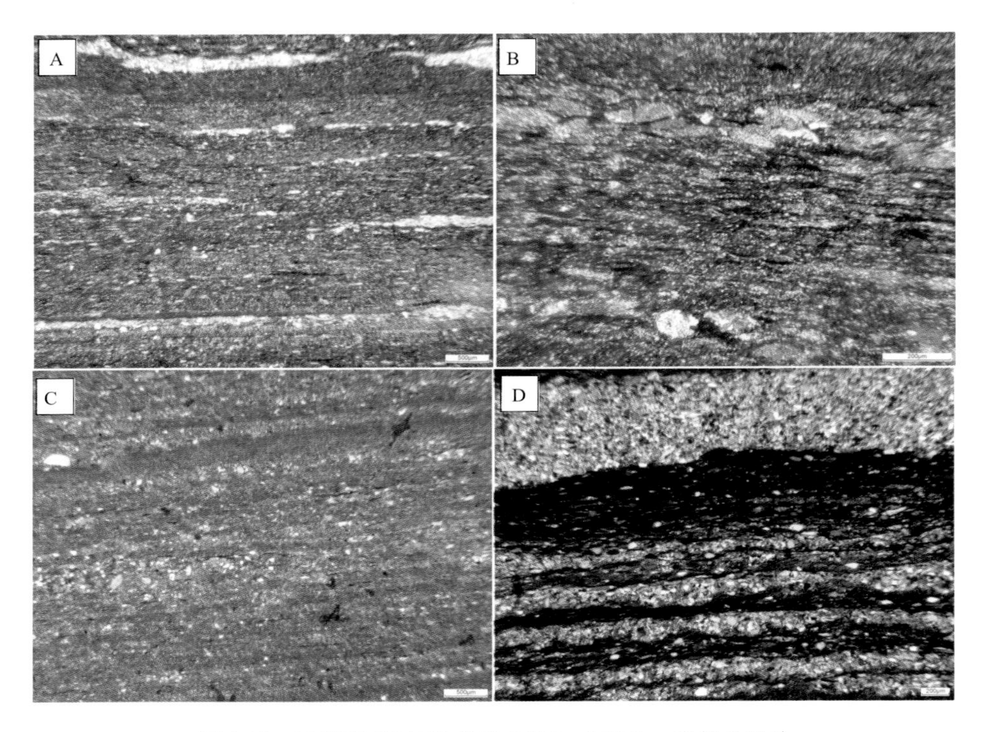

图 3-11　瓦房店 ZK1131 钻孔 231.3～325.7 m 岩相学照片

A. WFD489 红色页岩（正交光）；B. WFD489 长石与石英（正交光）；C. WFD506 青灰色页岩（正交光）；D. WFD507 灰黑色页岩（正交光）

325.7～380.5 m：闪长玢岩侵入区域，在 325.7～340.2 m、352.5～363.0 m、378.0～380.5 m 三段处为灰白色闪长玢岩侵入体，340.2～352.5 m 处为黑色薄层页岩，363.0～378.0 m 处为粉砂岩。闪长玢岩具有似斑状结构，斑晶主要为角闪石和斜长石，还有少量黑云母斑晶；基质以斜长石为主，少量石英，有碳酸盐化现象。其间出现大量火成岩、变质岩包体（图 3-12）。

380.5～466.4 m：灰色、黑色页岩与粉砂岩互层（图 3-13）。粉砂岩为砂状结构，主要为石英，少量斜长石、白云母，粒径集中在 0.05～0.1 mm，其间可见石英脉通过。

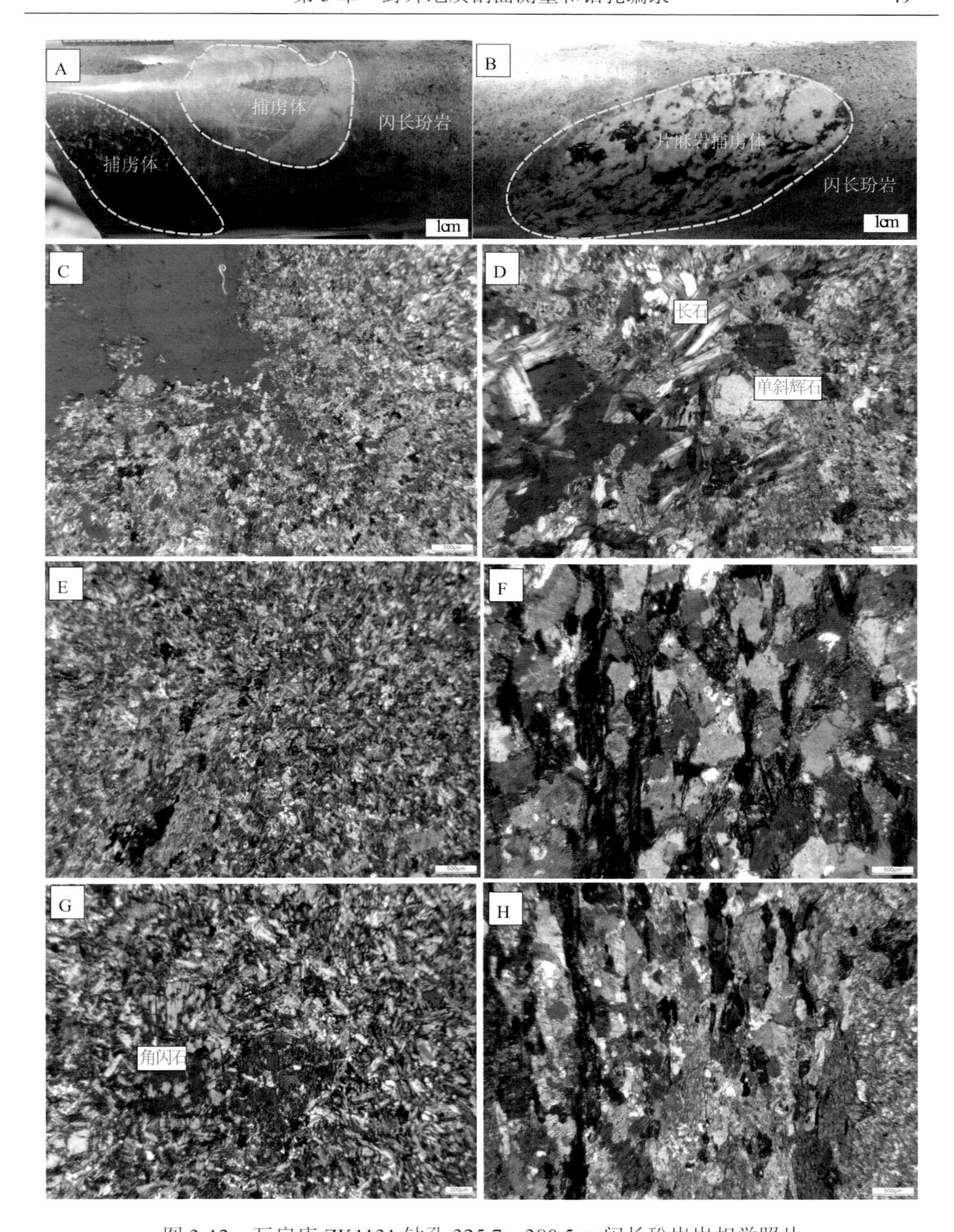

图 3-12　瓦房店 ZK1131 钻孔 325.7～380.5 m 闪长玢岩岩相学照片

A、B. 闪长玢岩中捕虏体；C. 闪长玢岩中火成岩包体（正交光）；D. WFD515 闪长玢岩中火成岩包体（正交光）；E. WFD517 闪长玢岩（正交光）；F. WFD517 闪长玢岩变质岩捕虏体（正交光）；G. WFD510 闪长玢岩角闪石斑晶（正交光）；H. WFD520 闪长玢岩变质岩捕虏体（正交光）

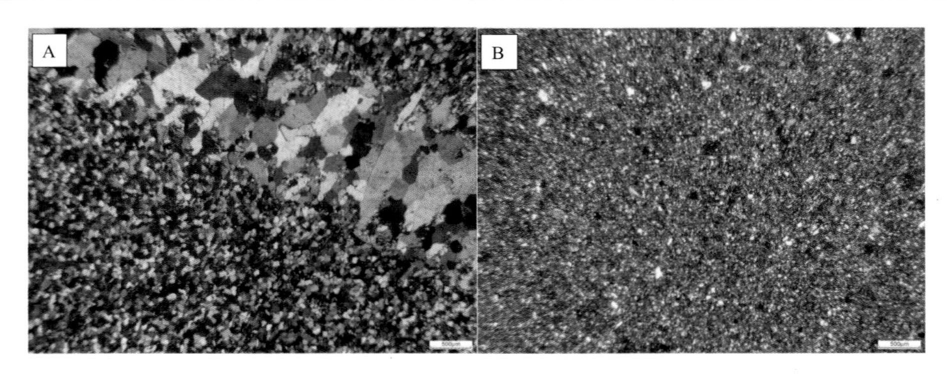

图 3-13　瓦房店 ZK1131 钻孔 380.5～466.4 m 岩相学照片

A. WFD526 粉砂岩中石英脉（正交光）；B. WFD526 粉砂岩（单偏光）

466.4～504.0 m：长石石英砂岩，石英占 50%，长石有斜长石与碱性长石，但大多已发生蚀变成绢云母，仅少数保存完好（图 3-14）。在薄片边缘有一处喷出

图 3-14　瓦房店 ZK1131 钻孔 466.4～504.0 m 岩相学照片

A. WFD530 长石石英砂岩（正交光）；B. WFD530 长石石英砂岩透辉石（正交光）；C. WFD530 侵入接触（正交光）；D. WFD530 斜长石（正交光）

岩侵入体，基本上全为玻璃质，可见少量长石微晶，在侵入体与砂岩接触部位有热烘烤现象，并出现透辉石。

690.0～700.0 m：金伯利岩。

700.0～720.0 m：片麻岩，片麻状构造，颜色繁多，有紫色、红色、黑色、浅色等（图 3-15）。组成矿物为石英、斜长石、黑云母和角闪石，矿物排列具有明显的定向性。

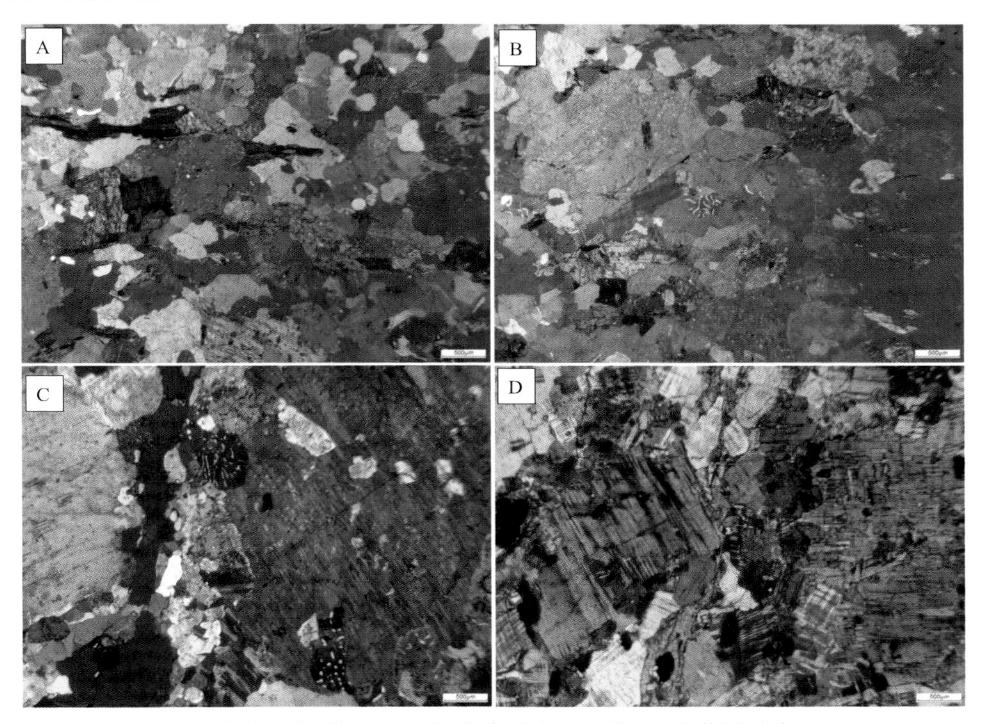

图 3-15　瓦房店 ZK1131 钻孔 700.0～720.0 m 岩相学照片

A. WFD553 黑云角闪片麻岩（正交光）；B. WFD553 蠕英结构（正交光）；C. WFD564 蠕英结构（正交光）；D. WFD564 钾长石（正交光）

2. 30 号岩管 ZK1202 钻孔岩心编录

编录钻孔位于 30 号岩管隐伏岩体（30-2），总深度为 1031.4 m，共分 29 层，采集各类标本/样品 151 套（编号：WFD300-WFD451），基本地质特征如下所示。

ZK1202 中围岩从深部到浅部依次为片麻岩夹变质花岗岩脉、底砾岩、粗砂岩夹中砂岩、粉砂岩夹页岩、页岩和灰岩，中间夹侵入的闪长玢岩（图 3-16）。其中下部碎屑岩系具类复理石构造，上部为碳酸盐岩，整体上构成一个较完整的海进-海退旋回。下部碎屑岩中见砂岩夹页岩、粉砂岩夹页岩，这些构成次一级的沉积旋回。

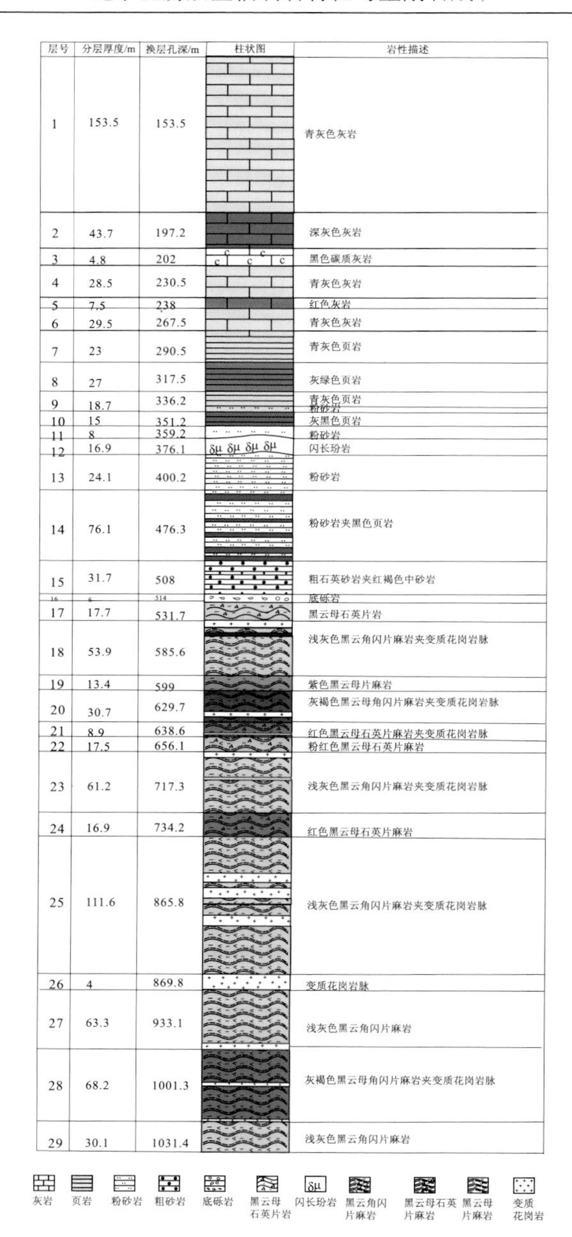

层号	分层厚度/m	换层孔深/m	柱状图	岩性描述
1	153.5	153.5		青灰色灰岩
2	43.7	197.2		深灰色灰岩
3	4.8	202		黑色碳质灰岩
4	28.5	230.5		青灰色灰岩
5	7.5	238		红色灰岩
6	29.5	267.5		青灰色灰岩
7	23	290.5		青灰色页岩
8	27	317.5		灰绿色页岩
9	18.7	336.2		青灰色页岩 粉砂岩
10	15	351.2		灰黑色页岩
11	8	359.2		粉砂岩
12	16.9	376.1		闪长玢岩
13	24.1	400.2		粉砂岩
14	76.1	476.3		粉砂岩夹黑色页岩
15	31.7	508		粗石英砂岩夹红褐色中砂岩
16	6	514		底砾岩
17	17.7	531.7		黑云母石英片岩
18	53.9	585.6		浅灰色黑云角闪片麻岩夹变质花岗岩脉
19	13.4	599		紫色黑云母片麻岩
20	30.7	629.7		灰褐色黑云母角闪片麻岩夹变质花岗岩脉
21	8.9	638.6		红色黑云母石英片麻岩夹变质花岗岩脉
22	17.5	656.1		粉红色黑云母石英片麻岩
23	61.2	717.3		浅灰色黑云角闪片麻岩夹变质花岗岩脉
24	16.9	734.2		红色黑云母石英片麻岩
25	111.6	865.8		浅灰色黑云角闪片麻岩夹变质花岗岩脉
26	4	869.8		变质花岗岩脉
27	63.3	933.1		浅灰色黑云角闪片麻岩
28	68.2	1001.3		灰褐色黑云母角闪片麻岩夹变质花岗岩脉
29	30.1	1031.4		浅灰色黑云角闪片麻岩

图 3-16　30 号岩管 ZK1202 钻孔岩心编录图

0～267.5 m：青灰色、深灰色、红色以及黑色碳质灰岩（图 3-17）。方解石含量超过 95%，且全为微晶–泥晶方解石。

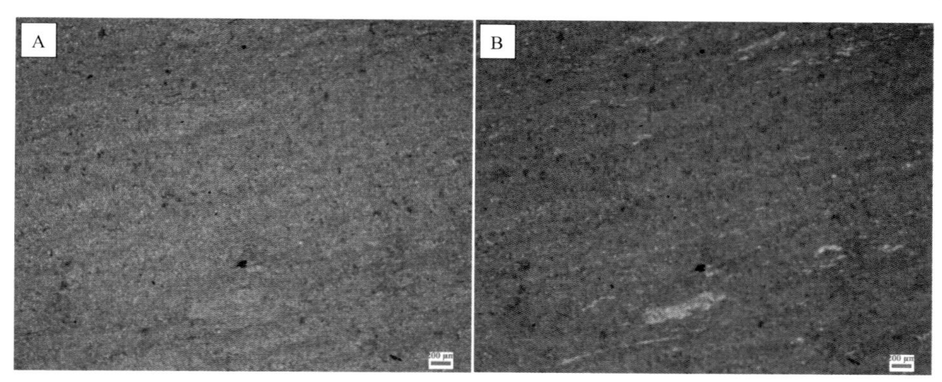

图 3-17　瓦房店 ZK1202 钻孔 0～267.5 m 灰岩岩相学照片

A. WFD302 灰岩（正交光）；B. WFD302 灰岩（单偏光）

267.5～351.2 m：青灰色、灰绿色、灰黑色页岩，其间夹一层粉砂岩。页岩具有层理，主要由长石、石英组成。页岩具有成层性，由方解石层和石英层互层构成，其中还有少量绢云母（图 3-18）。

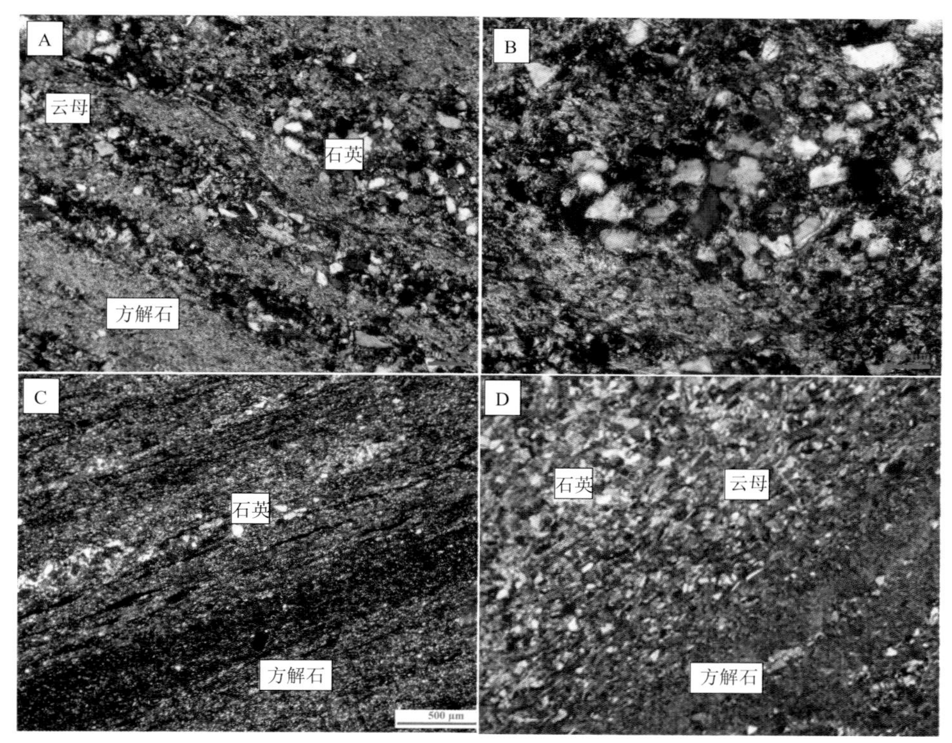

图 3-18　瓦房店 ZK1202 钻孔 267.5～351.2 m 岩石岩相学照片

A. WFD330 灰黑色页岩（正交光）；B. WFD330 石英层（正交光）；C. WFD325 紫灰色页岩（正交光）；D. WFD332 青灰色页岩（分界，正交光）

351.2～359.2 m：粉砂岩。粉砂岩为砂状结构，主要为石英，少量斜长石、白云母（图 3-19），粒径集中在 0.05～0.1 mm。

图 3-19　瓦房店 ZK1202 钻孔 351.2～359.2 m 岩石岩相学照片

A. WFD338 粉砂岩（正交光）；B. WFD338 粉砂岩显微照片（正交光）

359.2～376.1 m：闪长玢岩，具似斑状结构，斑晶主要为角闪石和斜长石，有少量黑云母斑晶，基质以斜长石为主，少量石英，有碳酸盐化现象（图 3-20）。常见碳酸盐矿物交代斑晶矿物，可见有斑晶矿物的假象。

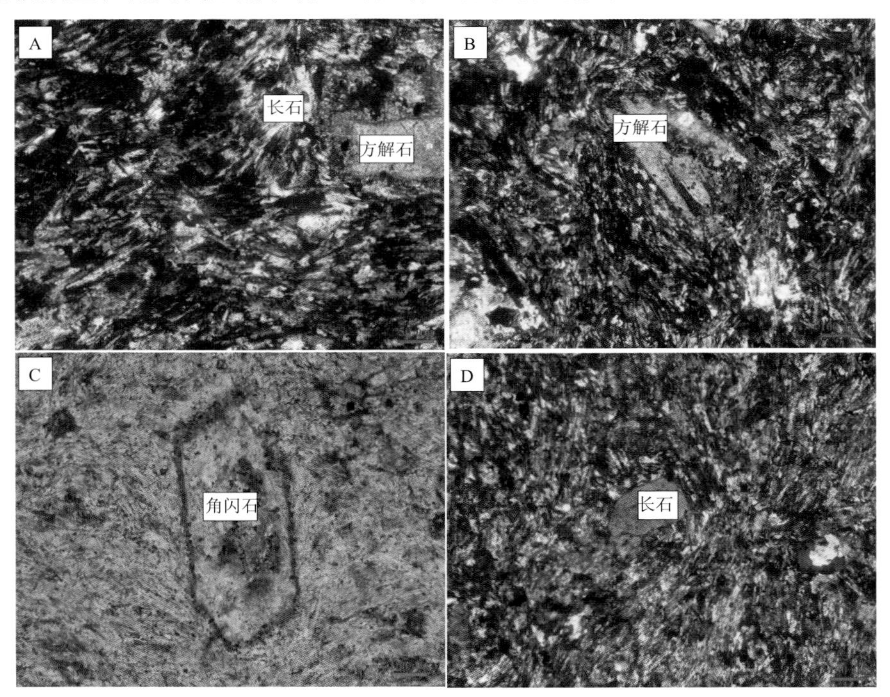

图 3-20　瓦房店 ZK1202 钻孔 359.2～376.1 m 闪长玢岩岩相学照片

A. WFD343 闪长玢岩（正交光）；B. WFD343 闪长玢岩中方解石交代斑晶矿物（正交光）；C. WFD343 闪长玢岩角闪石假象（单偏光）；D. WFD343 闪长玢岩斜长石斑晶（正交光）

376.1～514.0 m：粉砂岩、中砂岩、粗砂岩、底砾岩。岩石具砂状结构，自上而下颗粒粒径不断变大，最后有一层底砾岩。主要由石英（75%）、白云母（5%），方解石（5%）、铁质胶结物（15%）组成，石英颗粒粒径大小不一（0.1～5 mm），集中在 0.5～1 mm，表面较光洁，有压碎现象。裂隙中填充纤维状白云母和方解石细脉，铁质胶结（图 3-21）。

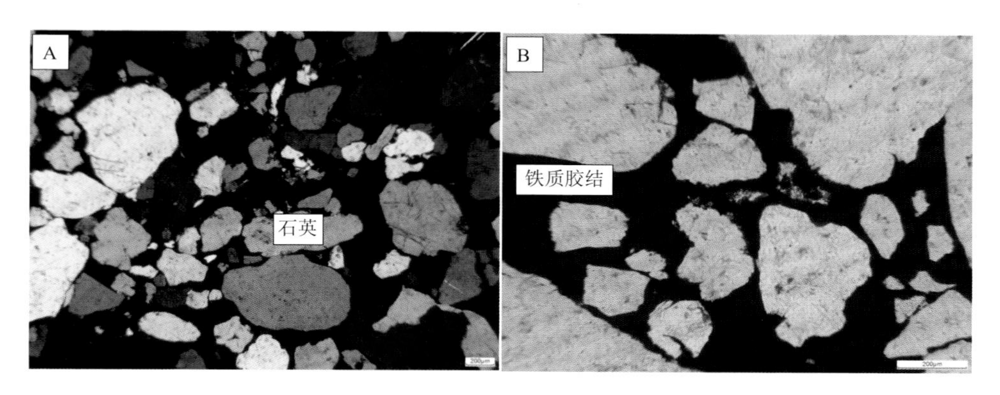

图 3-21　瓦房店 ZK1202 钻孔 376.1～514.0 m 岩石岩相学照片

A. WFD366 石英压碎现象（正交光）；B. WFD366 铁质胶结物（正交光）

514.0～1031.4 m：片麻岩夹变质花岗岩岩脉。片麻岩为片麻状构造，颜色繁多，有紫色、红色、灰黑色、浅色等。组成矿物为石英、斜长石、黑云母、角闪石，矿物排列具有明显的定向性（图 3-22）。其中紫色片麻岩无石英和角闪石，红色片麻岩无角闪石，有方解石化现象。

3.2　42 号金伯利岩管

42 号金伯利岩管，位于 I 号矿带东段，矿区出露地层为青白口系钓鱼台组。42 号岩管是由 42-1、42-2 大小两个双生管及一个小小管 42-3 组成，出露于低缓山坡和沟谷中，大部分被浮土覆盖，矿区出露的岩浆岩，除金伯利岩外，还有闪长玢岩和辉绿岩（图 3-23）。

在 42 号岩管出露位置采集金伯利岩样品 30 件，样品几乎全部发生蚀变。全区金伯利岩都有后期方解石化的现象，仅存在方解石化程度上的差异。岩石原生矿物少见，捕虏体含量不一，成分复杂，显示其复杂的来源（图 3-24～图 3-26）。根据岩石所含成分，通过手标本观察，将岩石分为以下几类。

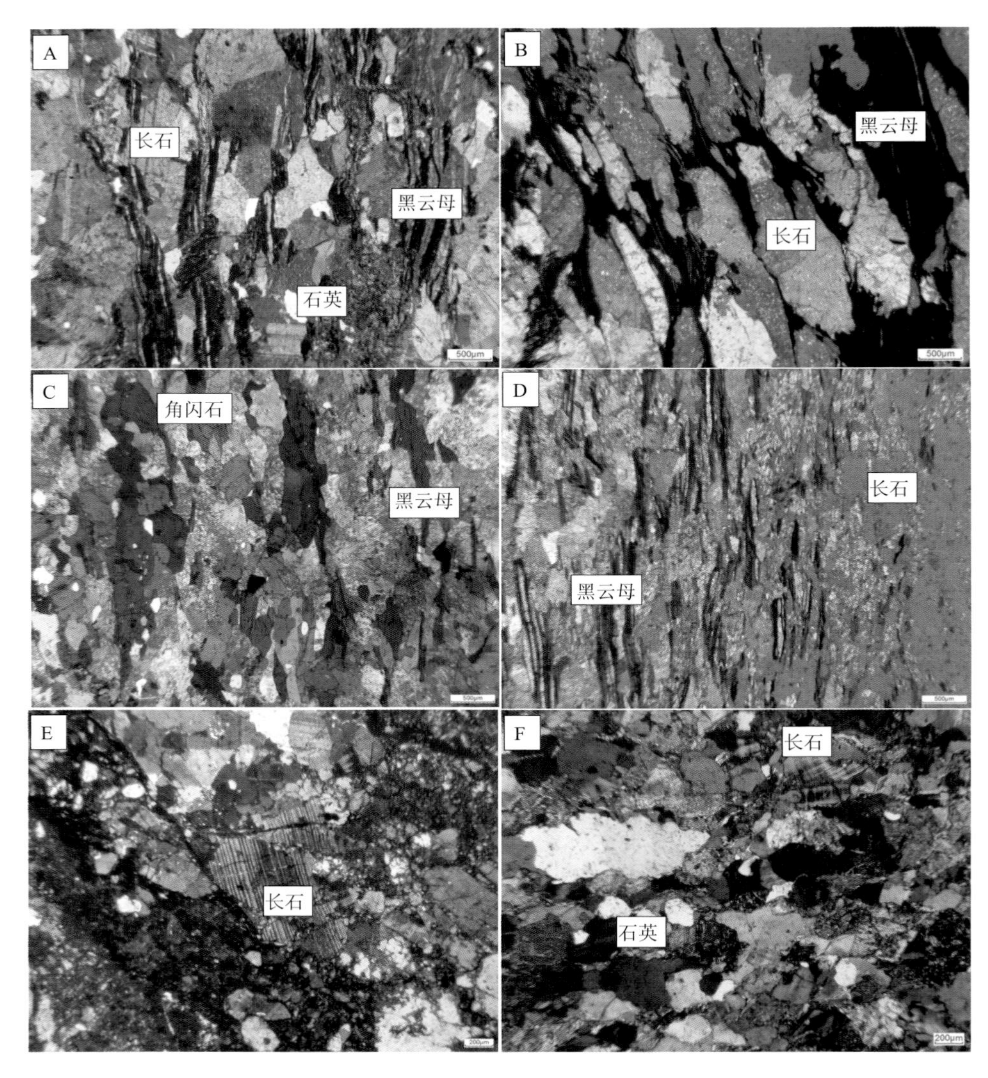

图 3-22　瓦房店 ZK1202 钻孔 514.0～1031.4 m 岩石岩相学照片

A. WFD395 红色黑云母石英片麻岩（正交光）；B. WFD384 紫色黑云母片麻岩（正交光）；C. WFD373 浅色黑云母角闪片麻岩（正交光）；D. WFD421 紫色黑云母片麻岩（正交光）；E. WFD400 变质花岗岩（正交光）；F. WFD367 变质花岗岩（定向性；正交光）

图 3-23　42 号岩管露头金伯利岩和闪长玢岩分界线

图 3-24　42 号岩管金伯利岩类

A. 富金云母斑状金伯利岩；B.含岩球斑状金伯利岩；
C.斑状金伯利岩（含大量方解石）；D.含岩球围岩捕虏体斑状金伯利岩

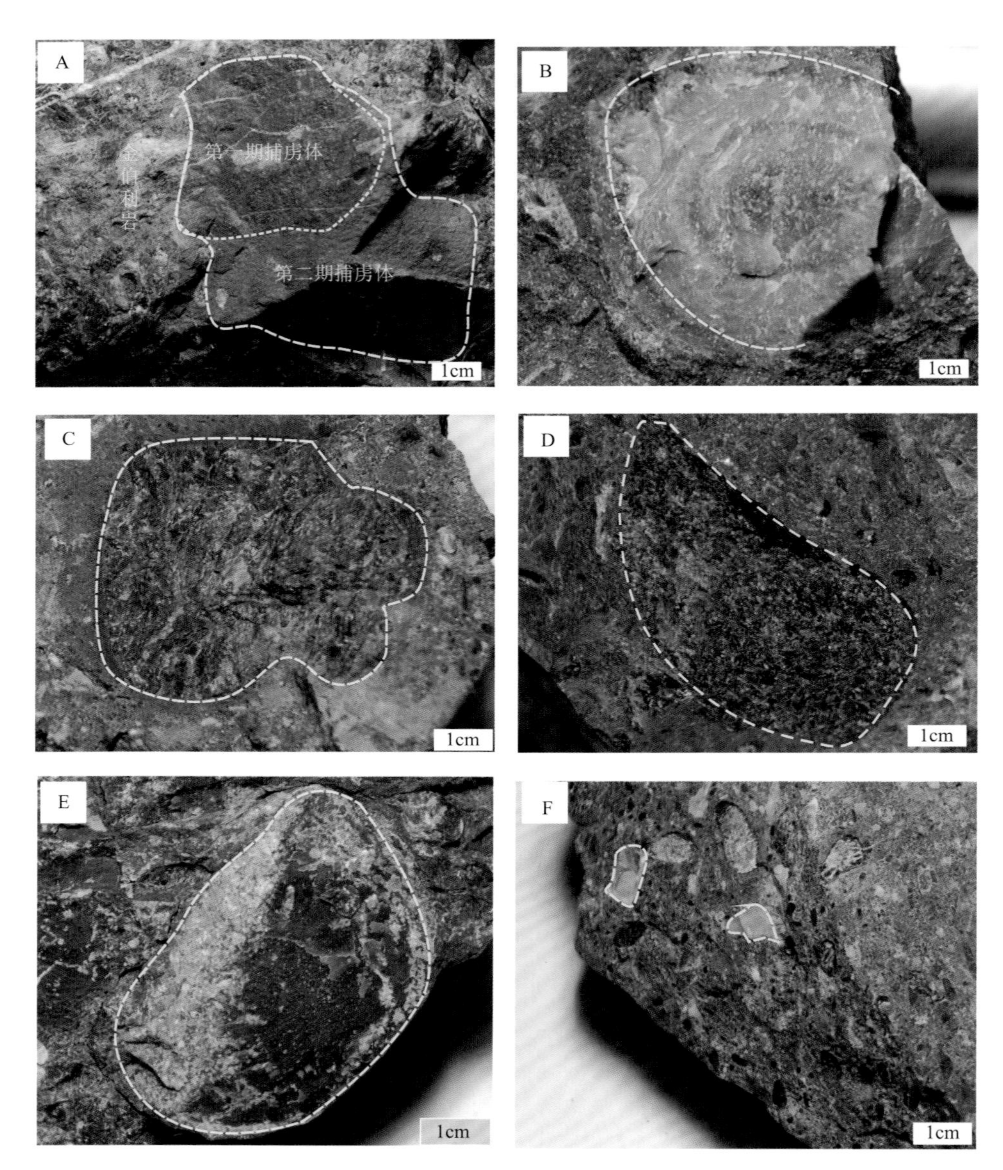

图 3-25　42 号岩管金伯利岩中捕虏体

A. 金伯利岩两期捕虏体；B. 强烈碳酸盐化捕虏体；C、D、E.岩球；F. 围岩捕虏体

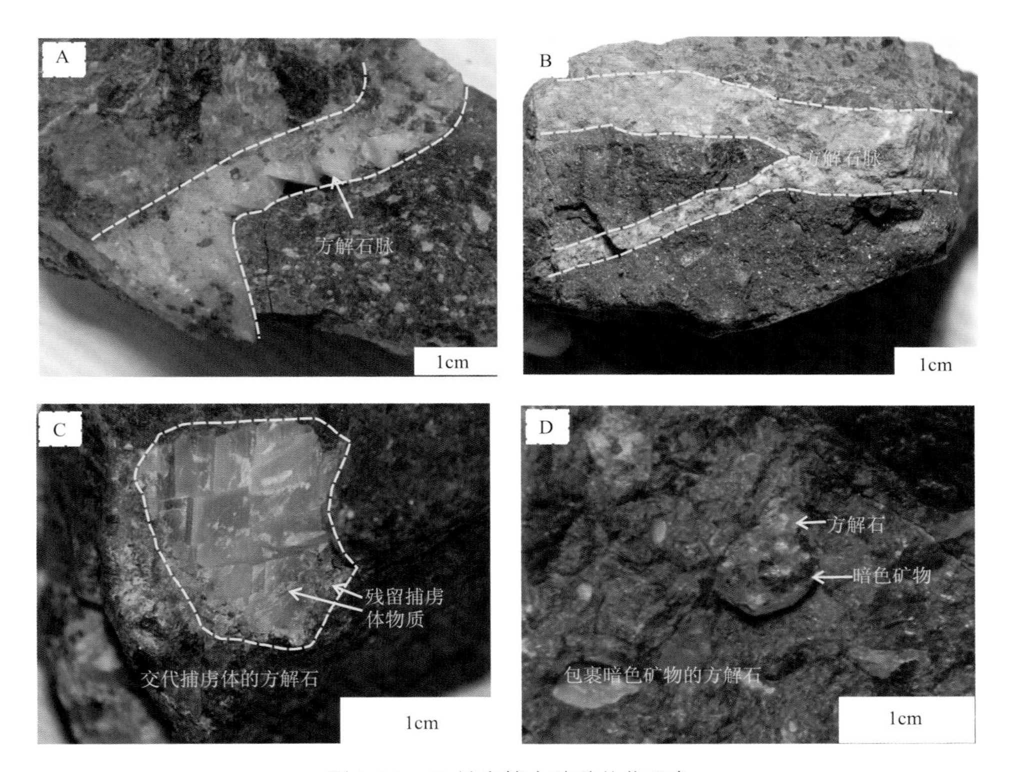

图 3-26　42 号岩管中碳酸盐化现象

1. 金伯利岩

岩石新鲜面总体呈暗绿色，细看其中掺杂不少黄白色，风化面呈黄褐色。岩石中无或仅极少量的捕虏体，斑状构造，斑晶和基质几乎都被碳酸盐化，手标本上可见方解石脉通过。

2. 含岩球金伯利岩

岩石新鲜面总体呈暗绿色、黑绿色，风化面呈黄褐色。捕虏体 5%～15%，由于其含岩球而具有特殊的球状构造，岩球以非同源捕虏体居多。岩石发生碳酸盐化程度不一，强烈碳酸盐化岩石手标本上可见脉状方解石通过，无论是捕虏体、斑晶还是基质都大量被碳酸盐矿物交代，金云母含量一般，不超过 10%。

3. 富含岩球金伯利岩

岩石新鲜面总体呈暗绿色，细看其中掺杂不少黄白色，风化面呈黄褐色。捕虏体含量约 40%，可在其表面见到黑绿色超基性包体，捕虏体大小不一，最大可达数厘米，小的仅毫米级。岩石发生强烈碳酸盐化，无论是捕虏体、斑晶还是基质都大量被碳酸盐矿物交代。

4. 含岩球富金云母金伯利岩

岩石新鲜面呈暗绿色、黑绿色，细看其中掺杂不少黄白色，风化面呈黄褐色。捕虏体 10%～15%，可在其表面见到黑绿色超基性包体，捕虏体大小不一，最大可达数厘米，小的仅毫米级，由于其含岩球而具有特殊的球状构造，岩球以非同源捕虏体居多。岩石富金云母，含量超过 15%。岩石发生碳酸盐化，碳酸盐化程度中等，捕虏体与大斑晶部分被方解石交代。

5. 含围岩捕虏体金伯利岩

岩石新鲜面呈灰绿色，风化面呈灰黄色，捕虏体状构造。捕虏体含量 5%～15%，手标本上可见深色金伯利岩上有颜色相对较浅的包体。

6. 含岩球围岩捕虏体金伯利岩

岩石新鲜面呈暗绿色，风化面呈黄褐色。岩球多为同源捕虏体，同源捕虏体含量 3%～5%，围岩捕虏体含量 5%～15%，含围岩捕虏体而具有角砾状构造，并可在其表面见到早期超基性岩浆形成的岩块破碎后被包裹的迹象。

7. 含岩球富含围岩捕虏体金伯利岩

岩石新鲜面呈暗绿色，风化面呈黄褐色。捕虏体含量约 40%，手标本上可见有两期包体的现象，由于其含岩球而具有特殊的球状构造，岩球含量 10%，含围岩捕虏体而具有角砾状构造，围岩捕虏体含量 50%，并可在其表面见到早期超基性岩浆形成的岩块破碎后被包裹的迹象。

在矿区还有闪长玢岩脉出露，在出露位置采集闪长玢岩样品 5 件。闪长玢岩总体呈黄白色，表面上有暗色矿物斑晶。镜下观察，闪长玢岩具有似斑状结构，斑晶矿物为角闪石、黑云母、斜长石，基质中主要是斜长石，岩石发生方解石化，可见斑晶矿物被方解石交代（图 3-27）。

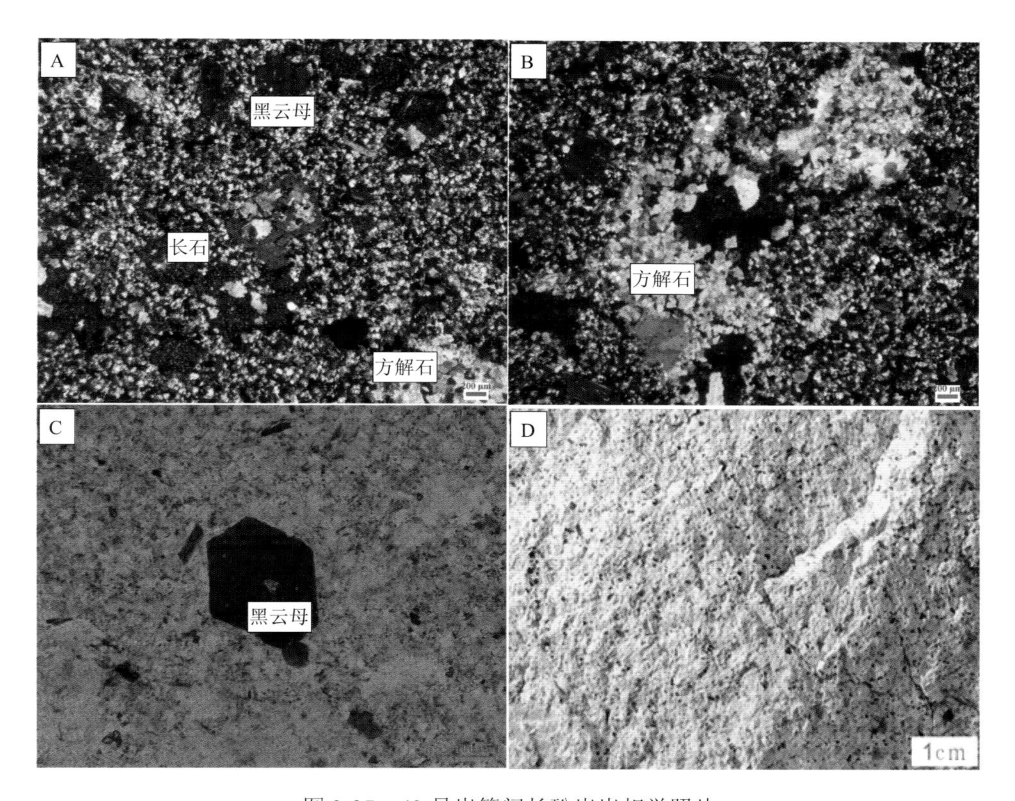

图 3-27　42 号岩管闪长玢岩岩相学照片

A. WFD14 角闪石斑晶碳酸盐化（正交光）；B. WFD144 碳酸盐化（正交光）；C. WFD144 黑云母斑晶（单偏光）；D. WFD144 闪长玢岩手标本

3.3　50 号金伯利岩管

50 号岩管位于辽宁省瓦房店金伯利岩Ⅱ号矿带西段头道沟矿区（图 3-28），已探明金刚石平均品位为 1.54 ct/m^3。研究组在 50 号金伯利岩管共采样 38 件，样品特征见图 3-29。

图 3-28　瓦房店 50 号金伯利岩管露天采场

图 3-29　50 号金伯利岩管金伯利岩

3.4　1 号金伯利岩管

1 号岩管位于辽宁省瓦房店金伯利岩 I 号矿带西段。出露地层为下寒武统毛庄组。金伯利岩蚀变作用主要为蛇纹石化和碳酸盐化，地表褐铁矿化（图 3-30）。靠近岩体的围岩蚀变作用比较轻微，产状平缓，倾角 15°～25°。

在 1 号岩管共采样金伯利岩 68 件。样品总体结晶较差，橄榄石斑晶较少，富含金云母（图 3-31）。样品全部发生蛇纹石化和碳酸盐化。

图 3-30　1 号金伯利岩管露天采场

图 3-31　1 号岩管金伯利岩

3.5　110 岩脉

110 岩脉位于 30 号岩管北东向大约 700 m 处，矿体形态呈北东东向带状岩墙分布，长 320 m，宽 2～50 m，平均 15 m，岩体倾向南东，倾角陡直，在 80°～85°之间，中部矿带较宽，达 30 m 左右，东西两侧延伸逐渐变窄，岩石类型以含围岩角砾斑状金伯利岩为主。在 110 号岩脉岩体探槽中进行了一条地表剖面测量，共计采样 25 件（图 3-32）。

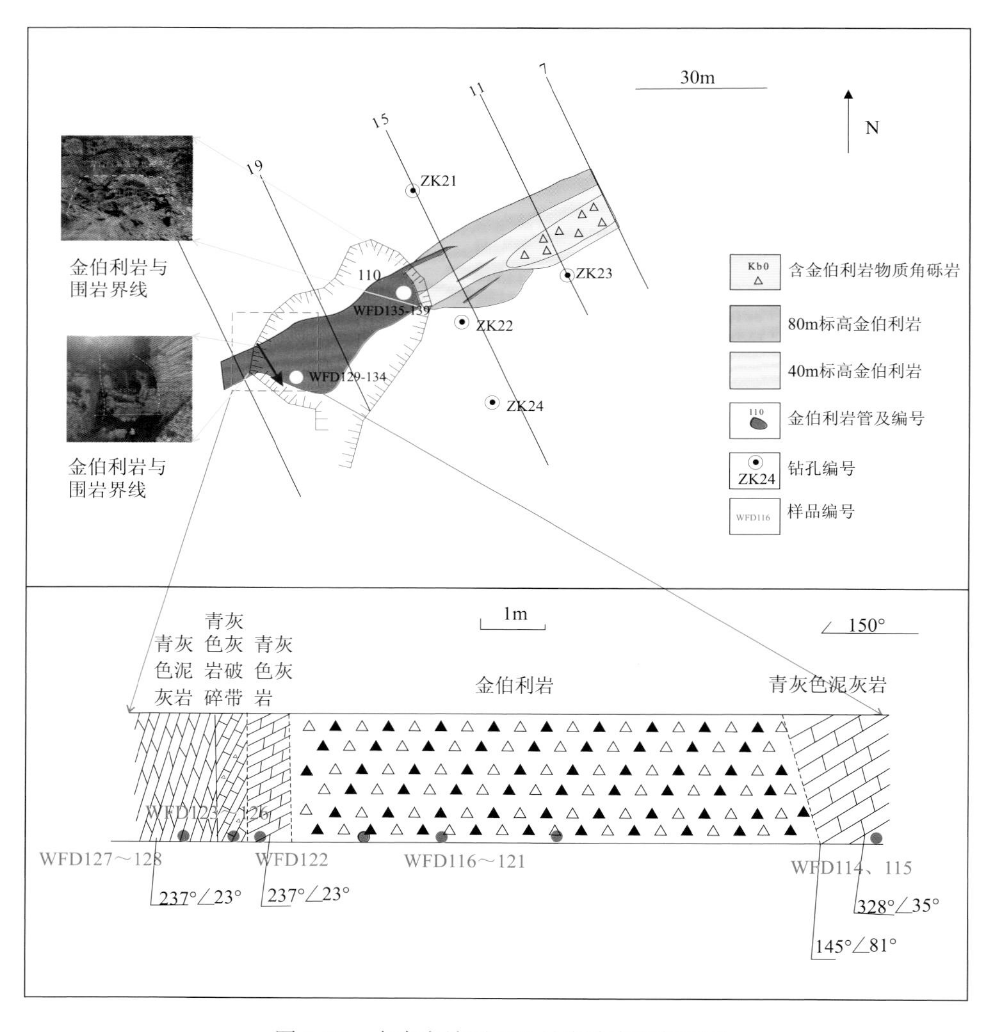

图 3-32　大李屯地区 110 号岩脉实测剖面图

第 4 章　金伯利岩岩相学特征

瓦房店矿区的金伯利岩表现出复杂的结构和构造。Clement 和 Skineer（1979）提出可以根据金伯利岩基质矿物特征对金伯利岩进行分类。根据这一分类规则，瓦房店金伯利岩可以被划分为含方解石蛇纹石金伯利岩，也可以被简单地划分为粗粒金伯利岩（图 4-1A）和隐晶质金伯利岩（图 4-1B）。这里的粗粒是非成因名词，仅仅是指粗粒矿物（它形，粒径大于 1.5 mm 或明显的矿物碎片）占主导地位。粗粒金伯利岩通常含有大量的粗粒矿物，体积占比一般大于 10 %，部分可达 30%。隐晶质金伯利岩含有极少量的粗粒矿物或不含有粗粒矿物。金伯利岩中的粗粒矿物包括橄榄石、金云母、石榴子石、钛铁矿和铬铁矿，其中橄榄石占主导地位，金云母较少，其他粗粒矿物含量极少。粗粒橄榄石为它形，卵圆形，粒径大。它们常常破碎成片状，并与橄榄石斑晶（自形，0.5～1.5 mm）相混淆。粗粒金伯利岩中的橄榄石粗粒可达 8%～30%，这些橄榄石粗粒往往沿着裂隙被后期流体蚀变成蛇纹石（图 4-1C）。金伯利岩中的斑晶包括橄榄石（图 4-1D）和金云母（图 4-1E），其中橄榄石占主导地位。橄榄石斑晶为自形，粒径 0.3～0.7 mm，常常沿着边缘被部分或者全部蚀变成蛇纹石。金伯利岩基质变化较大，通常由大量的细粒金云母（图 4-1F）、蛇纹石和方解石组成。这两种矿物组成了基质的骨架结构，其他少量的矿物如具成分环带结构的尖晶石、金云母、磷灰石和钙钛矿填充其中。金伯利岩含有大量的捕虏岩石和捕虏晶，第一类为金伯利岩岩浆从深部带来的超基性-基性的岩石碎块，这类捕虏体形态不规则，有较尖锐的棱角，常蚀变成细粒的无晶形蛇纹石；第二类为金伯利岩捕虏的地壳围岩捕虏体，成分主要为灰岩，还有少量石英砂岩、粉砂岩、变质花岗岩（图 4-1G）；第三类为同源捕虏体（图 4-1H），由早期形成的金伯利岩破碎后被金伯利岩浆重新胶结形成，这类捕虏体成分同金伯利岩，大多具有金伯利岩的结构，有的为显微斑状结构，有的可见大斑晶，这类捕虏体蚀变同金伯利岩。在手标本上，同源捕虏体和非同源捕虏体都呈黑色-黑绿色，形成球状或近似球状被金伯利岩捕获，所以统称为岩球。

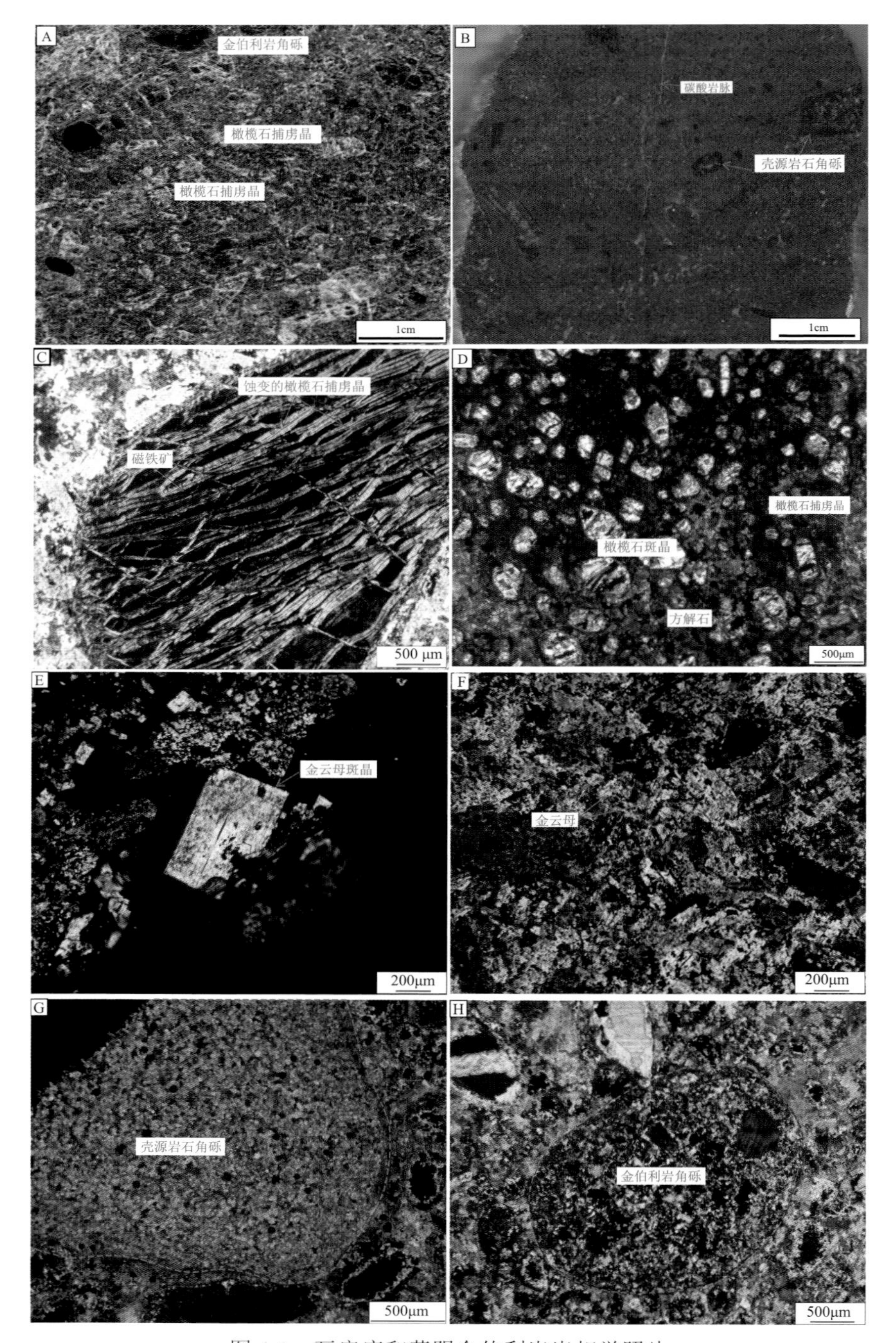

图 4-1　瓦房店和蒙阴金伯利岩岩相学照片

A、B. 手标本照片；C. 橄榄石捕虏晶蚀变成蛇纹石；D. 橄榄石斑晶蚀变成蛇纹石；E. 金云母斑晶；F. 基质中金云母；G. 壳源岩石角砾；H. 金伯利岩角砾

4.1　金伯利岩矿物学特征

4.1.1　橄榄石

金伯利岩中橄榄石可分为3种类型：橄榄石粗晶、橄榄石斑晶和基质橄榄石。粗晶有时也被称为捕虏晶，是金伯利岩岩浆在上升过程中捕获的地幔矿物。由于金伯利岩中的金刚石源岩多为橄榄岩，因此这些橄榄石捕虏晶很有可能和金刚石在地幔中共生。50号、30号、42号和1号岩管中橄榄石粗晶含量依次为20%～30%、15%～20%、10%～20%和5%～10%。橄榄石斑晶由金伯利岩岩浆结晶形成。基质中橄榄石粒径不超过几十微米，晶型较差。金伯利岩中的橄榄石全部蚀变成蛇纹石，后者主要呈网脉状、叶片状、羽状或较暗粒径无明显晶形，部分发生伊利石化。橄榄石蚀变成蛇纹石后会析出磁铁矿，后者围绕晶体边缘或分布在蛇纹石裂隙中（图4-1C）。蛇纹石和磁铁矿的主量成分见表4-1。蛇纹石的拉曼光谱如图4-2所示，其谱峰与叶蛇纹石标准谱峰一致，共有4个谱峰位置：230 cm^{-1}、383 cm^{-1}、687 cm^{-1}和1097 cm^{-1}。蛇纹石可进一步被方解石交代。根据成分特征和拉曼光谱特征，瓦房店蛇纹石主要为叶蛇纹石。

表4-1　蛇纹石和磁铁矿的主量成分　（单位：%）

	SiO_2	TiO_2	Al_2O_3	Cr_2O_3	TFeO	MgO	MnO	CaO	K_2O	Na_2O	Total	Name
1	42.31	0.02	1.61	0.09	3.56	36.57	0.12	0.07	0.02	0.00	84.37	Ser
2	41.72	0.02	1.89	0.05	3.06	37.35	0.07	0.06	0.01	0.02	84.25	Ser
3	43.48	0.01	1.60	0.10	5.41	33.75	0.20	0.10	0.01	0.01	84.68	Ser
4	42.22	—	1.57	0.08	5.29	34.83	0.26	0.11	0.01	0.01	84.38	Ser
5	42.82	—	1.87	0.15	3.43	38.36	0.08	0.04	0.01	—	86.76	Ser
6	41.80	—	4.97	0.01	5.73	35.15	0.09	0.07	0.01	—	87.82	Ser
7	40.59	0.01	4.11	0.02	5.18	36.04	0.04	0.01	0.01	0.01	86.01	Ser
8	41.05	0.01	5.63	0.06	5.65	34.52	0.09	0.05	0.01	0.01	87.08	Ser
9	39.61	—	4.37	0.00	4.70	36.64	0.12	0.19	—	—	85.63	Ser
10	41.73	—	4.10	—	4.91	35.38	0.13	0.20	—	0.01	86.47	Ser
11	40.61	—	4.76	0.01	5.01	36.94	0.16	0.31	—	0.02	87.82	Ser
12	41.65	0.02	4.80	0.06	4.51	35.79	0.16	0.09	0.01	0.01	87.10	Ser
13	40.24	—	7.07	0.02	4.19	35.13	0.09	0.06	0.01	0.01	86.82	Ser
14	41.60	—	4.93	0.05	3.62	37.17	0.08	0.03	0.00	—	87.47	Ser
15	41.15	0.10	0.75	0.14	3.97	38.56	0.12	0.02	0.02	0.01	84.87	Ser
16	40.58	0.16	2.23	0.22	2.58	38.07	0.10	0.04	0.02	0.01	84.05	Ser
17	0.47	0.23	0.05	0.04	86.01	0.35	—	—	0.02	—	87.17	Mt
18	0.67	0.66	0.04	0.02	85.59	0.55	0.01	—	—	—	87.53	Mt

注：Ser=蛇纹石，Mt=磁铁矿。

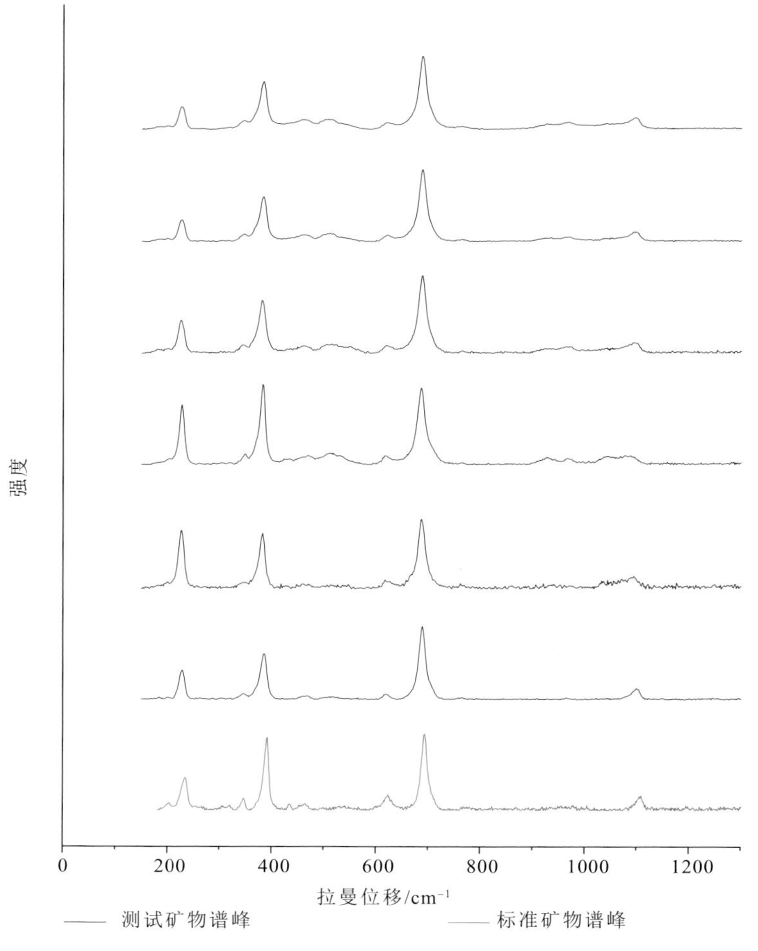

图 4-2　蛇纹石拉曼谱图

4.1.2　金云母

金伯利岩中金云母可分为粗晶、斑晶和基质 3 种。金云母粗晶也称为捕虏晶。大多数粗晶金云母已蚀变，仅少数可观察到原晶型假象；斑晶金云母保存较好，粒径大，片状晶型，有时可见一组完全-极完全的节理（图 4-1E）。基质金云母干涉色较高，可达二级顶部（图 4-1F）。50 号、30 号、42 号和 1 号金云母含量分别为 1%～10%、3%～15%、5%～20%、5%～25%。1 号岩管中部分样品金云母含量非常高，可达 30%～40%，且晶形较好。金云母主量成分见表 4-2。黑云母和金云母呈完全类质同相，理想晶体化学式为 $K(Mg,Fe)_3[AlSi_3O_{10}](OH)_2$。当化学式中 Mg/Fe 值≥2∶1 时，矿物为金云母；Mg/Fe 值<2∶1 时，为黑云母（贾晓丹，

2014）。本书中研究的全部为金云母。金伯利岩中金云母拉曼光谱特征如图 4-3，其谱峰与金云母标准谱峰一致。谱峰共有 4 个位置：189 cm^{-1}、351 cm^{-1}、679 cm^{-1} 和 1031 cm^{-1}。

表 4-2　金云母主量成分

成分	1	2	3	4	5	6	7	8	9	10	11	12
SiO_2/%	39.10	34.25	34.82	32.00	38.60	36.40	34.04	35.20	35.21	37.18	39.29	36.51
TiO_2/%	0.34	0.86	0.88	1.08	0.35	0.42	0.79	0.72	0.88	0.50	0.24	0.41
Al_2O_3/%	16.64	18.65	18.29	18.34	16.92	17.36	18.19	17.99	14.04	15.04	14.90	16.74
Cr_2O_3/%	0.07	0.03	0.04	0.00	0.09	0.16	0.00	0.03	0.06	0.01	0.04	0.03
TFeO/%	3.11	3.22	3.43	3.20	3.05	3.31	3.13	3.27	4.59	4.42	2.48	3.29
MgO/%	24.54	21.98	22.41	21.17	24.28	23.43	21.84	22.17	22.60	26.29	25.40	23.83
MnO/%	0.04	0.04	0.09	—	0.02	0.03	0.03	0.01	—	0.01	0.00	0.08
CaO/%	—	0.01	—	—	—	—	—	—	0.03	0.03	—	0.01
K_2O/%	9.23	7.51	7.73	6.91	9.23	8.72	7.55	7.64	8.26	9.15	10.70	9.98
Na_2O/%	0.01	0.04	0.02	0.00	0.02	0.05	0.03	0.02	0.06	0.04	0.02	0.01
Total/%	93.08	86.58	87.71	82.71	92.58	89.87	85.61	87.04	85.72	92.69	93.07	90.89
Cations per 10 oxygen atoms												
Si	2.860	2.703	2.715	2.643	2.838	2.761	2.715	2.765	3.270	3.153	3.324	3.218
Ti	0.019	0.051	0.051	0.067	0.019	0.024	0.047	0.043	0.062	0.032	0.015	0.027
Al	1.434	1.734	1.681	1.785	1.466	1.552	1.710	1.665	0.768	0.752	0.743	0.869
Cr	0.002	0.001	0.001	0.000	0.003	0.005	0.000	0.001	0.002	0.000	0.001	0.001
Fe	0.145	0.162	0.170	0.168	0.143	0.160	0.159	0.164	0.272	0.239	0.134	0.185
Mg	2.676	2.587	2.605	2.607	2.662	2.650	2.596	2.596	3.129	3.323	3.204	3.131
Mn	0.002	0.003	0.006	0.000	0.001	0.002	0.002	0.001	0.000	0.001	0.000	0.006
Ca	0.000	0.001	0.000	0.000	0.000	0.000	0.000	0.000	0.003	0.002	0.000	0.001
K	0.861	0.755	0.769	0.728	0.866	0.843	0.768	0.765	0.489	0.495	0.577	0.561
Na	0.001	0.003	0.002	0.000	0.001	0.003	0.002	0.001	0.005	0.003	0.002	0.001
Total	8	8	8	8	8	8	8	8	8	8	8	8

4.1.3　捕虏体

金伯利岩中大多含有捕虏体，部分岩石样品富含捕虏体。捕虏体可分为 3 类：第一类是围岩捕虏体，成分主要为灰岩，还有少量石英砂岩、粉砂岩、变质花岗岩；第二类是同源捕虏体，由早期形成的金伯利岩破碎后被金伯利岩浆捕获形成，这类捕虏体成分同金伯利岩，大多具有金伯利岩（基质）的结构，主要呈显微斑状结构，有的可见大斑晶镶嵌其中，这类捕虏体蚀变情况同金伯利岩；第三类为

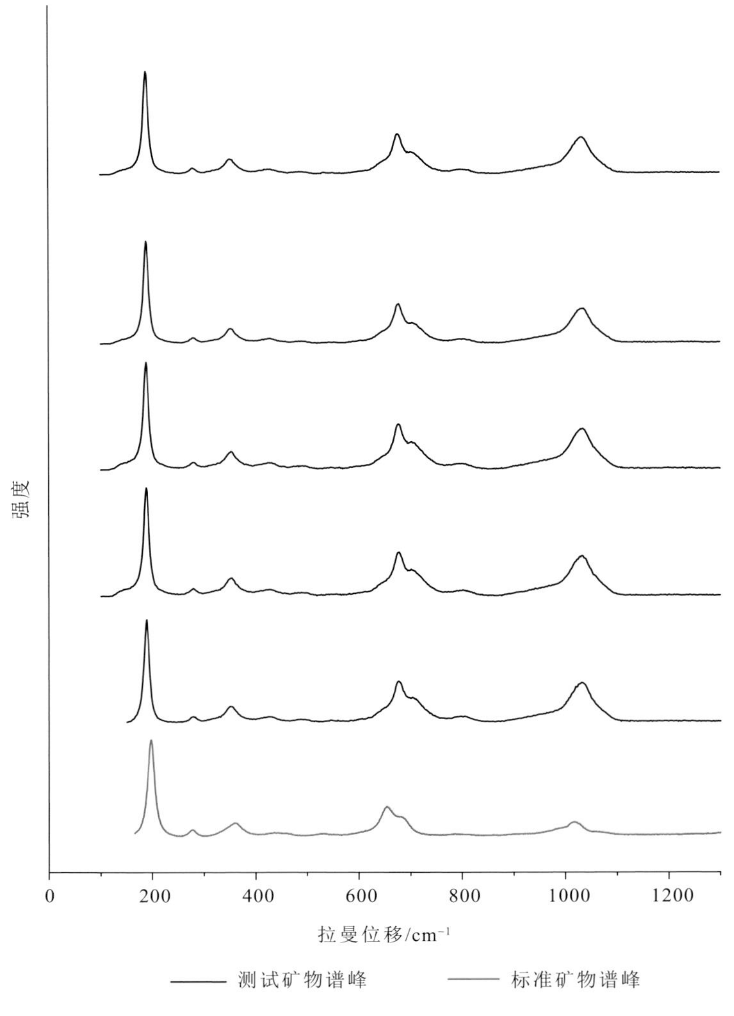

图 4-3　金云母拉曼谱图

非同源捕虏体，指岩浆从深部带来的超基性-基性的岩石碎块，这类捕虏体形态不规则，有较尖锐的棱角，常蚀变成细粒的无晶形蛇纹石。在手标本上，同源捕虏体和非同源捕虏体都呈黑色-黑绿色，形成球状或近似球状被金伯利岩捕获，所以统称为岩球。含岩球的金伯利岩具有特殊的球状构造。金伯利岩中碳酸盐化现象严重，斑晶、基质、捕虏体都大量被碳酸盐矿物交代。

（1）非同源捕虏体：金伯利岩浆从深部带来的超基性-基性岩碎块（图 4-4），形态不规则，边缘聚集次生金云母使轮廓难以分辨。50 号岩管中非同源捕虏体为 1%～20%，30 号岩管中非同源捕虏体为 1%～15%，42 号岩管中非同源捕虏体含量为 1%～10%，1 号岩管中非同源捕虏体为 1%～3%。该类捕虏体形状不规则，多为棱角-次棱角状，捕虏体周围有一圈暗色的铁质物质环绕，捕虏体几乎全部发生蚀变，蚀变为细粒的蛇纹石，之后还发生碳酸盐化。42 号岩管中蛇纹石化的捕虏体核部或周围常见次生的金云母，有时可见核部或边部出现亮晶方解石化。

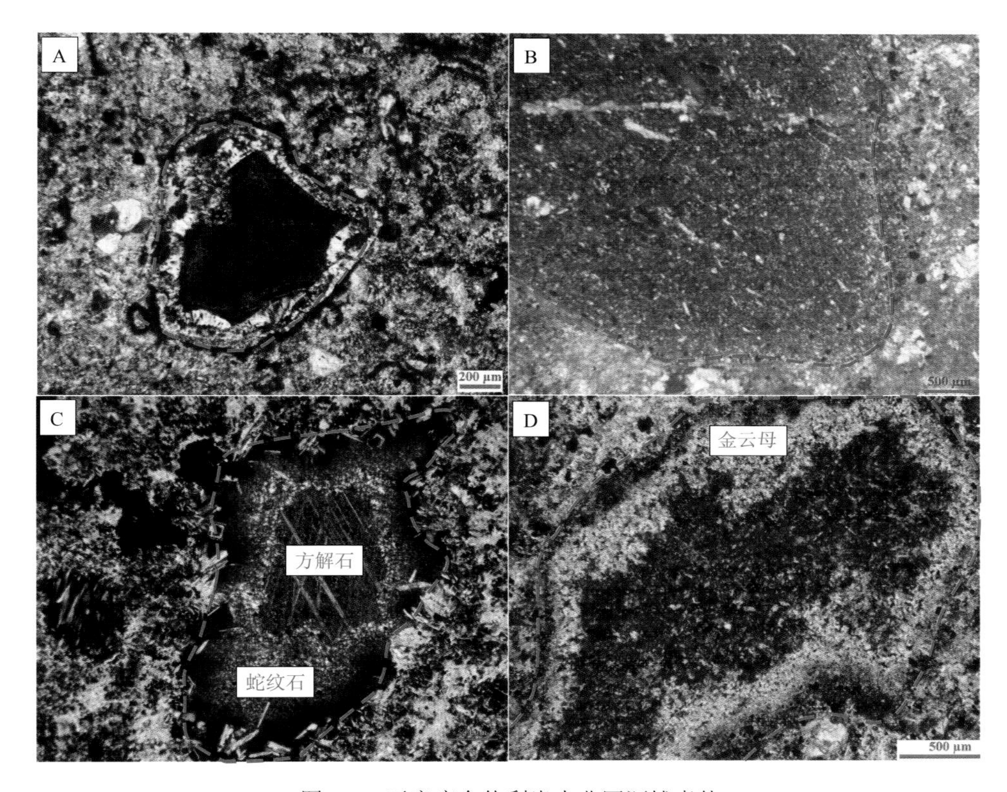

图 4-4 瓦房店金伯利岩中非同源捕虏体

（2）同源捕虏体：早期形成的金伯利岩破碎后被金伯利岩岩浆捕获。该类捕虏体多为椭圆-圆形，大小不一，0.5～15 mm。成分为斑状金伯利岩，矿物组成、蚀变情况与金伯利岩一致（图 4-5）。该捕虏体为前期已固结的金伯利岩遭受破碎，被后期的金伯利岩岩浆捕获。50 号、1 号金伯利岩管中同源捕虏体较少，占 1%～5%，30 号、42 号金伯利岩管中同源捕虏体较多，占 5%～15%。

（3）围岩捕虏体：主要为灰岩，部分为砂岩和基底片麻岩（图 4-6）。50 号和 1 号岩管围岩捕虏体为 3%～5%。30 号和 42 号岩管中含有围岩捕虏体的金伯利岩中捕虏体占 5%～20%，主要为微晶灰岩，少量砂岩、中酸性火成岩。在金伯利凝灰角砾岩中见大量灰岩角砾（1%～15%）。

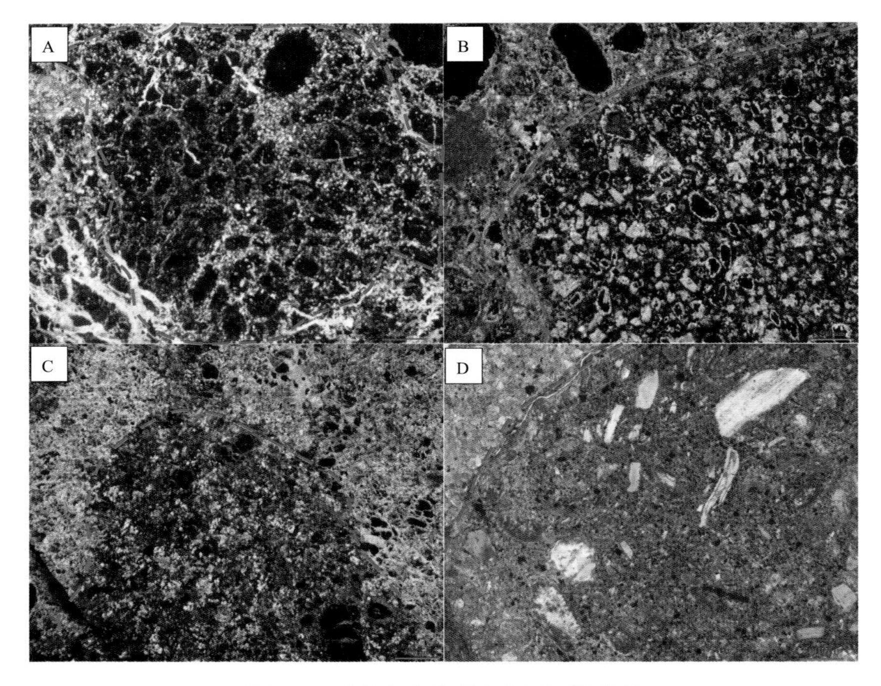

图 4-5　瓦房店金伯利岩中同源捕虏体

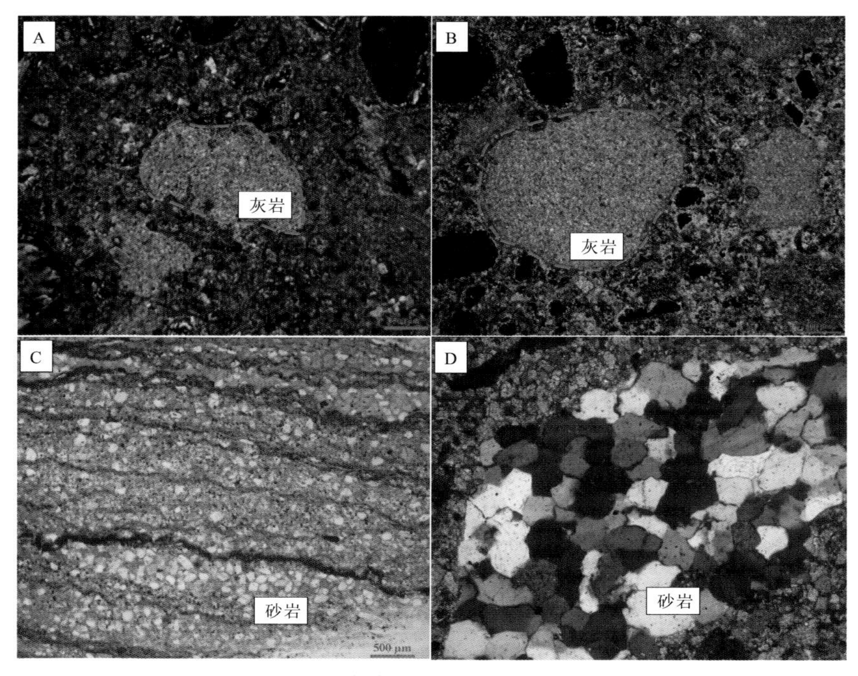

图 4-6　瓦房店金伯利岩中围岩捕虏体

4.2　金伯利岩岩石类型

30 号、42 号、1 号和 50 号金伯利岩管中金伯利岩的结构构造、组成类型和捕虏体类型是一致的，不同的是矿物组成的比例、捕虏体的含量和不同类型捕虏体的比例。根据矿物组成与含量、捕虏体特征与含量，对 4 个岩管金伯利岩岩石类型进行了划分（表 4-3）。30 号岩管金伯利岩可分为金伯利岩、含岩球富含围岩捕虏体金伯利岩、富含岩球金伯利岩、富金云母金伯利岩、金伯利角砾岩，其中以含岩球富含围岩捕虏体金伯利岩（图 4-7A）和金伯利角砾岩（图 4-7B 和 F）为主要岩石类型。42 号岩管金伯利岩可分为金伯利岩、含岩球金伯利岩、含岩球富金云母金伯利岩、含围岩捕虏体金伯利岩、含岩球围岩捕虏体金伯利岩、含岩球富含围岩捕虏体金伯利岩，其中以含岩球富含围岩捕虏体金伯利岩为主要岩石类型（图 4-8A）。50 号岩管金伯利岩可分为金伯利岩、碳酸盐化金伯利岩、碳酸盐化富含金云母金伯利岩、含围岩捕虏体富含岩球金伯利岩、碳酸盐化富金云母含围岩捕虏体金伯利岩，其中以金伯利岩为主要岩石类型（图 4-9B）。1 号岩管中金伯利岩类型包括富金云母金伯利岩、强碳酸盐化金伯利岩、碳酸盐化富金云母含围岩捕虏体金伯利岩、碳酸盐化富金云母含同源捕虏体金伯利岩，其中以富金云母金伯利岩为主要岩石类型（图 4-10A 和 B）。

4.2.1　30 号岩管

在手标本观察的基础上，通过进一步的镜下观察，根据薄片中岩石所含矿物成分、捕虏体成分及比例，将 30 号岩管金伯利岩分为以下几类。

1. 金伯利岩

原生矿物几乎完全蚀变，斑晶和基质中的橄榄石大部分蚀变为蛇纹石，少量样品见橄榄石斑晶蚀变而来的伊丁石，反映了金伯利岩岩浆晚期，高氧逸度、低压、富水的环境。从蛇纹石化斑晶的假象中可看出，原生橄榄石斑晶有两种形态，一种为浑圆状，一种为六边形。金云母含量一般，占 1%～10%，可见少量金云母斑晶，另见长柱状蛇纹石斑晶，疑似为金云母纵切面蚀变假象。岩石中几乎不含 3 种捕虏体。不同薄片碳酸盐化程度不同，总体上碳酸盐化程度较高，碳酸盐化现象可分为 3 类：①斑晶和基质都部分被碳酸盐化，但蛇纹石与金云母清晰可见；②斑晶和基质全部被碳酸盐化，仅有少量金云母、蛇纹石残留；③岩石中碳酸盐矿物脉互相连接，将薄片分割为多个区域，使碳酸盐矿物在岩石中呈骨架状分布（图 4-11）。

表 4-3　瓦房店金伯利岩类型分类表

<table>
<tr><th>岩石种类</th><th>构造</th><th>金云母含量/%</th><th>岩球+围岩捕虏体含量/%</th><th>岩球含量/%</th><th>围岩捕虏体含量/%</th><th>定名</th></tr>
<tr><td rowspan="18">块状金伯利岩</td><td>块状构造</td><td rowspan="9"><15</td><td rowspan="18"><50</td><td rowspan="3"><1</td><td><1</td><td>金伯利岩</td></tr>
<tr><td rowspan="2">角砾状构造</td><td>1～15</td><td>含围岩捕虏体金伯利岩</td></tr>
<tr><td>15～50</td><td>富含围岩捕虏体金伯利岩</td></tr>
<tr><td rowspan="6">球状构造（角砾状构造）</td><td rowspan="3">1～15</td><td><1</td><td>含岩球金伯利岩</td></tr>
<tr><td>1～15</td><td>含岩球围岩捕虏体金伯利岩</td></tr>
<tr><td>15～50</td><td>含岩球富含围岩捕虏体金伯利岩</td></tr>
<tr><td rowspan="3">15～50</td><td><1</td><td>富含岩球金伯利岩</td></tr>
<tr><td>1～15</td><td>含围岩捕虏体富含岩球金伯利岩</td></tr>
<tr><td>15～50</td><td>富含岩球围岩捕虏体金伯利岩</td></tr>
<tr><td>块状构造</td><td rowspan="9">>15</td><td rowspan="3"><1</td><td><1</td><td>富金云母金伯利岩</td></tr>
<tr><td rowspan="2">角砾状构造</td><td>1～15</td><td>含围岩捕虏体富金云母金伯利岩</td></tr>
<tr><td>15～50</td><td>富含围岩捕虏体富金云母金伯利岩</td></tr>
<tr><td rowspan="6">球状构造（角砾状构造）</td><td rowspan="3">1～15</td><td><1</td><td>含岩球富金云母金伯利岩</td></tr>
<tr><td>1～15</td><td>含岩球围岩捕虏体富金云母金伯利岩</td></tr>
<tr><td>15～50</td><td>含岩球富含围岩捕虏体富金云母金伯利岩</td></tr>
<tr><td rowspan="3">15～50</td><td><1</td><td>富含岩球富金云母金伯利岩</td></tr>
<tr><td>1～15</td><td>含围岩捕虏体富含岩球富金云母金伯利岩</td></tr>
<tr><td>15～50</td><td>富含岩球围岩捕虏体富金云母金伯利岩</td></tr>
<tr><td rowspan="2">碎屑状金伯利岩</td><td>角砾状构造</td><td rowspan="2">—</td><td rowspan="2">>50</td><td rowspan="2" colspan="2">—</td><td>金伯利角砾岩</td></tr>
<tr><td>凝灰状构造</td><td>金伯利凝灰角砾岩</td></tr>
</table>

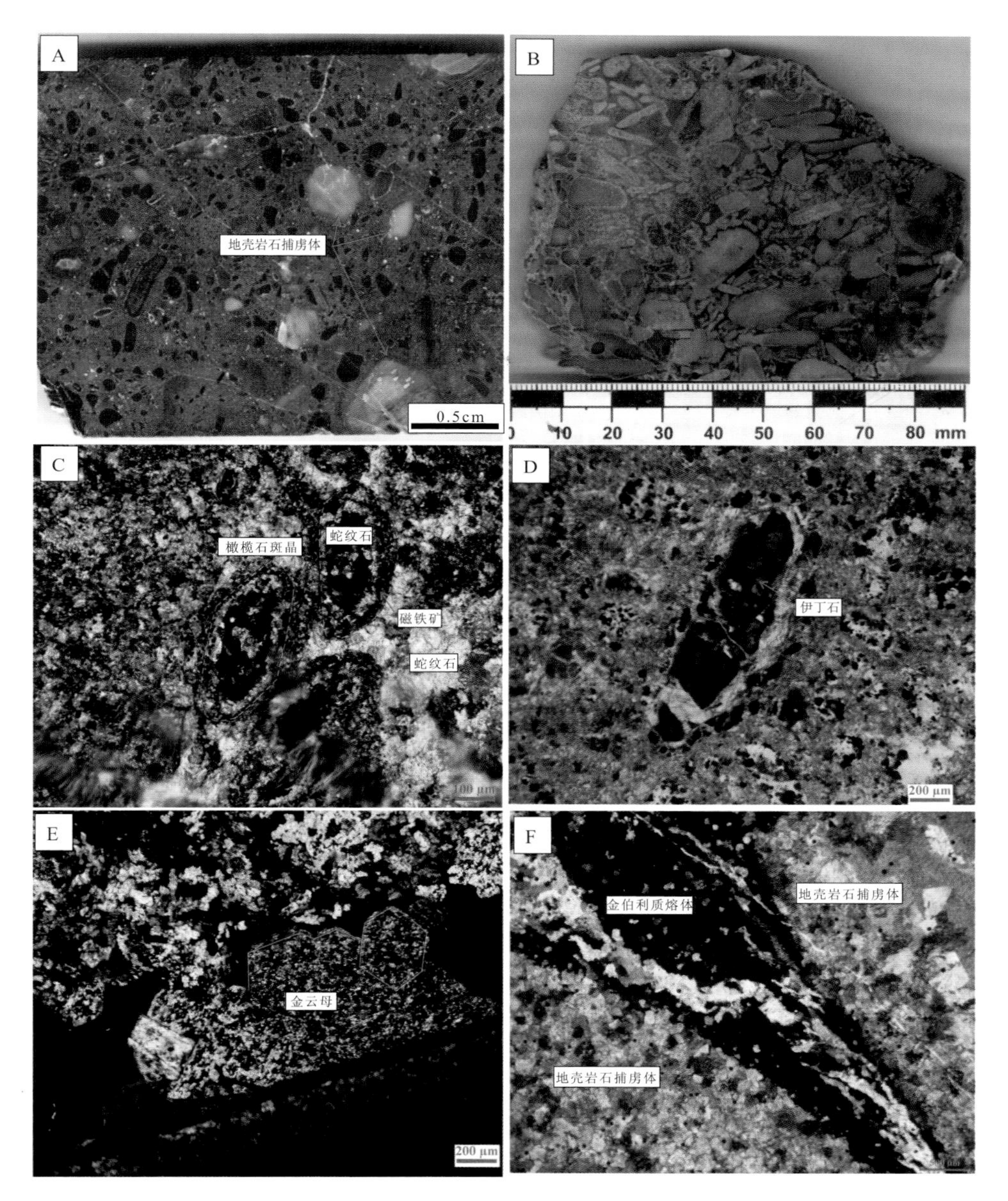

图 4-7　30 号岩管金伯利岩岩相学照片

A. 含岩球富含围岩捕虏体金伯利岩；B. 金伯利角砾岩；C. 橄榄石斑晶；D. 橄榄石被蚀变成伊丁石；E. 金云母捕虏晶；F. 金伯利岩熔体胶结围岩角砾

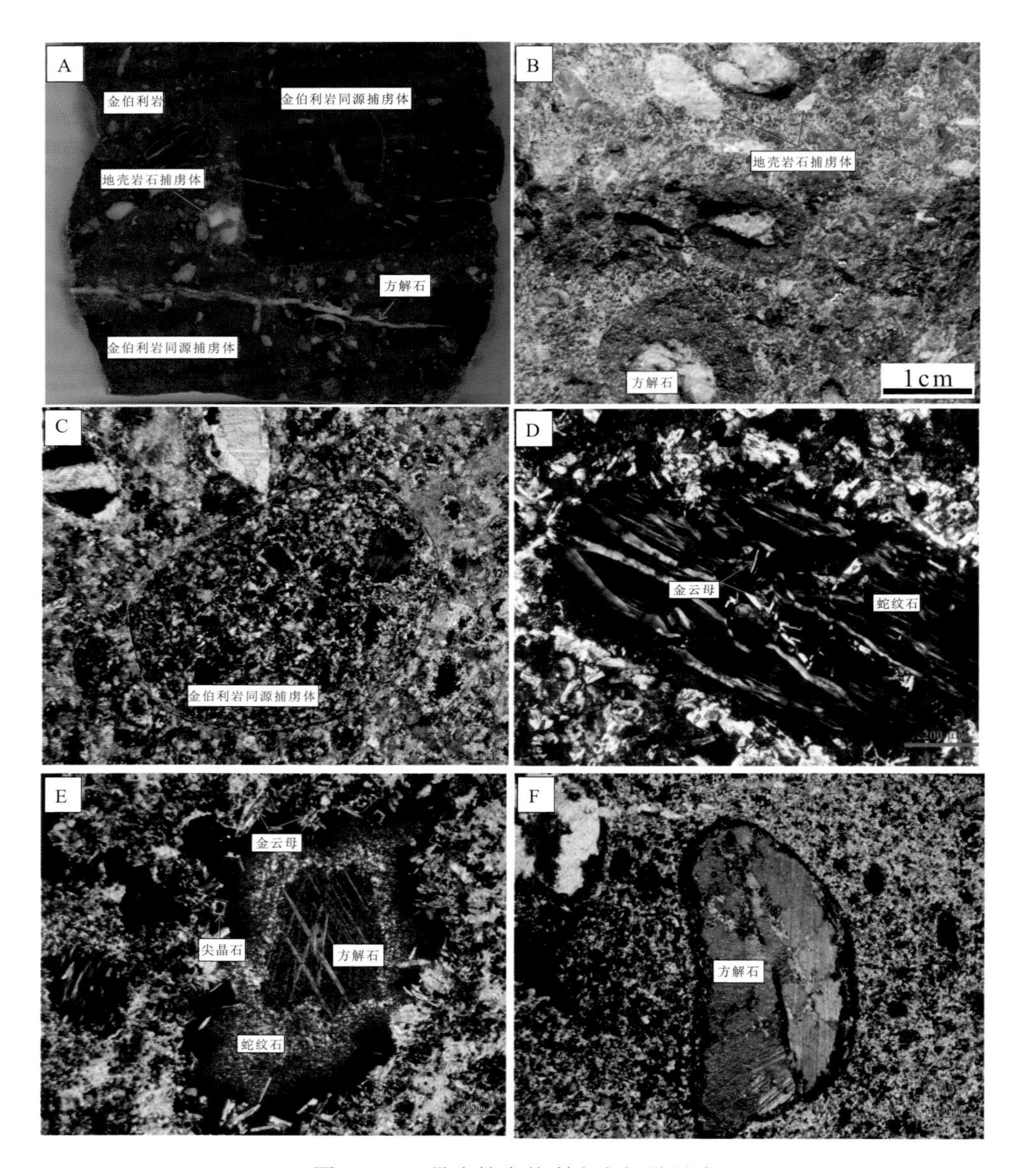

图 4-8　42 号岩管金伯利岩岩相学照片

A、B. 含岩球富含围岩捕虏体金伯利岩；C. 金伯利岩同源捕虏体；D. 橄榄石被蚀变成蛇纹石，后又被金云母进一步交代；E、F. 橄榄石被蚀变成蛇纹石，后又被方解石进一步交代

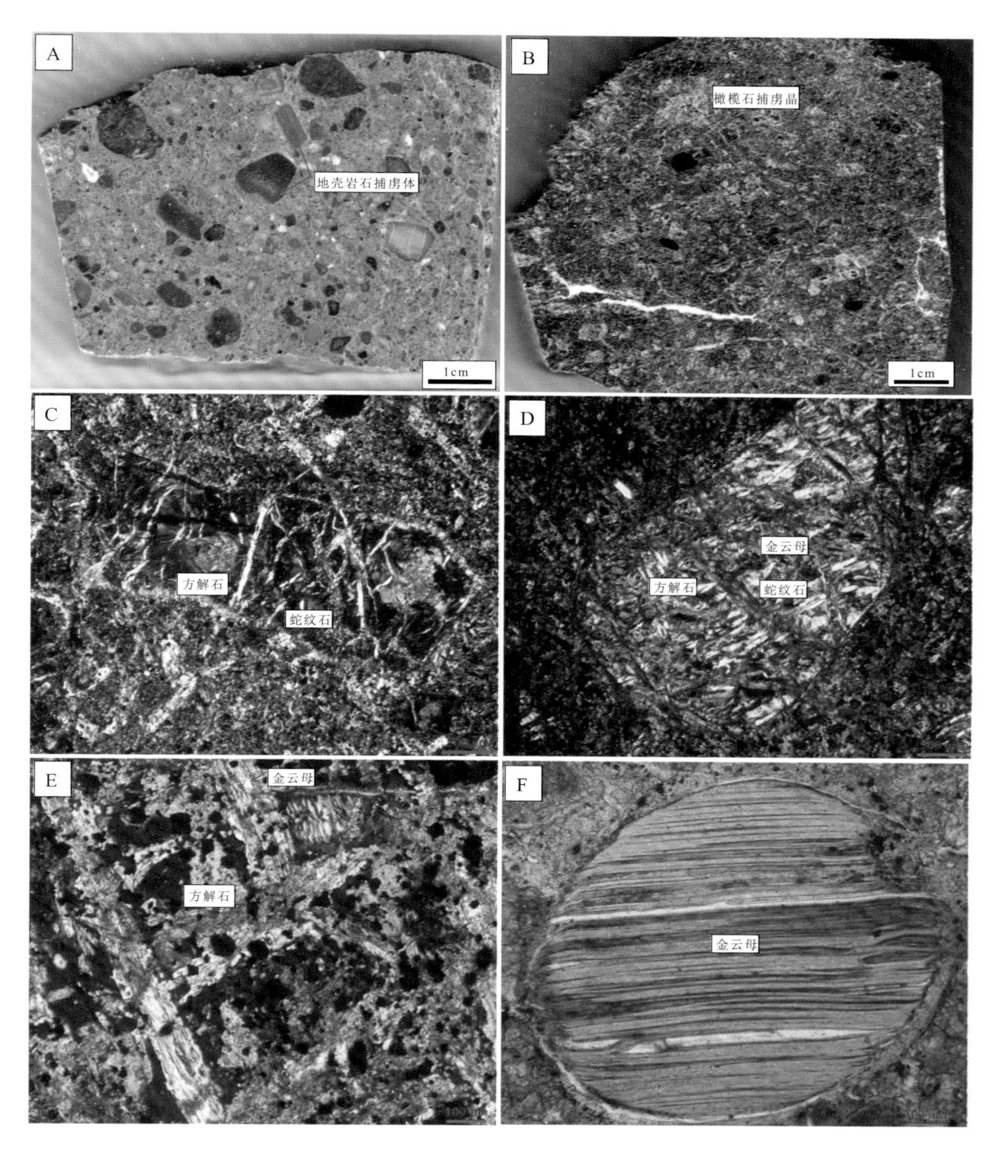

图 4-9　50 号岩管金伯利岩岩相学照片

A. 富含围岩捕虏体金伯利岩；B. 金伯利岩；C、D. 橄榄石被蚀变成蛇纹石，后又被金云母进一步交代，最后被方解石交代；E. 金伯利岩基质被方解石交代；F. 金云母捕虏晶

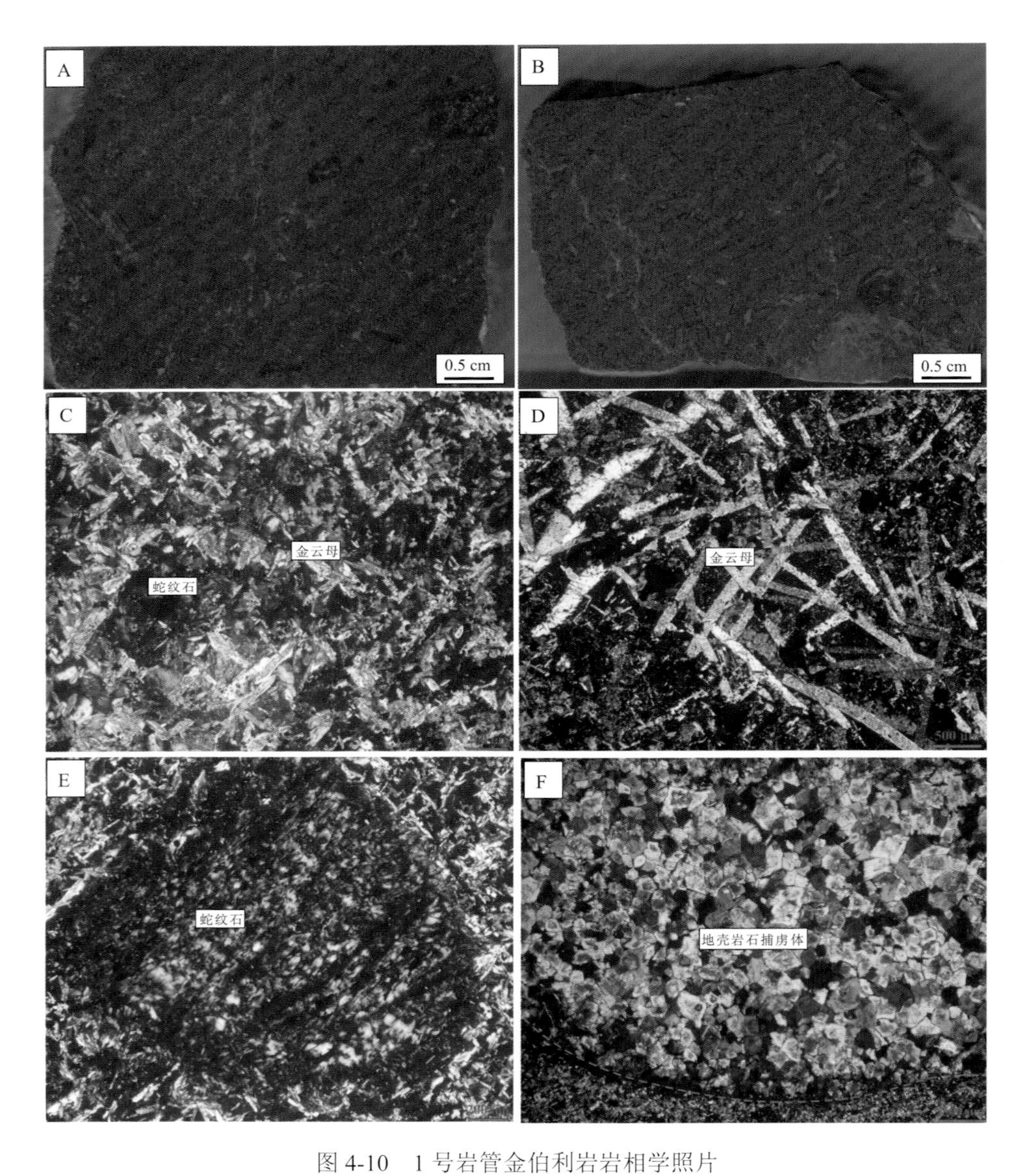

图 4-10　1 号岩管金伯利岩岩相学照片

A、B. 富金云母金伯利岩；C、D. 金伯利岩基质；E. 橄榄石被蚀变成蛇纹石；F. 陆壳岩石捕虏晶

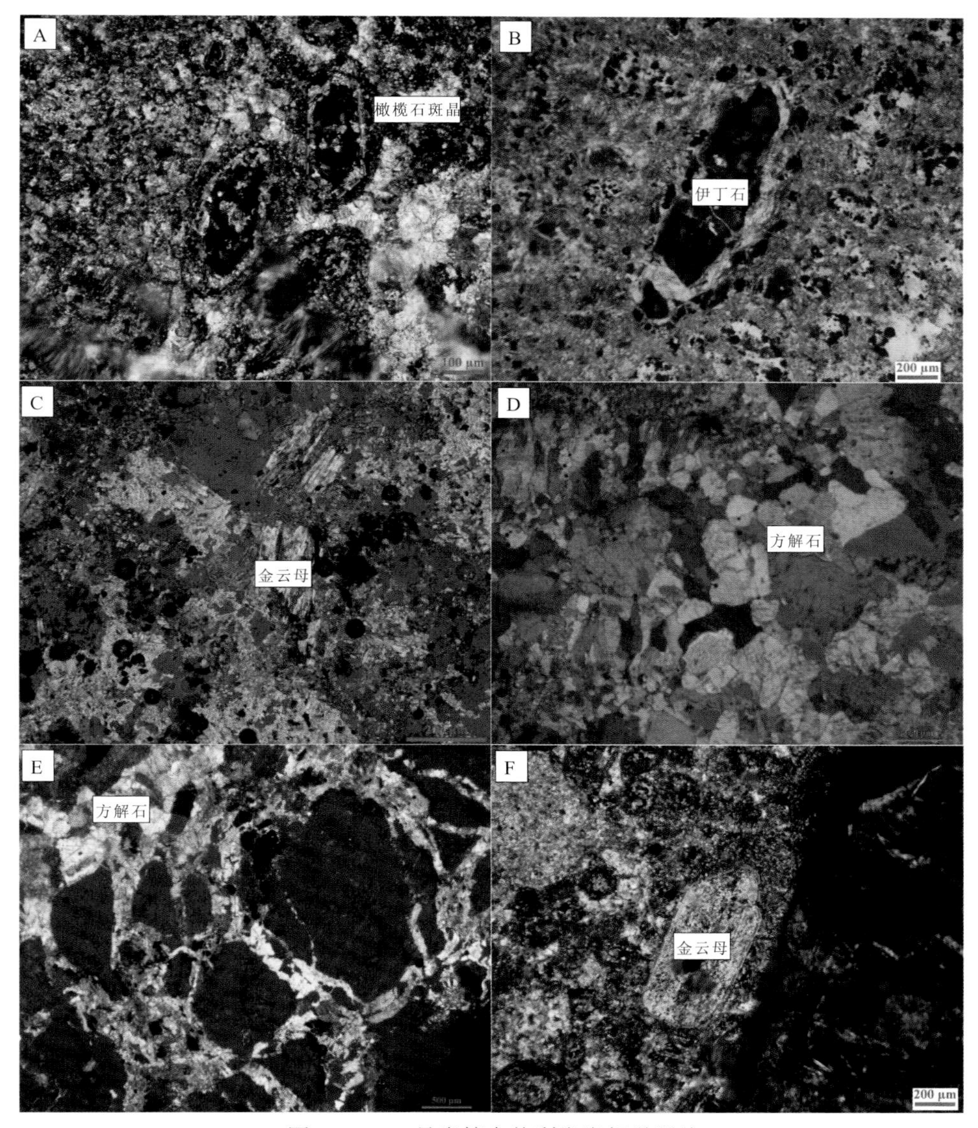

图4-11　30号岩管金伯利岩岩相学照片

A. 六边形蛇纹石化橄榄石斑晶（WFD27 正交光）；B. 橄榄石伊丁石化（WFD94 单偏光）；C. 残留的金云母（WFD94 正交光）；D. WFD88 强烈碳酸盐化；E. 骨架状碳酸盐矿物（WFD61 正交光）；F. 第一世代金云母斑晶，内圈蛇纹石化（WFD27 正交光）

2. 富金云母金伯利岩

原生矿物几乎完全发生蚀变，斑晶和基质中的橄榄石蚀变为蛇纹石，仅可见少量橄榄石残余，残余橄榄石已发生不完全蚀变，蛇纹石化橄榄石斑晶大多呈浑圆状，蚀变的橄榄石分为两个世代，较大的斑晶矿物为第一世代，基质中细粒的为第二世代；岩石富金云母，金云母含量普遍超过 15%，最高约 30%，金云母分为两个世代，第一世代金云母几乎完全蚀变，仅少数保留有假象，薄片中所见晶形较自形，解理清晰，干涉色可达二级顶的金云母为第二世代金云母。各薄片中碳酸盐化程度不一，从轻微到强烈都有（图 4-12）。

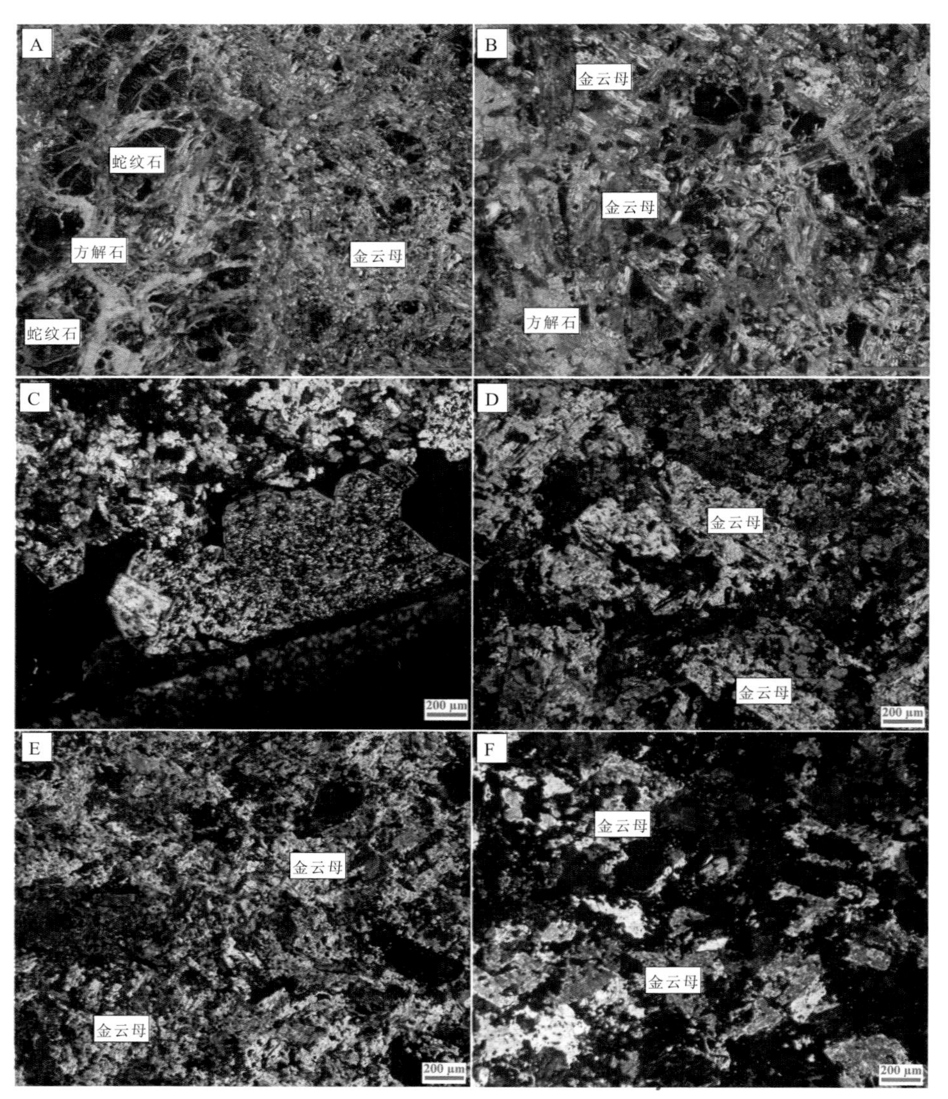

图 4-12　30 号岩管富金云母金伯利岩岩相学照片

A. 方解石交代蛇纹石（WFD68 正交光）；B. 基质中强烈碳酸盐化（WFD68 正交光）；C. 第一世代金云母假象（WFD1 正交光）；D. 第二世代金云母（WFD1 正交光）；E. 基质中大量金云母（WFD1 正交光）；F. 基质中大量金云母（WFD8 正交光）

3. 富含岩球金伯利岩

原生矿物几乎完全发生蚀变，斑晶和基质中的橄榄石蚀变为蛇纹石，仅可见少量橄榄石残余，残余橄榄石已发生不完全蚀变。岩石富含岩球，岩球含量约 35%，粒径较大，可达 0.5～1.0 cm，岩球主要为同源捕虏体，少量为非同源捕虏体。捕虏体大多发生蚀变，蚀变为蛇纹石和金云母。碳酸盐化强烈，斑晶、基质及捕虏体都大面积被碳酸盐化，碳酸盐矿物呈脉状侵入，互相连接，将薄片分割为多个区域，使碳酸盐矿物在岩石中呈骨架状分布（图 4-13）。

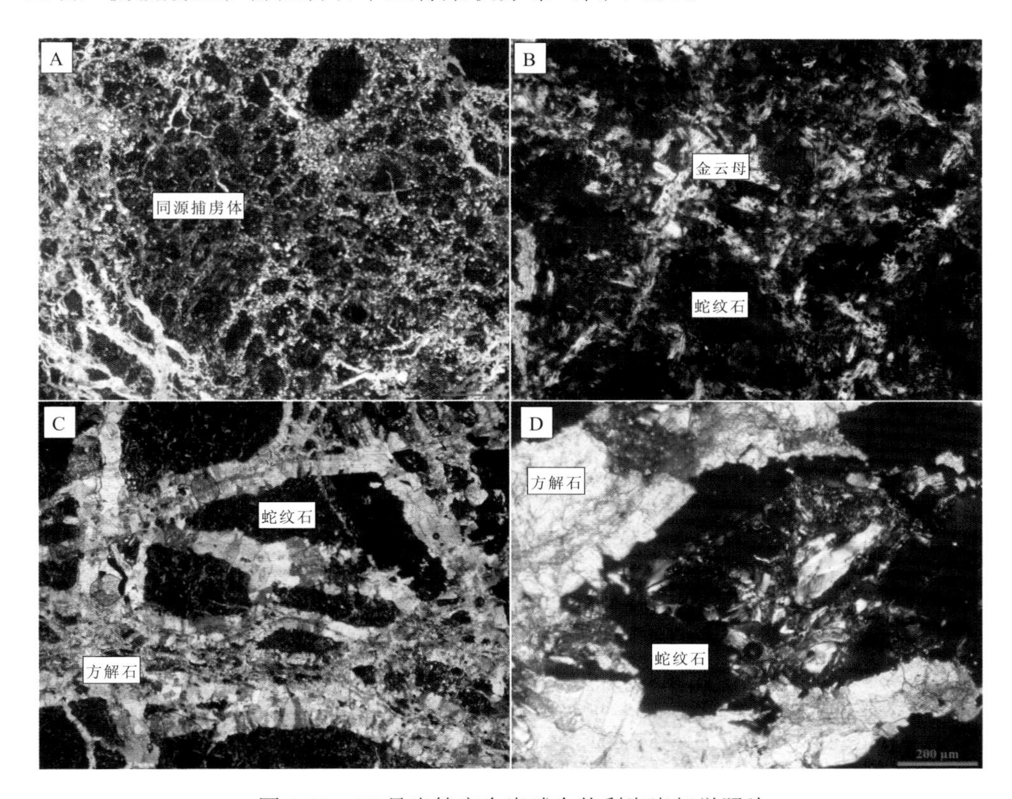

图 4-13　30 号岩管富含岩球金伯利岩岩相学照片

A. 同源捕虏体（WFD108 正交光）；B. 同源捕虏体基质（WFD108 正交光）；C. 骨架状碳酸盐矿物（WFD108 正交光）；D. 残余橄榄石（WFD108 正交光）

4. 含岩球富含围岩捕虏体金伯利岩

原生矿物几乎完全发生蚀变，斑晶和基质中的橄榄石蚀变为蛇纹石，蛇纹石化橄榄石斑晶大多呈浑圆状，偶见金云母。岩球全为非同源捕虏体，含量约 15%，形态不规则，大多有棱角，捕虏体核部发生细粒蛇纹石化，在其周围常见有次生金云母环绕生长，最外圈有铁质不透明矿物组成的黑边。含较多围岩捕虏体，约20%，以灰岩为主。碳酸盐化强烈，基质几乎全被交代，斑晶、捕虏体也部分被交代（图 4-14）。

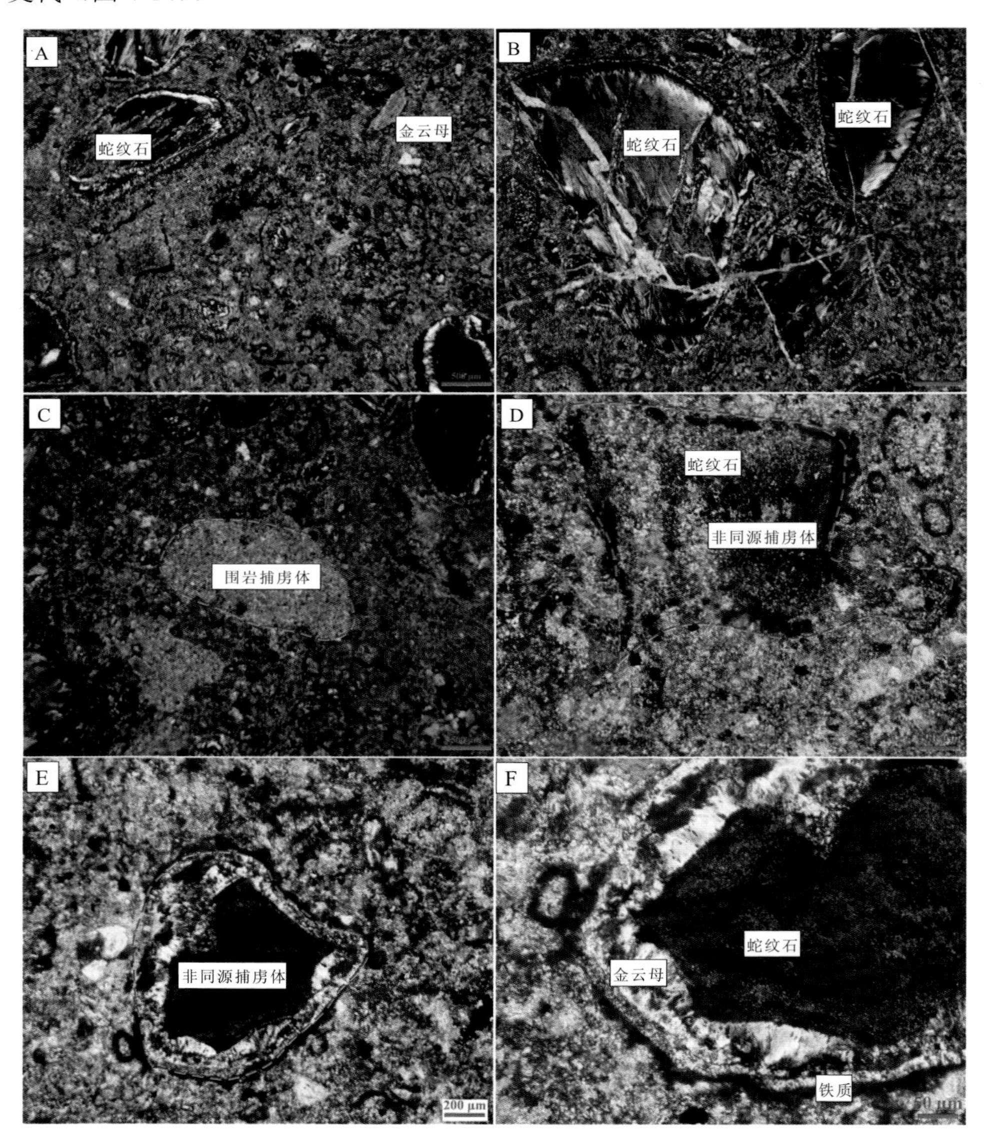

图 4-14　30 号岩管含岩球富含围岩捕虏体金伯利岩岩相学照片

A. 含岩球富含围岩捕虏体金伯利岩（WFD12 正交光）；B. 橄榄石斑晶假象（WFD12 正交光）；C. 围岩捕虏体（WFD12 正交光）；D. 非同源捕虏体（WFD12 正交光）；E. 非同源捕虏体（WFD12 正交光）；F. 非同源捕虏体放大（WFD12 正交光）

5. 金伯利角砾岩

角砾状构造，角砾含量占 90%，岩石发生强烈碳酸盐化，角砾大部分被方解石交代，胶结物为蛇纹石和金云母，也被方解石交代，方解石在交代蛇纹石时呈方块状生长，可能是受到蛇纹石结构的控制（图 4-15）。

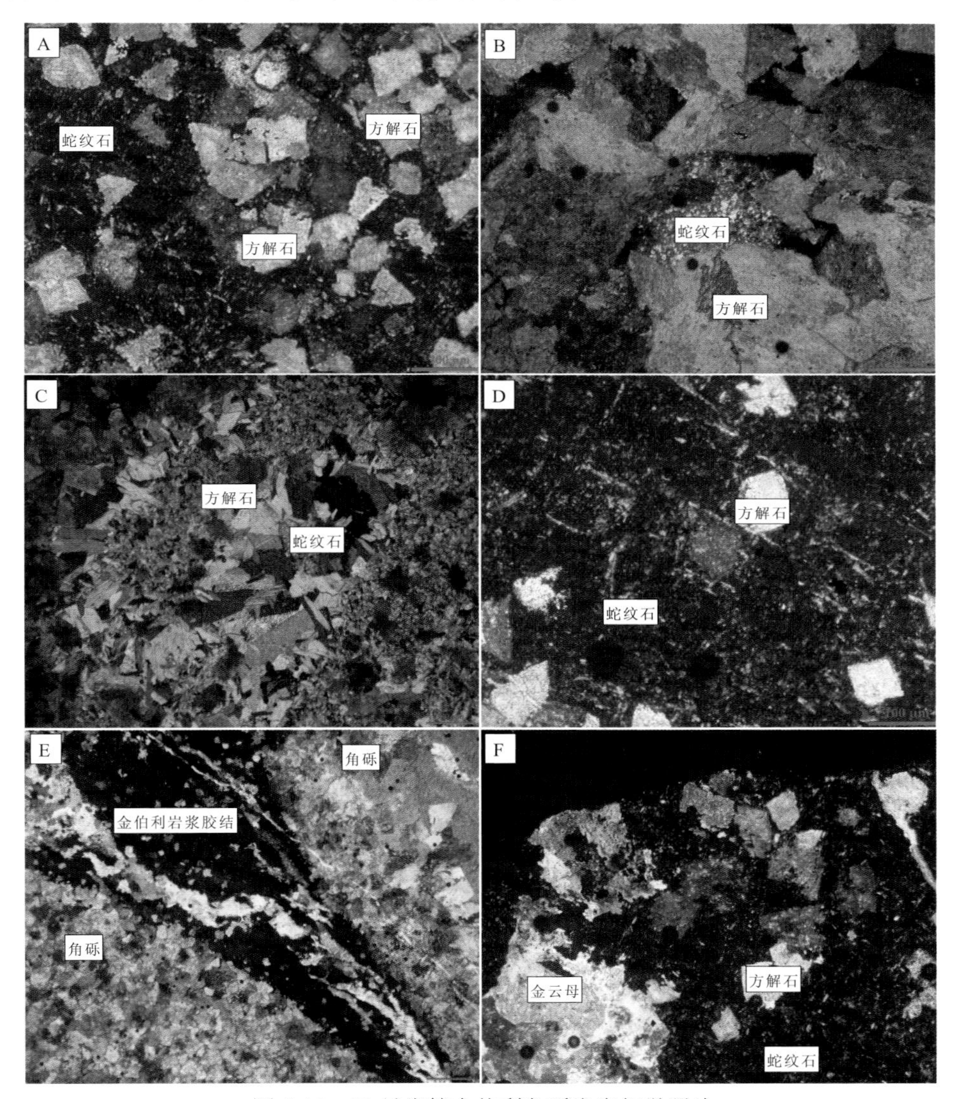

图 4-15　30 号岩管金伯利角砾岩岩相学照片

A. 方解石交代蛇纹石（WFD110-1 正交光）；B. 残余蛇纹石和金云母（WFD110-1 正交光）；C. 方解石交代捕虏体（WFD110-2 正交光）；D. 方解石生长受蛇纹石控制（WFD110-2 正交光）；E. 金伯利岩浆胶结物胶结角砾（WFD110-1 正交光）；F. 方解石交代金云母（WFD110-1 正交光）

4.2.2　42 号岩管

在手标本观察的基础上，通过进一步的镜下观察，根据薄片中岩石所含矿物成分、捕虏体成分，将 42 号岩管金伯利岩分为以下几类。

1. 金伯利岩

原生矿物几乎完全蚀变，斑晶和基质中的橄榄石大部分蚀变为蛇纹石，蛇纹石化斑晶呈浑圆状。金云母含量一般，为 1%～15%，大多已发生蚀变或正在蚀变，在基质中还可见少量晶形较好的金云母。碳酸盐化强烈，斑晶大部分被碳酸盐矿物交代，仅见少量蛇纹石残余，基质中碳酸盐化程度比斑晶稍低（图 4-16）。

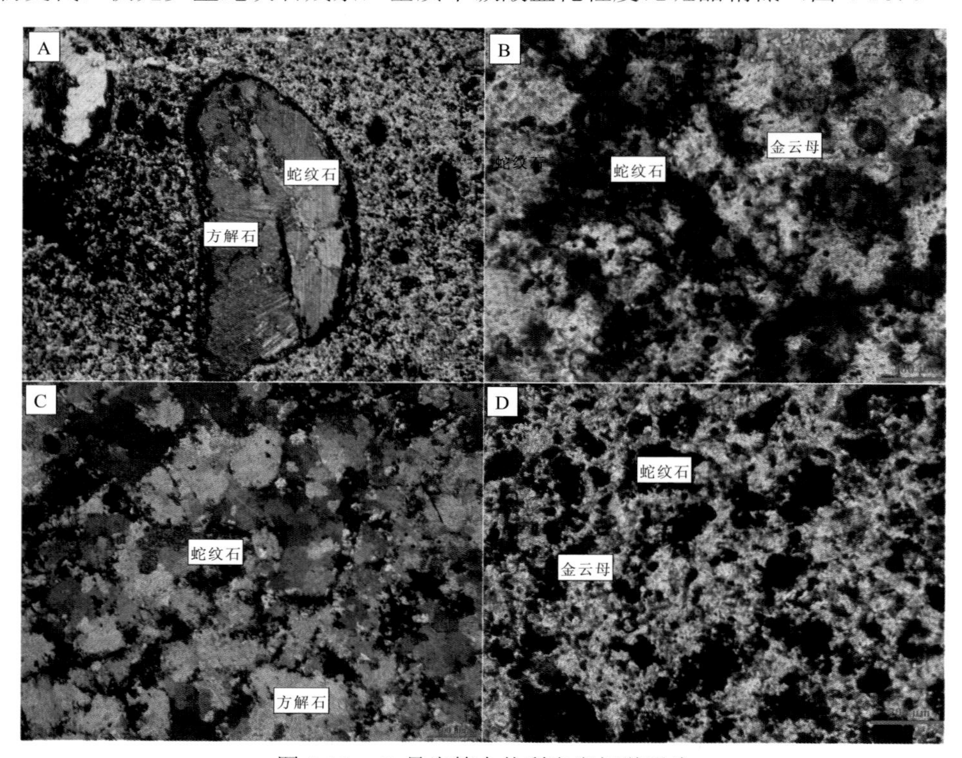

图 4-16　42 号岩管金伯利岩岩相学照片

A. 碳酸盐矿物交代蛇纹石斑晶（WFD149 正交光）；B. 基质中残余金云母（WFD161 正交光）；C. 碳酸盐化基质（WFD161 正交光）；D. 未碳酸盐化基质放大（蛇纹石+金云母）（WFD149 正交光）

2. 含岩球金伯利岩

原生矿物几乎完全发生蚀变，斑晶和基质中的橄榄石蚀变为蛇纹石，斑晶浑圆状。岩石中岩球含量约 20%，粒径大小不一，小的仅 1～2 mm，大的可达厘米级，岩球分为同源捕虏体与非同源捕虏体，二者含量相当，同源捕虏体大多发生蚀变，蚀变为蛇纹石和金云母，非同源捕虏体核部发生细粒蛇纹石化，有的在核部中央发生碳酸盐化，在蛇纹石周围常见次生金云母密集环绕生长，使捕虏体轮廓难以分辨。在岩石中有大量细粒的晶形完好的尖晶石。碳酸盐化程度中等，斑晶、捕虏体有保存完好的，也有完全碳酸盐化的（图 4-17）。

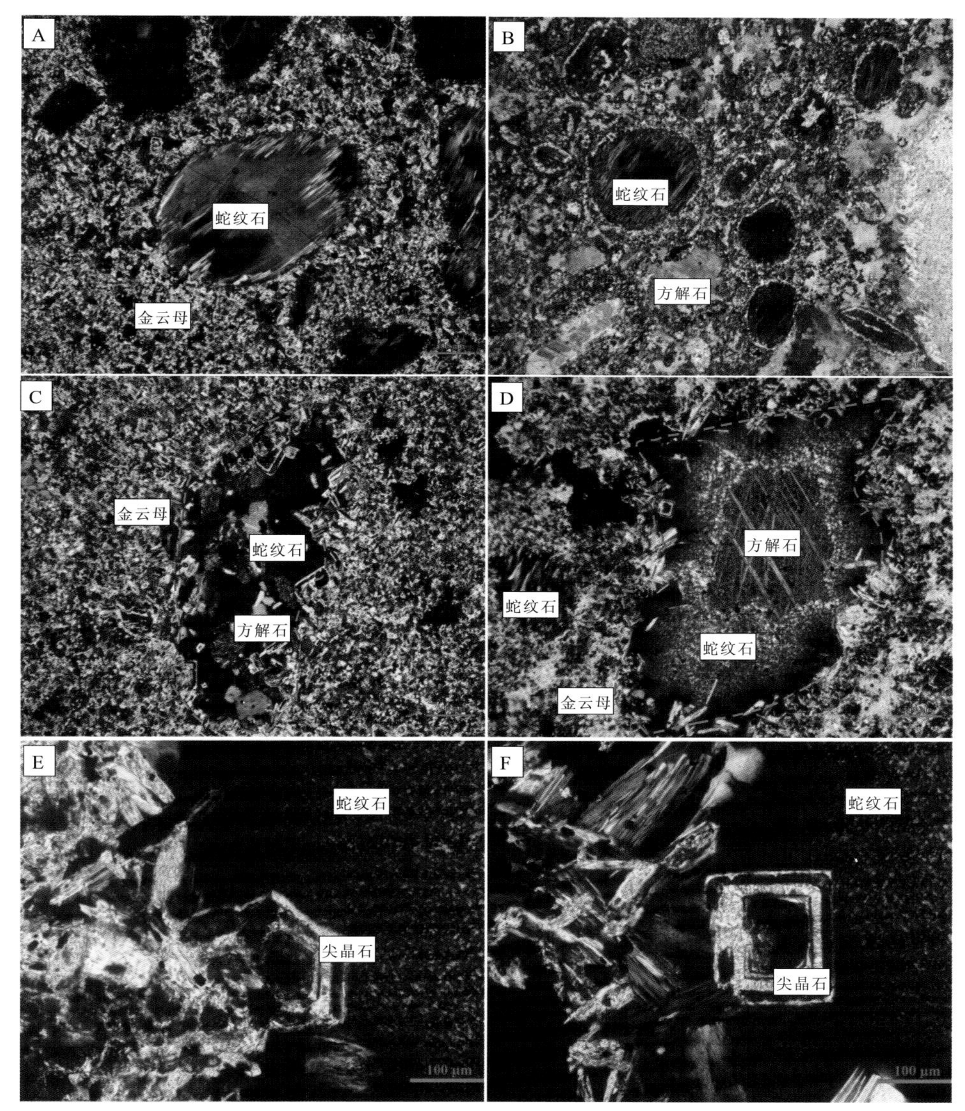

图 4-17　42 号岩管含岩球金伯利岩岩相学照片

A. 浑圆状斑晶（WFD148 正交光）；B. 浑圆状斑晶（WFD165 正交光）；C. 非同源捕虏体边缘聚集金云母（WFD148 正交光）；D. 非同源捕虏体核部方解石化（WFD148 正交光）；E. 尖晶石（WFD148 正交光）；F. 尖晶石（WFD148 正交光）

3. 含岩球富金云母金伯利岩

原生矿物几乎完全发生蚀变，斑晶和基质中的橄榄石蚀变为蛇纹石，斑晶呈浑圆状，但大多发生碎裂，裂隙中被方解石填充。金云母含量较高，约 25%，全为次生金云母。岩石中岩球含量约 25%，岩球分为同源捕虏体与非同源捕虏体，同源捕虏体含量较高，约 15%，同源捕虏体大多发生蚀变，蚀变为蛇纹石和金云母；非同源捕虏体核部发生细粒蛇纹石化，在蛇纹石周围常见有次生金云母密集环绕生长，使捕虏体轮廓难以分辨，被方解石交代的非同源捕虏体边缘有一圈亮晶方解石环绕。碳酸盐化程度中等，部分捕虏体、斑晶、基质被碳酸盐化（图 4-18）。

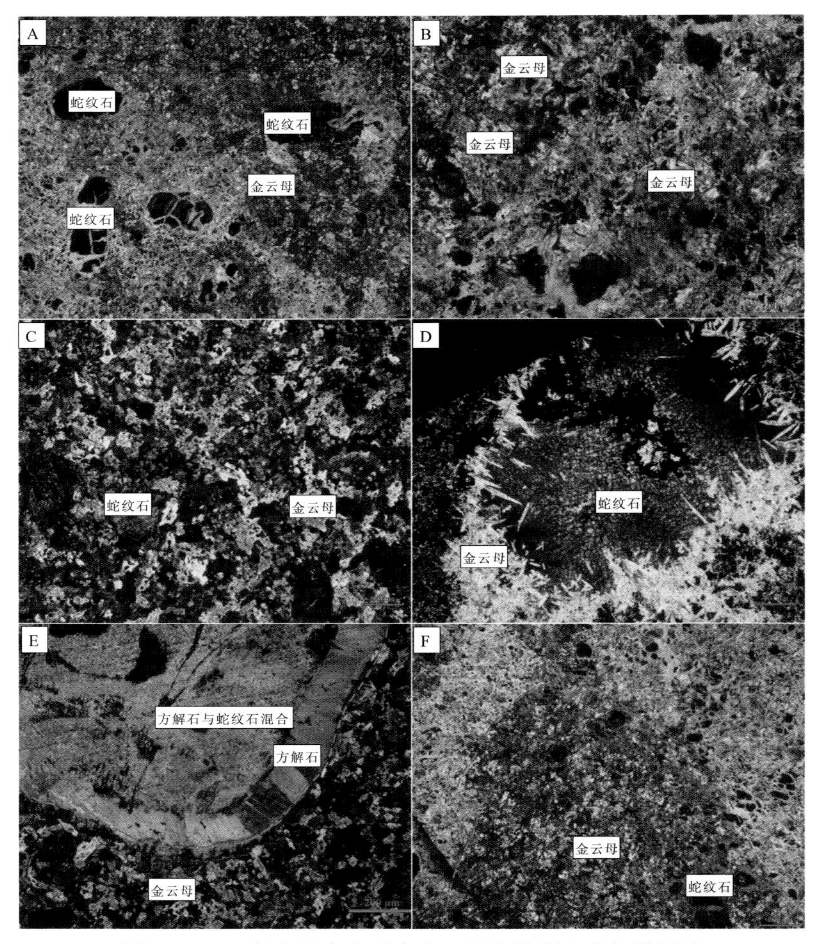

图 4-18　42 号岩管含岩球富金云母金伯利岩岩相学照片

A. 有裂理的蛇纹石斑晶（WFD53 正交光）；B. 基质中的金云母（WFD53 正交光）；C. 基质中的金云母（WFD150-2 正交光）；D. 非同源捕虏体边缘聚集金云母（WFD152 正交光）；E. 碳酸盐化非同源捕虏体的亮晶方解石边（WFD150-2 正交光）；F. 同源捕虏体（WFD53 正交光）

4. 含围岩捕虏体金伯利岩

原生矿物几乎完全发生蚀变，斑晶和基质中的橄榄石蚀变为蛇纹石，蛇纹石化橄榄石斑晶大多呈浑圆状，金云母含量较低，小于 5%，可见金云母被蛇纹石交代。围岩捕虏体约 10%，以灰岩为主，少量石英砂岩、粉砂岩。碳酸盐化强烈，基质几乎全被交代，斑晶、捕虏体也部分被交代（图 4-19）。

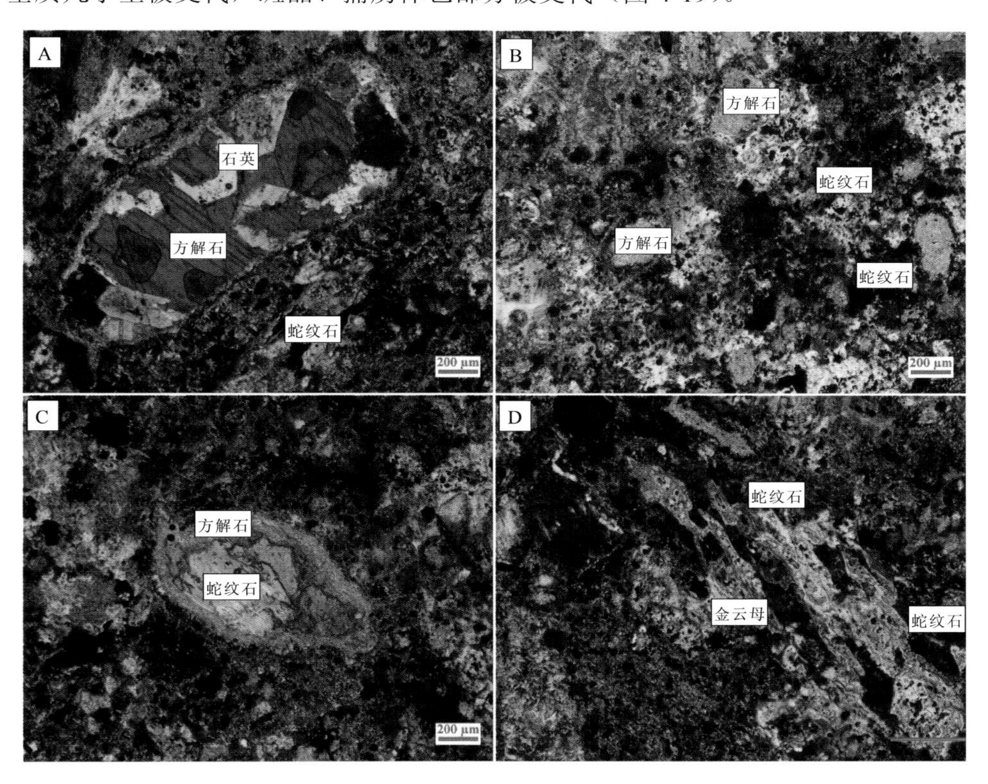

图 4-19 42 号岩管含围岩捕虏体金伯利岩岩相学照片

A. 石英砂岩捕虏体（WFD147 正交光）；B. 方解石化橄榄石斑晶（WFD147 正交光）；C. 边部被方解石交代的橄榄石斑晶（WFD147 正交光）；D. 金云母被蛇纹石交代（WFD147 正交光）

5. 含岩球围岩捕虏体金伯利岩

原生矿物几乎完全发生蚀变，斑晶和基质中的橄榄石蚀变为蛇纹石，蛇纹石化橄榄石斑晶大多呈浑圆状，金云母含量较低，小于 10%，偶见金云母斑晶假象。岩球多为同源捕虏体，含量约 10%，同源捕虏体大多发生蚀变，蚀变为蛇纹石和金云母，同源捕虏体中常见大斑晶，围岩捕虏体约 10%，以灰岩为主。碳酸盐化强烈，基质几乎全被交代，斑晶、捕虏体也部分被交代，同源捕虏体中斑晶矿物方解石化程度强于基质（图 4-20）。

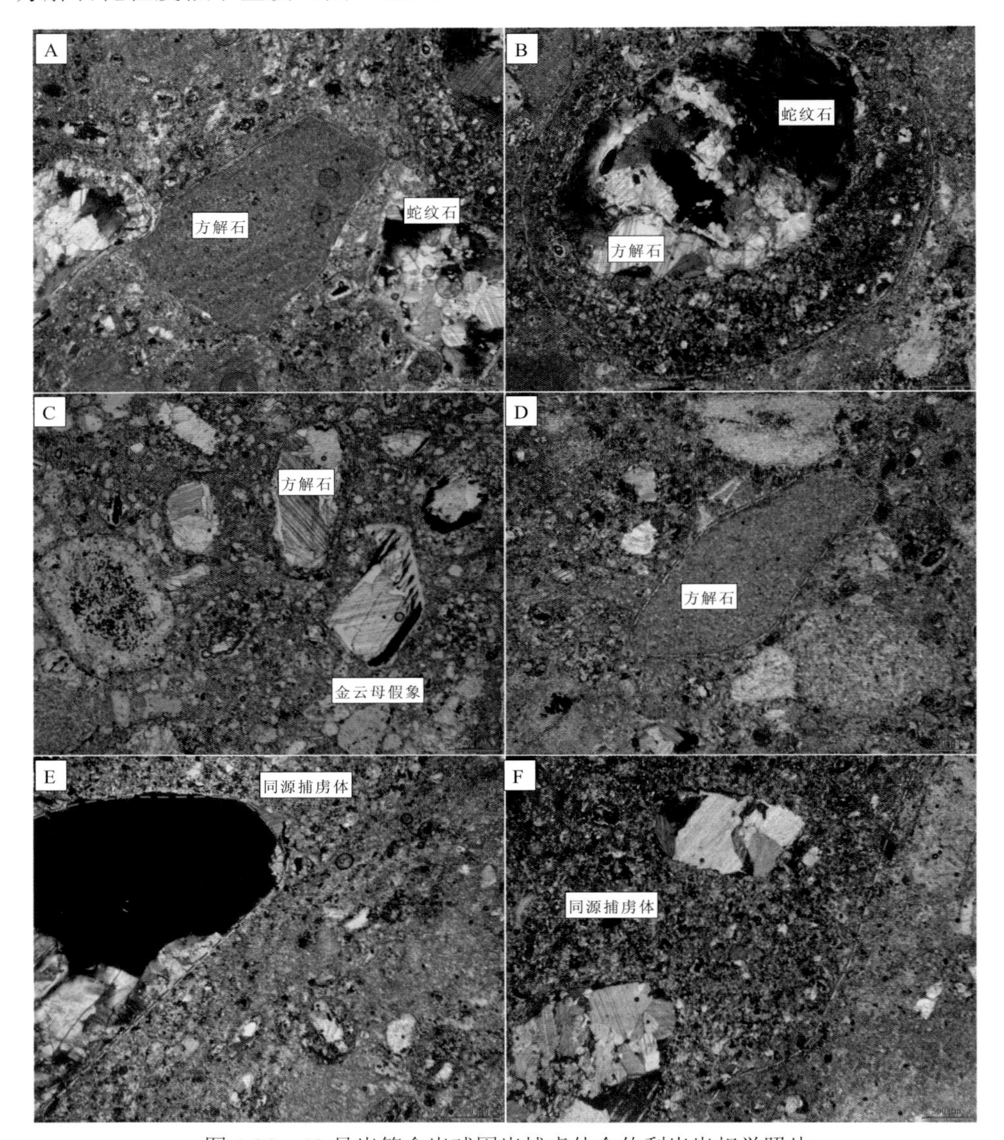

图 4-20　42 号岩管含岩球围岩捕虏体金伯利岩岩相学照片

A. 围岩捕虏体（WFD154-2 正交光）；B. 同源捕虏体中大斑晶（WFD154 正交光）；C. 橄榄石、金云母假象（WFD154 正交光）；D. 围岩捕虏体（WFD154 正交光）；E. 同源捕虏体中大斑晶（WFD154 正交光）；F. 同源捕虏体中斑晶外圈方解石化（WFD154 正交光）

6. 含岩球富含围岩捕虏体金伯利岩

原生矿物几乎完全发生蚀变，斑晶和基质中的橄榄石蚀变为蛇纹石，蛇纹石化橄榄石斑晶大多呈浑圆状，金云母含量较低，小于 10%，偶见金云母斑晶。岩球多为同源捕虏体，含量约 8%，同源捕虏体大多发生蚀变，蚀变为蛇纹石和金云母，同源捕虏体中常见大斑晶，少量非同源捕虏体，约 3%，非同源捕虏体核部发生细粒蛇纹石化，在蛇纹石周围常见有次生金云母密集环绕生长，围岩捕虏体约 25%，以灰岩为主。碳酸盐化程度中等，基质、斑晶、捕虏体都被部分交代（图 4-21）。

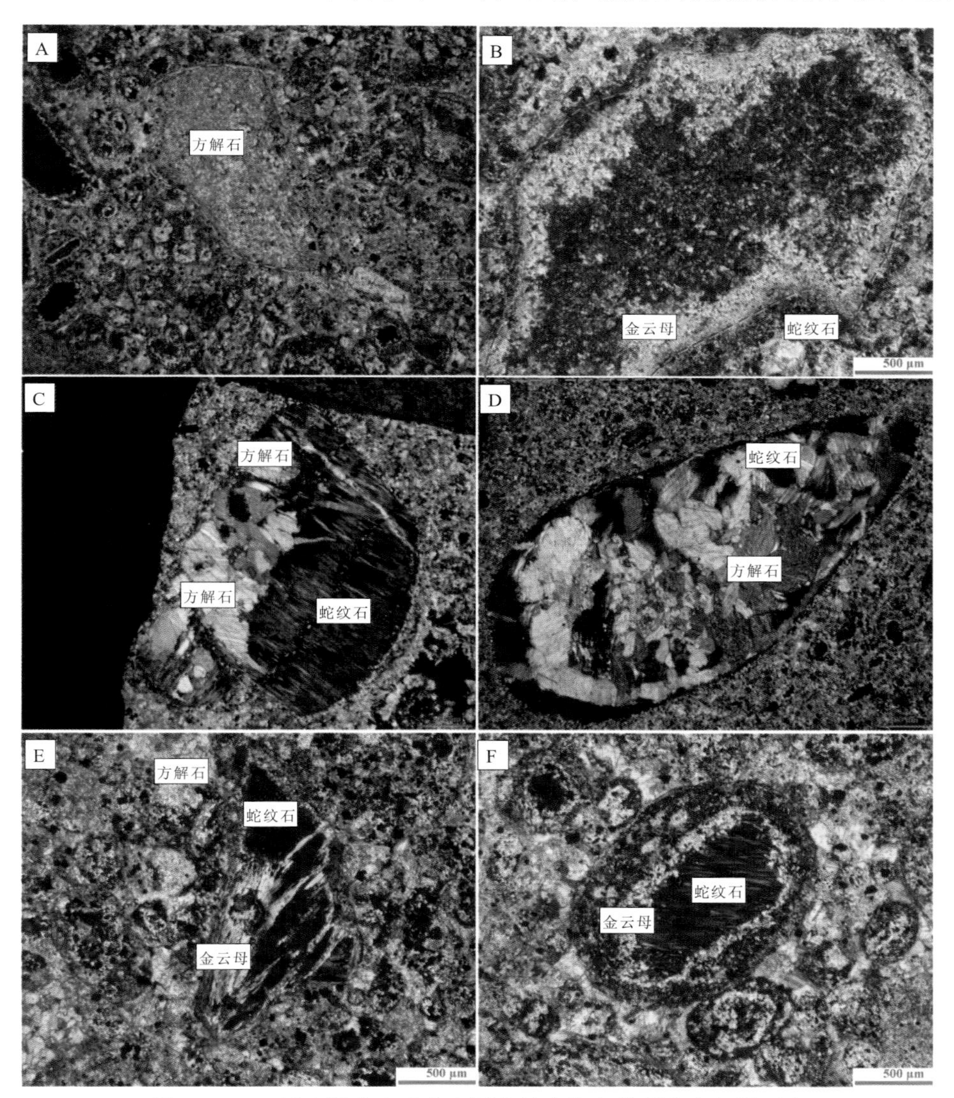

图 4-21　42 号岩管含岩球富含围岩捕虏体金伯利岩岩相学照片

A. 围岩捕虏体（WFD171 正交光）；B. 非同源捕虏体（WFD171 正交光）；C. 蛇纹石部分被方解石交代（WFD171 正交光）；D. 蛇纹石几乎全被方解石交代（WFD171 正交光）；E. 原生金云母斑晶（WFD171 正交光）；F. 同源捕虏体（WFD171 正交光）

4.2.3　50 号岩管

在手标本和光面观察的基础上，通过进一步的镜下观察，根据薄片中岩石所含矿物成分、捕虏体成分，将 50 号岩管金伯利岩分为以下几类。

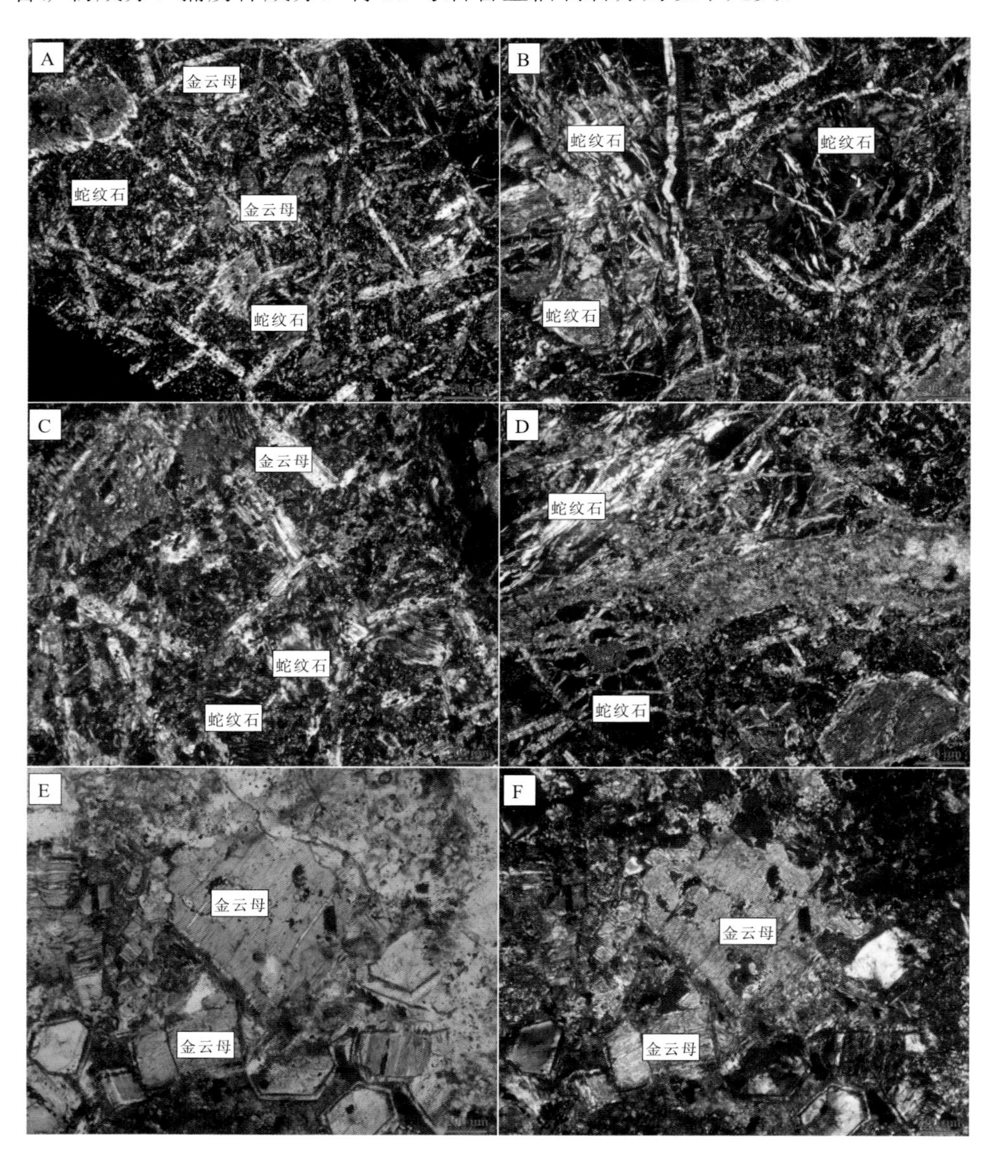

图 4-22　50 号岩管金伯利岩岩相学照片

A. 全景（WFD268 正交光）；B. 橄榄石捕虏晶蚀变成蛇纹石（WFD268 正交光）；C. 第一世代金云母（WFD268 正交光）；D. 方解石脉（WFD268 正交光）；E. 堆晶金云母（WFD268 单偏光）；F. 堆晶金云母（WFD268 正交光）

1. 金伯利岩

原生矿物几乎完全发生蚀变，斑晶和基质中的橄榄石蚀变为蛇纹石，仅可见少量橄榄石残余，残余橄榄石已发生不完全蚀变，蛇纹石化橄榄石斑晶大多呈浑圆状，蚀变的橄榄石分为两个世代，较大的斑晶矿物为第一世代，基质中细粒的为第二世代。岩石金云母含量较少，金云母含量<5%，金云母分为两个世代，第一世代金云母呈细长片状，长度最大 2 mm；第二世代金云母分布在基质中，解理清晰，干涉色可达二级顶。在部分样品中发生金云母堆晶现象。碳酸盐化程度一般，部分样品发育方解石脉（图 4-22）。

2. 碳酸盐化金伯利岩

原生矿物几乎完全发生蚀变，斑晶和基质中的橄榄石蚀变为蛇纹石，仅可见少量橄榄石残余。岩石富含橄榄石斑晶，最大可达 40%，大多呈浑圆状，蚀变的橄榄石分为两个世代，较大的斑晶矿物为第一世代，基质中细粒的为第二世代。岩石金云母较少，金云母含量<5%，金云母主要为细长片状。薄片中碳酸盐化程度强烈，基质矿物均被碳酸盐矿物覆盖，无法辨认（图 4-23）。

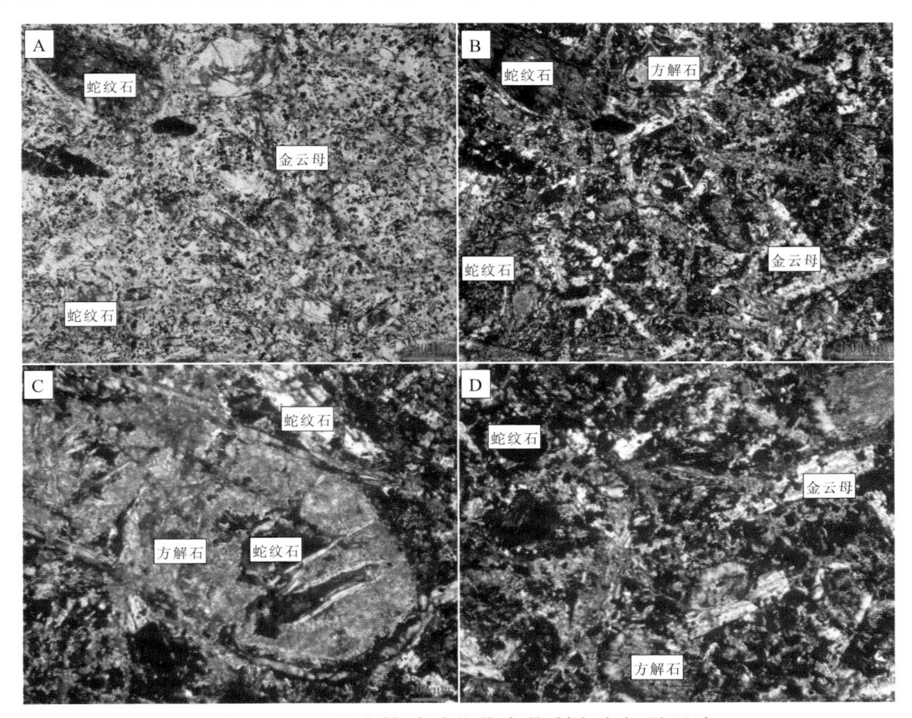

图 4-23　50 号岩管碳酸盐化金伯利岩岩相学照片

A. 全景（WFD284 单偏）；B. 全景（WFD284 正交）；C. 橄榄石捕虏晶蚀变成蛇纹石，然后被方解石交代（WFD284 单偏）；D. 金云母（WFD284 正交）

3. 含围岩捕虏体富含岩球金伯利岩

原生矿物几乎完全发生蚀变，斑晶和基质中的橄榄石蚀变为蛇纹石，仅可见少量橄榄石残余。岩石橄榄石斑晶大多呈浑圆状，蚀变的橄榄石分为两个世代，较大的斑晶矿物为第一世代，基质中细粒的为第二世代。岩石金云母一般，含大量的捕虏体。岩球主要为非同源捕虏体，含量约 10%，形态不规则，大多有棱角，捕虏体核部发生细粒蛇纹石化，在其周围常见次生金云母环绕生长，最外圈有铁质不透明矿物组成的黑边。含少量围岩捕虏体，约 5%，以灰岩为主。碳酸盐化较强烈，斑晶、捕虏体部分被交代（图 4-24）。

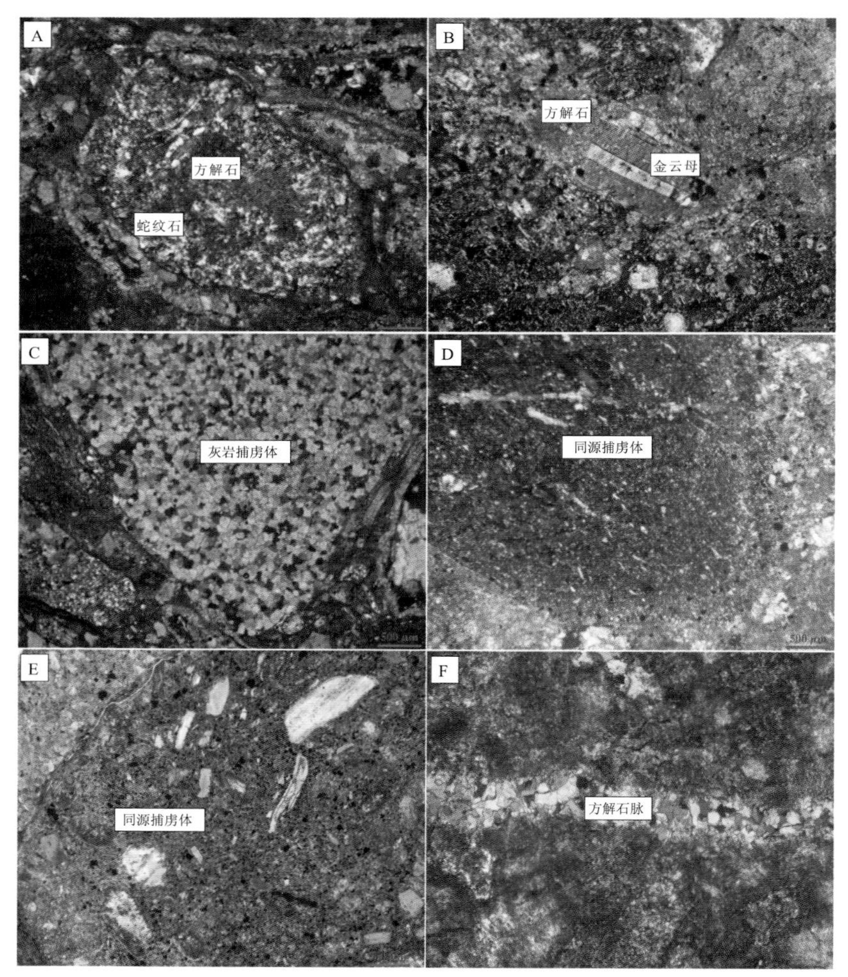

图 4-24　50 号岩管含围岩捕虏体富含岩球金伯利岩岩相学照片

A. 橄榄石蚀变成蛇纹石，后被方解石交代（WFD288 单偏）；B. 金云母（WFD288 正交）；C. 灰岩捕虏体（WFD288 单偏）；D. 非同源捕虏体（WFD288 正交）；E. 同源捕虏体（WFD281 单偏光）；F. 碳酸盐矿物脉（WFD293 正交）

4. 碳酸盐化富金云母含围岩捕虏体金伯利岩

原生矿物几乎完全发生蚀变，斑晶和基质中的橄榄石蚀变为蛇纹石，仅可见少量橄榄石残余，残余橄榄石已发生不完全蚀变。岩石橄榄石斑晶，大多呈浑圆状，蚀变的橄榄石分为两个世代，较大的斑晶矿物为第一世代，基质中细粒的为第二世代。岩石含金云母，金云母呈细长片状，含量最高达10%。岩球含少量围岩捕虏体，成分主要为灰岩、石英砂岩，粒径较大，可达0.5～1.5 cm。碳酸盐化强烈，斑晶、基质及捕虏体都大面积被碳酸盐化，碳酸盐矿物呈脉状侵入，互相连接（图4-25）。

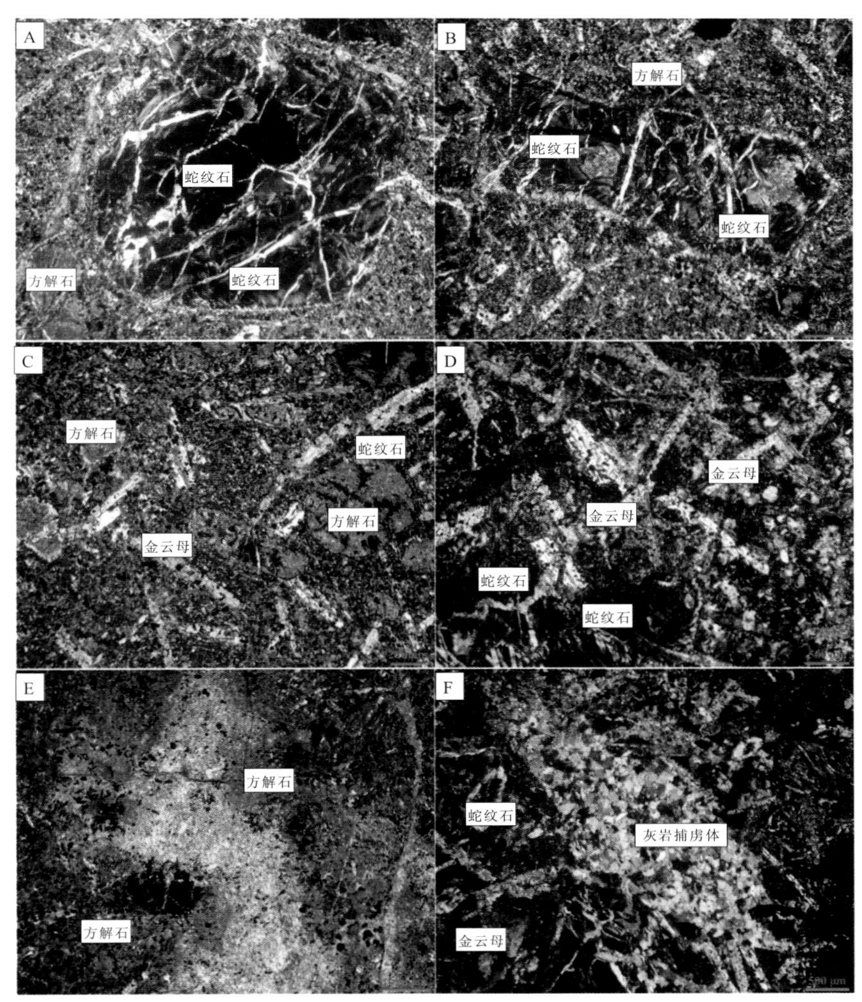

图4-25　50号岩管碳酸盐化富金云母含围岩捕虏体金伯利岩岩相学照片

A. 橄榄石捕虏晶蚀变成蛇纹石（WFD262 正交光）；B. 橄榄石捕虏晶蚀变成蛇纹石（WFD262 正交光）；C. 金云母（WFD262 正交光）；D. 金云母（WFD263 正交光）；E. 碳酸盐化（WFD262 正交光）；F. 灰岩捕虏体（WFD263 正交光）

5. 碳酸盐化含金云母金伯利岩

原生矿物几乎完全蚀变，斑晶和基质中的橄榄石大部分蚀变为蛇纹石。岩石富含橄榄石，含量高达60%。从蛇纹石化斑晶的假象中可看出，原生橄榄石斑晶有两种形态，一种为浑圆状，一种为六边形。金云母含量一般，1%～10%，见金云母斑晶，碳酸盐化程度较高，碳酸盐化现象可分为3类：①斑晶和基质都部分被碳酸盐化，但蛇纹石与金云母清晰可见；②斑晶和基质全部被碳酸盐化，仅有少量金云母、蛇纹石残留；③岩石中碳酸盐矿物脉互相连接，将薄片分割为多个区域，使碳酸盐矿物在岩石中呈骨架状分布（图4-26）。

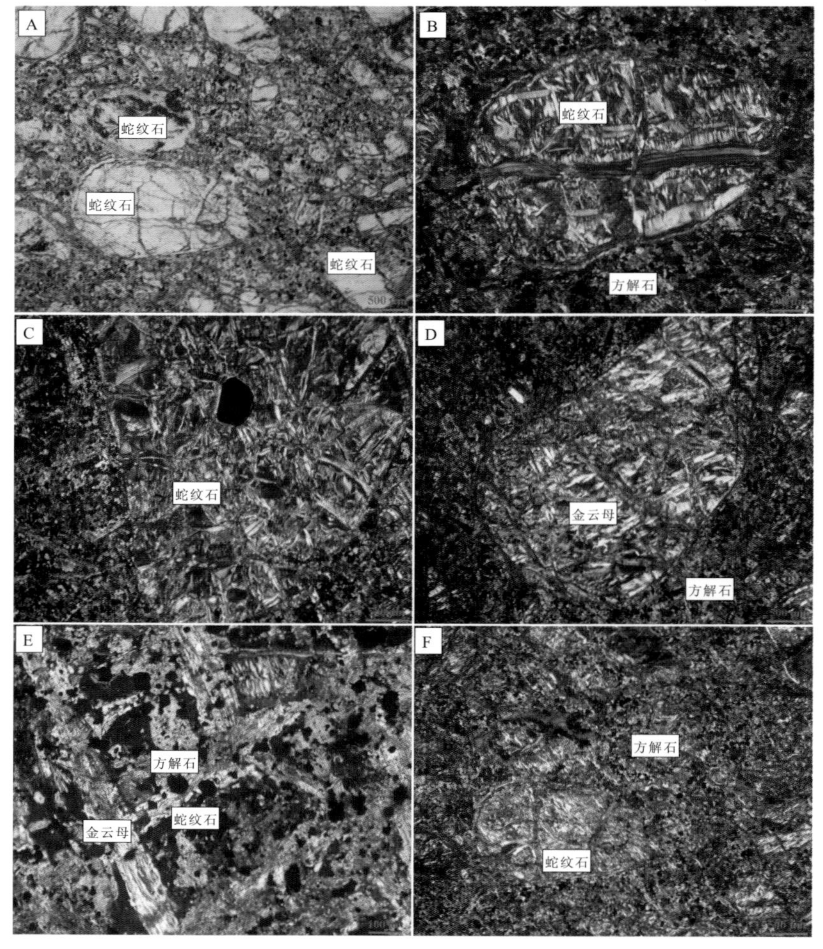

图4-26　50号岩管碳酸盐化含金云母金伯利岩岩相学照片

A. 全景（WFD272单偏光）；B. 橄榄石捕虏晶蚀变成蛇纹石（WFD272正交光）；C. 橄榄石捕虏晶蚀变成蛇纹石（WFD271正交光）；D. 橄榄石捕虏晶蚀变成蛇纹石（WFD271正交光）；E. 金云母（WFD27正交光）；F. 金云母（WFD272正交光）

4.2.4　1 号岩管

在手标本和光面观察的基础上，通过进一步的镜下观察，根据薄片中岩石所含矿物成分、捕虏体成分，将 1 号岩管金伯利岩分为以下几类。

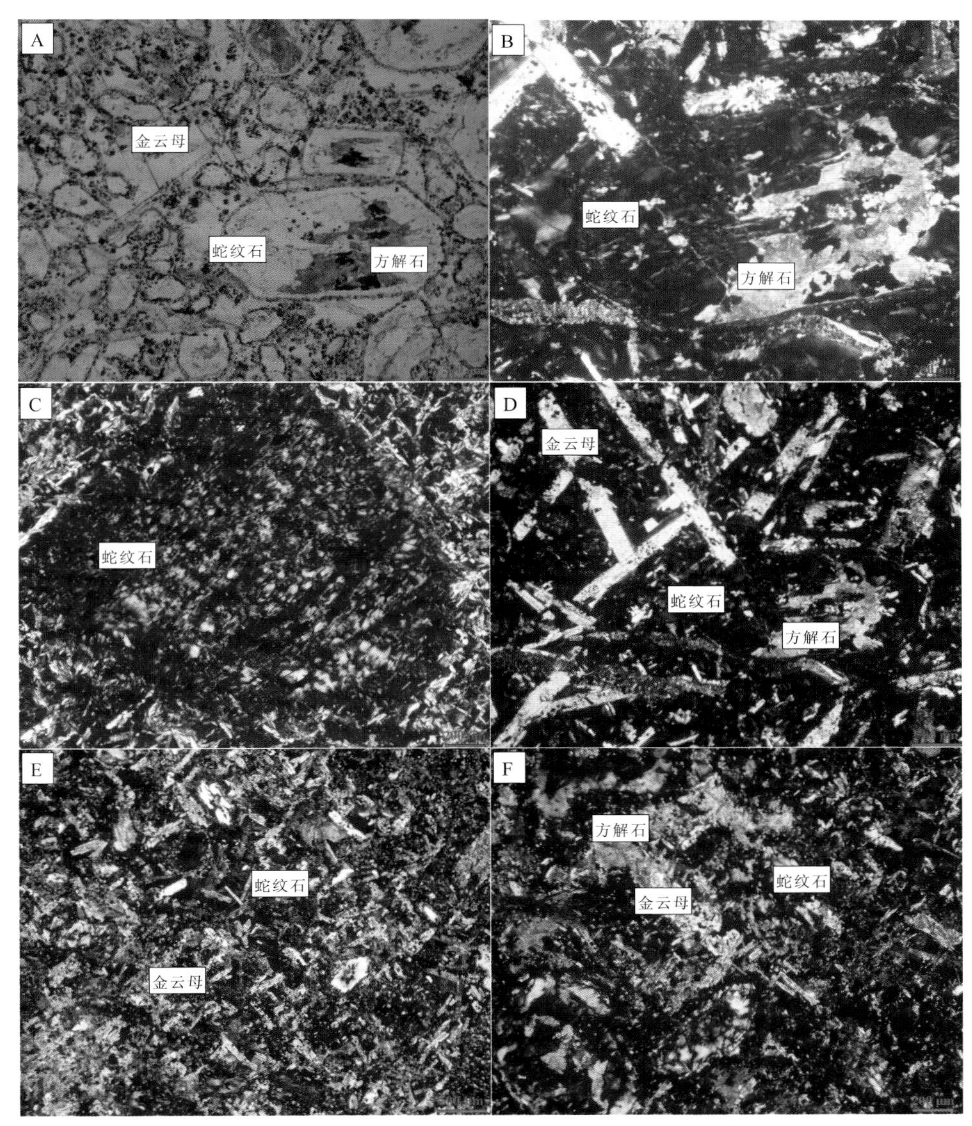

图 4-27　1 号岩管富金云母金伯利岩岩相学照片

A. 全景（WFD203 单偏光）；B. 橄榄石捕虏晶蚀变成蛇纹石（WFD203 正交光）；C. 橄榄石捕虏晶蚀变成蛇纹石（WFD231 正交光）；D. 金云母（WFD203 正交光）；E. 金云母（WFD232 正交光）；F. 金云母（WFD240 正交光）

1. 富金云母金伯利岩

原生矿物几乎完全发生蚀变，斑晶和基质中的橄榄石蚀变为蛇纹石，仅可见少量橄榄石残余，残余橄榄石已发生不完全蚀变，蛇纹石化橄榄石斑晶大多呈浑圆状，蚀变的橄榄石分为两个世代，较大的斑晶矿物为第一世代，基质中细粒的为第二世代，岩石富金云母，金云母含量普遍超过15%，最高约40%，金云母分为两个世代，第一世代金云母几乎完全蚀变，仅少数保留有假象，薄片中所见晶形较自形，解理清晰，干涉色可达二级顶的金云母为第二世代金云母。各薄片中碳酸盐化程度不一，从轻微到强烈都有（图4-27）。

2. 金伯利岩

原生矿物几乎完全蚀变，斑晶和基质中的橄榄石大部分蚀变为蛇纹石，原生橄榄石斑晶有两种形态，一种为浑圆状，一种为六边形。金云母含量较高，但几乎都被碳酸盐交代。碳酸盐化程度高：①斑晶和基质都部分被碳酸盐化，但蛇纹石与金云母清晰可见；②斑晶和基质全部被碳酸盐化，仅有少量金云母、蛇纹石残留；③岩石中碳酸盐矿物脉互相连接，将薄片分割为多个区域，使碳酸盐矿物在岩石中呈骨架状分布（图4-28）。

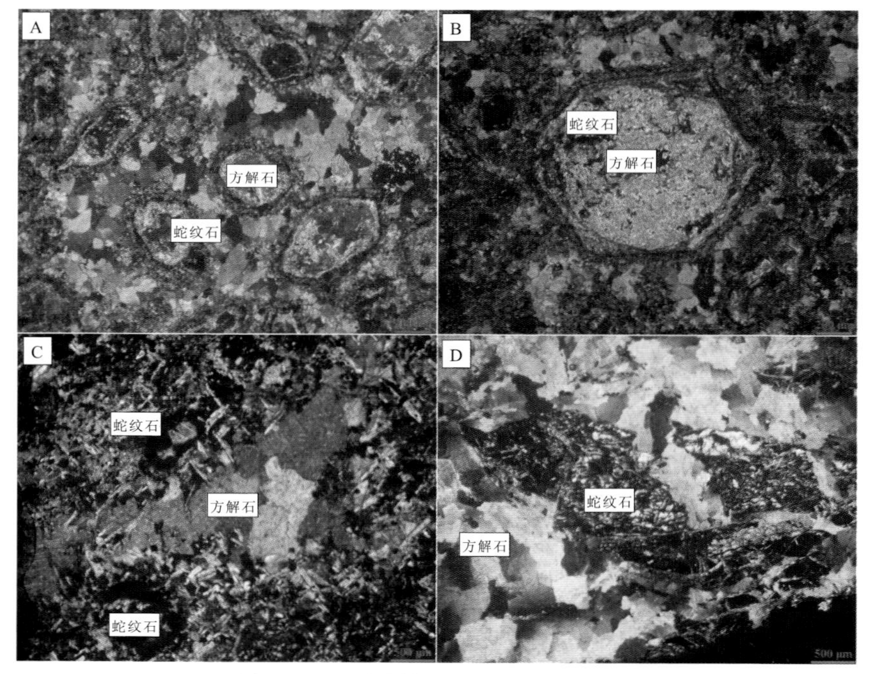

图4-28　1号岩管金伯利岩岩相学照片

A. 全景（WFD214单偏光）；B. 橄榄石捕虏晶蚀变成蛇纹石（WFD21单偏光）；C. 碳酸盐化（WFD216正交光）；D. 碳酸盐化（WFD212正交光）

3. 富金云母含围岩捕虏体金伯利岩

原生矿物几乎完全发生蚀变。斑晶和基质中的橄榄石蚀变为蛇纹石，蛇纹石化橄榄石斑晶大多呈浑圆状。金云母含量高，最高达40%，细小片状。围岩捕虏体约 3%，以灰岩为主，少量石英砂岩、粉砂岩。碳酸盐化强度不一，整体强度一般，斑晶、捕虏体部分被交代（图4-29）。

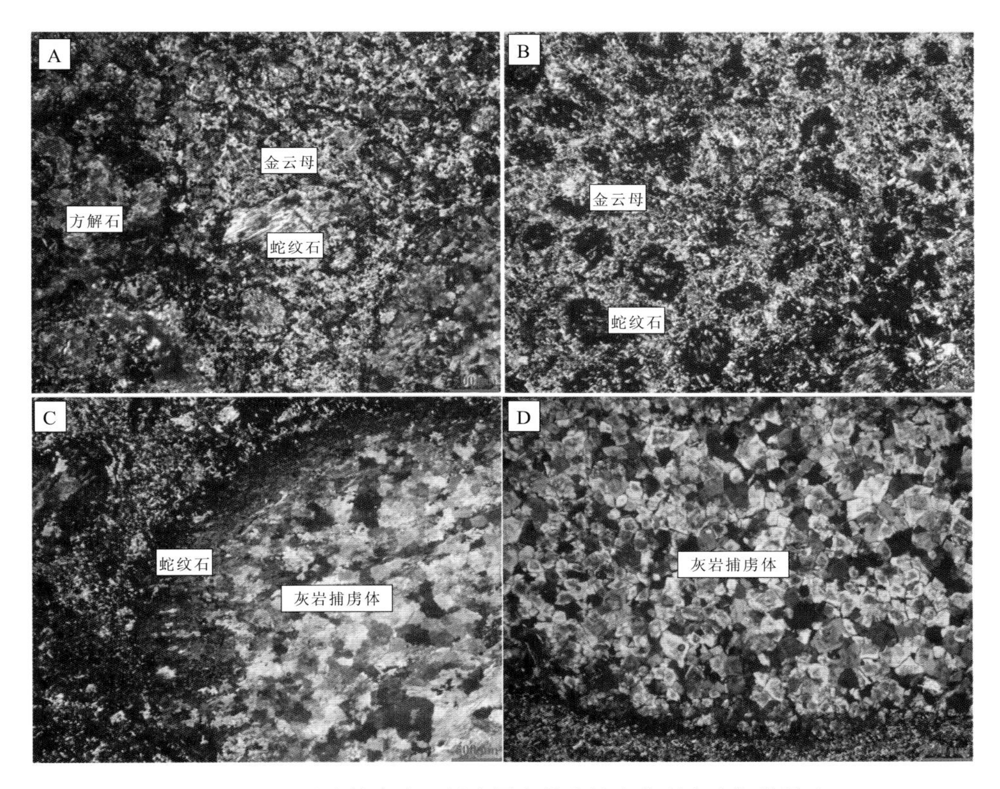

图4-29 1号岩管富金云母含围岩捕虏体金伯利岩岩相学照片

A. 橄榄石捕虏晶蚀变成蛇纹石（WFD195 正交光）；B. 金云母（WFD193 正交光）；C. 灰岩捕虏体（WFD193 正交光）；D. 灰岩捕虏体（WFD195 正交光）

4. 富金云母含同源捕虏体金伯利岩

原生矿物几乎完全发生蚀变，斑晶和基质中的橄榄石蚀变为蛇纹石，蛇纹石化橄榄石斑晶大多呈浑圆状，金云母含量高，最高达40%。岩球主要为同源捕虏体，含量约5%，非同源捕虏体大多发生蚀变，蚀变为蛇纹石和金云母（图4-30）。

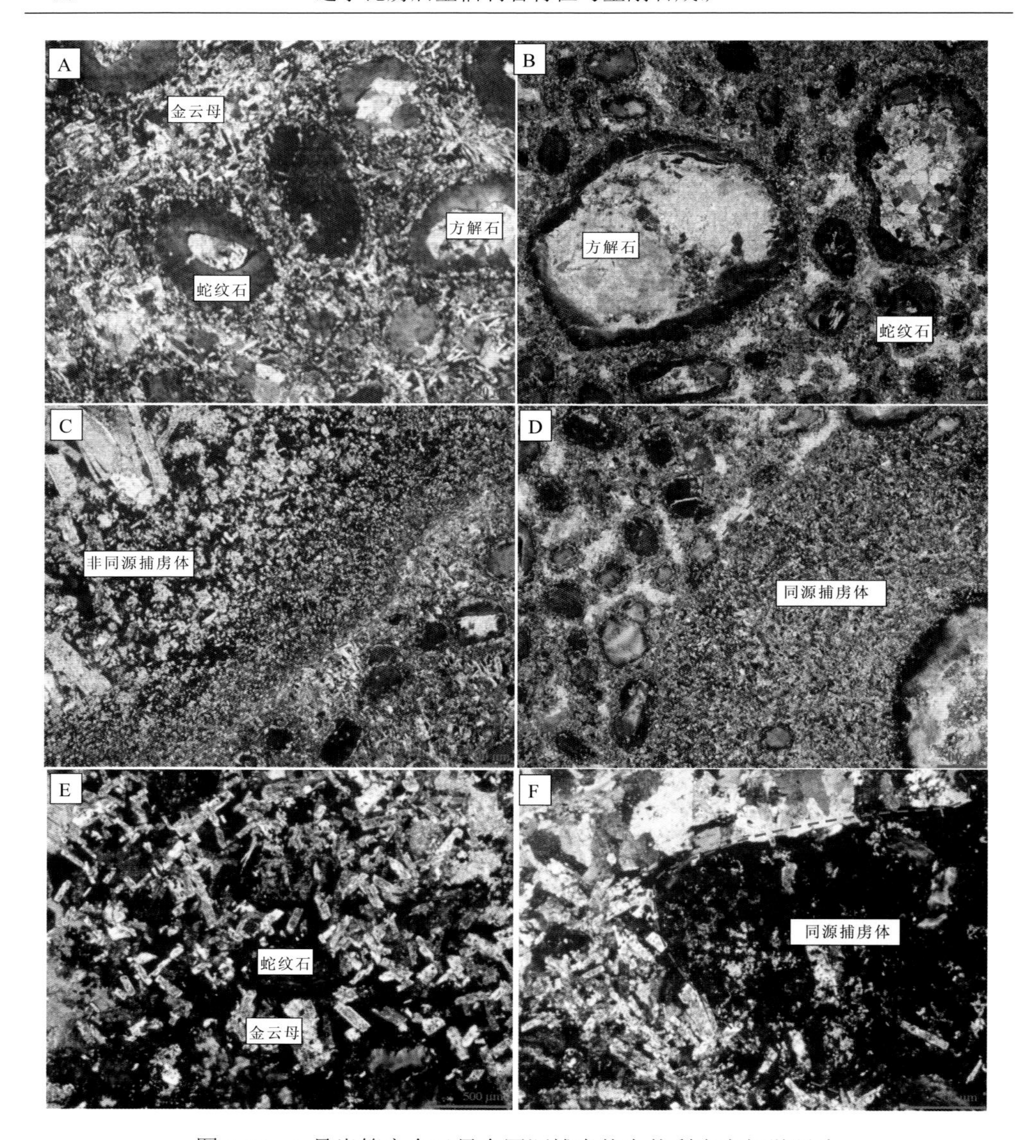

图 4-30　1 号岩管富金云母含同源捕虏体金伯利岩岩相学照片

A. 橄榄石捕虏晶蚀变成蛇纹石（WFD202 正交光）；B. 橄榄石捕虏晶蚀变成蛇纹石（WFD202 正交光）；C. 非同源捕虏体（WFD202 正交光）；D. 同源捕虏体（WFD202 正交光）；E. 金云母（WFD244 正交光）；F. 同源捕虏体（WFD244 正交光）

4.3　金伯利岩蚀变特征

瓦房店金伯利岩热液蚀变强烈，分布广泛，类型复杂。在显微镜下，根据蚀变矿物的矿物组合和结构构造等特征，金伯利岩中的蚀变主要可分为 3 种类型：蛇纹石化、金云母化和碳酸盐化。其中金云母化作用较弱，蛇纹石化和碳酸盐化作用相对强烈。在部分样品中，有时仅见蛇纹石化和碳酸盐化，不见金云母化。三种蚀变作用有时存在先后叠加的情况，如早先形成的蛇纹石化橄榄石捕虏晶可以进一步形成碳酸盐矿物和金云母蚀变矿物。

4.3.1　金云母化

金伯利岩岩浆是一种富碱富挥发分的岩石。在岩浆结晶晚期，这些碱性元素和挥发分会形成富 K 和 Al 的流体，对早先形成的矿物进行交代。该过程与原生金云母的含量呈正相关关系。根据金云母的特征，金云母交代作用方式可分为以下 3 种：①鳞片状金云母沿着早先存在的矿物（橄榄石）或捕虏体（同源捕虏体和非同源捕虏体）边缘进行交代；②鳞片状金云母沿着早先存在的矿物或捕虏体裂隙进行交代；③金云母以集合体形式交代基质（图 4-31）。

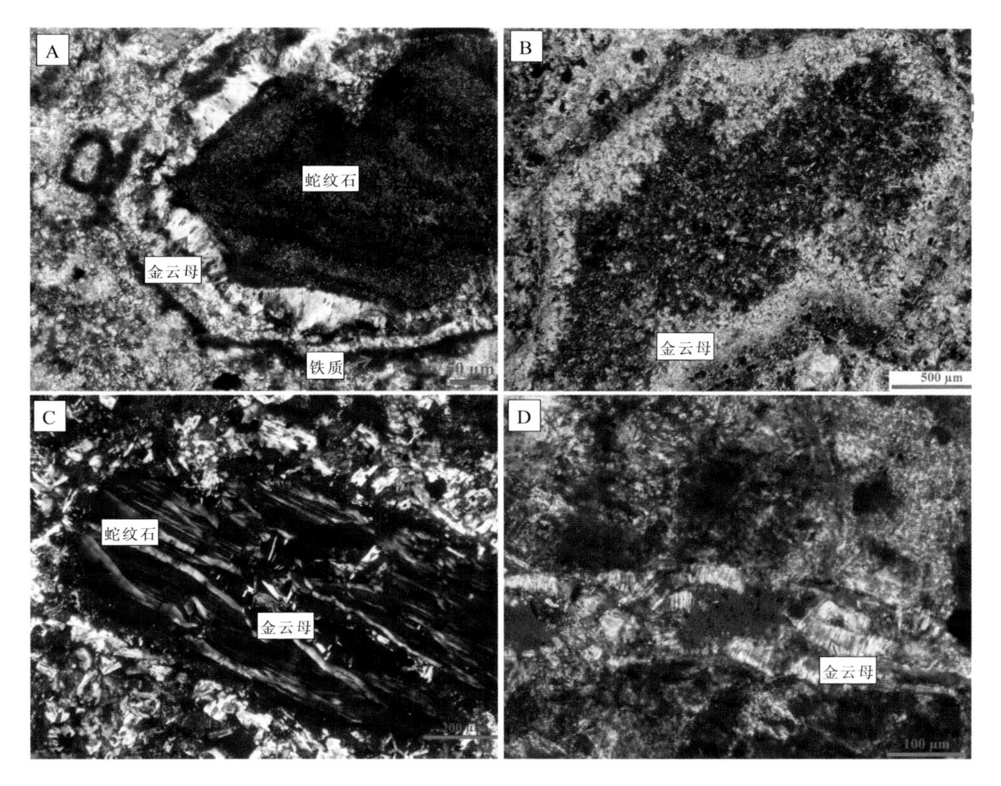

图 4-31　金云母化岩相学照片

A. 非同源捕虏体被次生金云母交代（WFD12）；B. 非同源捕虏体被次生金云母交代（WFD171）；C. 金云母成鳞片状集合体交代蛇纹石（WFD148）；D. 金云母成脉状交代基质（WFD61）

4.3.2 蛇纹石化

在金伯利岩中，蛇纹石化是最主要、分布最广的蚀变作用。金伯利岩岩浆是一种富挥发分（特别是 H_2O）的岩石。在其结晶晚期，岩浆中的挥发分会趋向于形成流体相，该流体会和早先结晶的矿物或者捕虏晶（橄榄石）发生交代作用。交代作用通常先发生在矿物的薄弱面（如裂隙或者边缘），然后向矿物内部进行。蛇纹石有利蛇纹石、叶蛇纹石和纤蛇纹石 3 种类型，前两者为低温蚀变矿物，稳定温度比后者略低（Wicks and Whittaker，1977）。3 种蛇纹石中，叶蛇纹石常呈多晶形，而利蛇纹石一般晶形较差，后者常被纤蛇纹石叠加。瓦房店金伯利岩中的蛇纹石主要为叶蛇纹石（表 4-1，图 4-2）。橄榄石在低温下形成蛇纹石的过程为 $6(Mg,Fe)_2SiO_4+7H_2O = 3Mg_3Si_2O_5(OH)_4+Fe_3O_4+H_2$。金伯利岩浆中富含 H_2O 和 CO_2，前者参与反应形成蛇纹石，而后者可以与围岩中 Ca 质成分反应生成方解石。在这个过程中，围岩中 Mg 质成分可以加入到岩浆中，补偿蛇纹石化过程中消耗的 Mg。橄榄石水合作用形成蛇纹石，会析出磁铁矿（图 4-32）。

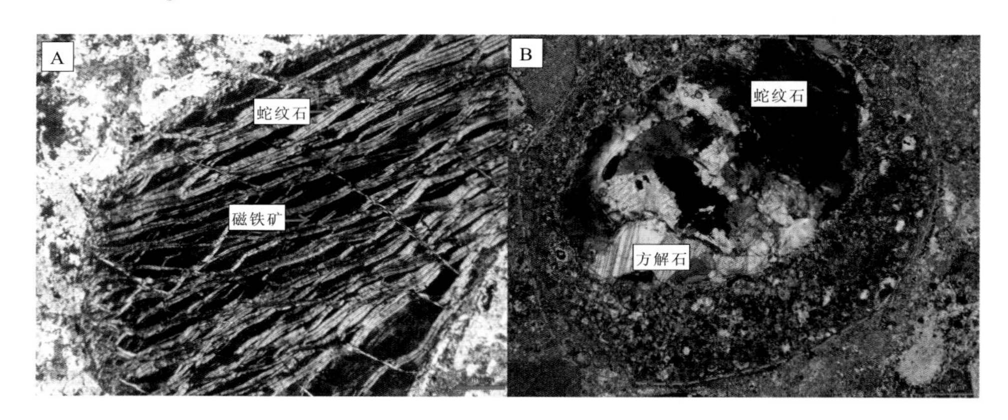

图 4-32　蛇纹石化岩相学照片

A. 橄榄石斑晶蚀变形成蛇纹石和磁铁矿（WFD1）；B. 角砾中橄榄石斑晶发生蛇纹石化（WFD154）

4.3.3 碳酸盐化

在金伯利岩中，碳酸盐化蚀变作用强烈，且分布广泛。根据蚀变矿物方解石特征，可分为 4 种方式：第一种是以密集脉状方解石沿早先形成矿物的裂隙进行交代；第二种是呈它形粒状方解石集合体交代早先的斑晶和基质；第三种是以大颗粒亮晶方解石交代早先的物质，特别是斑晶矿物；第四种是方解石交代前期形成的金云母，此时方解石呈金云母状（图 4-33）。

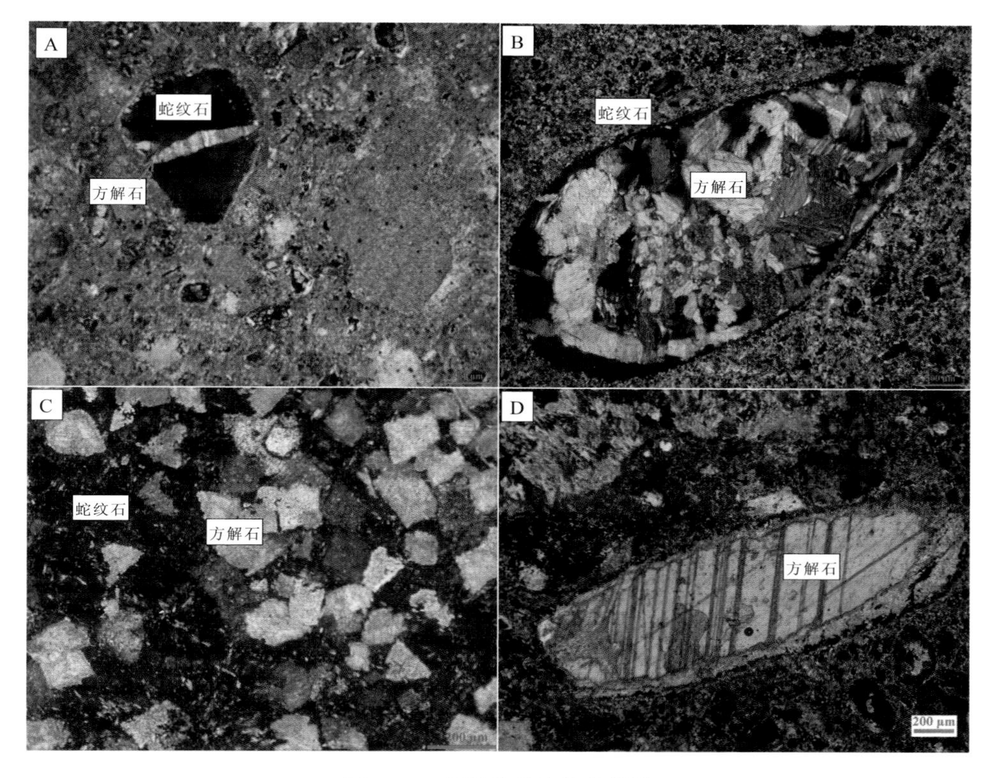

图 4-33　碳酸盐化岩相学照片

A. 方解石沿橄榄石斑晶裂隙进行交代（WFD154-2）；B. 方解石呈它形粒状集合体交代橄榄石斑晶（WFD171-2）；C. 方解石呈它形粒状集合体交代基质（WFD110）；D. 亮晶方解石交代橄榄石斑晶（WFD147）

第5章　金伯利岩岩石学成因

5.1　引　　言

金伯利岩是一种超基性、碱性、硅不饱和、小体量和富含挥发分的火山岩（Mitchell, 1986, 1995）。它是目前地球上发现的来源最深的岩石（>150～250 km, Haggerty, 1986, 1994）。在其从源区向上运移的过程中，金伯利岩岩浆不仅捕获了上地幔中大量的橄榄岩和榴辉岩，而且捕获了这些岩石中的金刚石（Giuliani and Pearson，2019），这些地幔材料为探究岩石圈地幔性质和演化提供了独一无二的窗口（Burgess and Harte, 2004; Carmody et al., 2014; Grégoire et al., 2003; Grütter et al., 2004; Gurney et al., 2005, 2010; Howarth et al., 2014; Kargin et al., 2016; Shirey et al., 2013; Zheng et al., 2006）。被捕获的地幔岩石会受到金伯利岩岩浆的交代作用发生解体，从而全部或者部分被金伯利岩岩浆消化吸收，从而改变初始金伯利岩岩浆的成分（Giuliani et al., 2020; Mitchell, 1986）。在上升过程中，金伯利岩岩浆会同时发生橄榄石、金云母和其他矿物相的分离结晶作用，从而进一步改变初始岩浆的成分（Becker and Le Roex, 2006; Harris et al., 2004; Le Roex et al., 2003; Mitchell, 2008）。当金伯利岩岩浆运移到较浅的深度时，岩浆会捕获地壳中围岩岩石和发生去气作用（H_2O 和 CO_2），从而改变初始岩浆成分（Harris et al., 2004; Kjarsgaard et al., 2009; Le Roex et al., 2003; Stamm et al., 2018）。最终，金伯利岩岩浆侵位到地表，由于岩浆结晶而残余的挥发分会趋向形成流体相，并对金伯利岩进行自交代作用；周围的地表水也会对金伯利岩进行蚀变作用（Afanasyev et al., 2014; Giuliani et al., 2017; Mitchell, 1986）。综上，对金伯利岩初始岩浆成分组成的评估存在众多不确定性。

在金伯利岩原始岩浆形成后，众多地质过程会使岩浆成分发生改变，这严重限制了我们对金伯利岩初始岩浆特征和岩石学成因的认识。由于金伯利岩初始岩浆成分的不确定性，目前对金伯利岩岩浆的性质有以下几种描述：超基性硅质熔体（Le Roex et al., 2003; Price et al., 2000）、碳酸岩质熔体（Kamenetsky et al., 2014; Russell et al., 2012）和过渡性硅质-碳酸岩质熔体（Nielsen and Sand, 2008）。金伯利岩的源区包括：大陆岩石圈地幔（Becker and Le Roex, 2006; Le Roex et al., 2003）、软流圈地幔（Agashev et al., 2018; Stamm et al., 2018; Tappe et al., 2017）、地幔过渡带或下地幔（Haggerty, 1994; Ringwood et al., 1992）。金伯利岩形成的构造背景包括：深部地幔来源的地幔柱（Becker and Le Roex, 2006; Le Roex et al., 2003）、洋壳俯冲和相关的造山作用（Currie and Beaumont, 2011）、超大陆裂解过程相关的构造热事件（Jelsma et al., 2009; Kjarsgaard et al., 2017; Sharma et al., 2019）。以往的学者常通过以下几种方式来重建金伯利岩初始岩浆成分：①隐晶质或基质全岩地球化学分析（Price et al., 2000；Kopylova et al., 2007; Stamm et al., 2018）；②扣除捕获成分后的全岩地球化学分析（Kjarsgaard et al., 2009; Nielsen and Sand, 2008）；③粗粒金伯利岩和隐晶质金伯利岩成分变化图解（Becker and Le Roex, 2006; Le Roex et al., 2003）；④矿物相比例和矿物化学成分分析（Soltys et al., 2018）；⑤金伯利岩矿物中熔体包裹体分析（Kamenetsky et al., 2014）。

华北克拉通有两个含金刚石金伯利岩矿区：山东蒙阴和辽宁瓦房店。根据矿物组成和同位素特征，这些金伯利岩被划分为Ⅰ型金伯利岩（池际尚等, 1996a; Yang et al., 2009; Zhang et al., 2010）。这两个矿区的金伯利岩具有相同的侵位年龄，约480Ma（Dobbs et al., 1991; Li et al., 2011; Yang et al., 2009; Yin et al., 2005; 张宏福和杨岳衡, 2007）。华北克拉通上的金伯利岩被认为与地幔柱活动（Yang et al., 2009）或蒙古洋俯冲（张宏福和杨岳衡, 2007; Zhang et al., 2010）有关。池际尚等（1996a）只简单报道了这些金伯利岩的全岩主微量元素特征，缺乏更进一步的讨论。Zhang 等（2000）利用全岩地球化学讨论了金伯利岩的源区特征。除了以上的工作，没有更多的研究来讨论金伯利岩原始岩浆成分以及岩石学成因。本书通过研究在空间上具紧密联系的金伯利岩根部相样品，根据它们的全岩地球化学数据：①评估金伯利岩岩浆从源区上升到地表的过程中，地质作用过程（如地幔岩和地壳岩石的捕获作用、分离结晶作用、蚀变作用）对成分的影响；②分析约束金伯利岩原始岩浆成分；③探索金伯利岩岩石学成因。

5.2　全岩地球化学特征

5.2.1　样品选择与预处理

本书选取了瓦房店 4 个岩管（30 号岩管、42 号岩管、1 号岩管和 50 号岩管）中的金伯利岩样品。考虑到辽宁瓦房店和山东蒙阴金伯利岩具有相近的侵位年龄、结构构造和矿物组成，因此可以合理地认为被选取的样品可以代表华北克拉通含矿金伯利岩，它们可以被用来研究华北克拉通含矿金伯利岩初始岩浆成分和岩石学成因。

所有被选取的样品都是表面很新鲜的样品。这些样品的表面用高压水进行清洗，然后晾干。接下来这些样品被破碎为 1～5 mm 的小颗粒，在双目镜下把其中含捕虏体、方解石脉的颗粒去除，使挑选后的样品中无肉眼可见的捕虏体与脉体，并将挑选好的样品磨成粉末样。

5.2.2 主量元素特征

瓦房店金伯利岩主量元素含量变化较大（附录Ⅱ表 1），其中部分样品受到了地壳混染作用（见 5.3.2 节），以下仅展示未受到地壳物质混染的隐晶质金伯利岩和粗晶金伯利岩主量元素特征。隐晶质金伯利岩含有最低的 MgO 含量（23.95%～29.66%），粗粒金伯利岩含有最高的 MgO 含量（29.73%～32.88%）。粗粒金伯利岩和隐晶质金伯利岩的 SiO_2 含量分别为 29.73%～34.74%和 27.70%～30.86%。它们与 MgO 表现出线性的正相关关系（图 5-1A），然而它们的斜率并不相同。当金伯利岩 MgO 含量下降时，粗粒金伯利岩和隐晶质金伯利岩的 Al_2O_3 变化较小（图 5-1B），分别为 2.13%～4.81%和 3.91%～5.22%。粗粒金伯利岩和隐晶质金伯利岩的 TiO_2 含量变化非常小（图 5-1C），为 1.14%～1.39%，这与岩石中缺少大量的钙钛矿和钛铁矿是一致的（缺少这些矿物的分离结晶）。整体上来说，粗粒金伯利岩和隐晶质金伯利岩的 Al_2O_3 和 TiO_2 含量没有明显的区别。金伯利岩的 CaO 和 SiO_2 表现出极好的负相关关系（图 5-2D），粗粒金伯利岩含有最低的 CaO 含量（～4%），然而隐晶质金伯利岩含有更高的 CaO 含量（～12%）。当金伯利岩 MgO 含量下降时，粗粒金伯利岩和隐晶质金伯利岩的 Fe_2O_3 变化较小（图 5-1E），分别为 8.84%～10.12%和 10.14%～12.64%，粗粒金伯利岩的 Fe 含量比隐晶质金伯利岩略低一些。金伯利岩中的碱性元素含量变化较大（图5-1F），演化程度高的隐晶质金伯利岩通常含有略高一点的 K_2O 含量。整体来说，不同岩管的金伯利岩没有系统性的主量元素成分差异。

5.2.3 微量元素特征

瓦房店金伯利岩微量元素含量变化较大（附录Ⅱ表 1），其中部分样品受到了地壳混染作用（见 5.3.2 节），以下仅展示未受到地壳物质混染的隐晶质金伯利岩和粗晶金伯利岩微量元素特征。粗粒金伯利岩中 Ni 和 Co 含量分别为 950×10^{-6}～1950×10^{-6} 和 64×10^{-6}～107×10^{-6}，隐晶质金伯利岩中 Ni 和 Co 含量分别为 521×10^{-6}～936×10^{-6} 和 49×10^{-6}～71×10^{-6}。这些元素和 $Mg^{\#}$展示了良好的正线性关系（图 5-2A）。当 $Mg^{\#}$为横坐标时，Cr 成散点存在，含量较高（794×10^{-6}～1570×10^{-6}，未在图 5-2 中显示）。高场强元素（HFSE）和轻稀土元素（LREE）含量较高（例如：Nb 139×10^{-6}～346×10^{-6}；Zr 147×10^{-6}～336×10^{-6}；Th 20×10^{-6}～75×10^{-6}；Ta 9×10^{-6}～21×10^{-6}；La 87×10^{-6}～367×10^{-6}）。这些元素之间展示了良好的线性关系（图 5-2B～D）。相比于粗粒金伯利岩，隐晶质金伯利岩具有更高的元素含量。大离子亲石元素（LILE）含量高，但变化较大，Rb 38×10^{-6}～181×10^{-6} 和 Ba 342×10^{-6}～4660×10^{-6}。它们之间不显示线性关系，也不与其他元素（例如

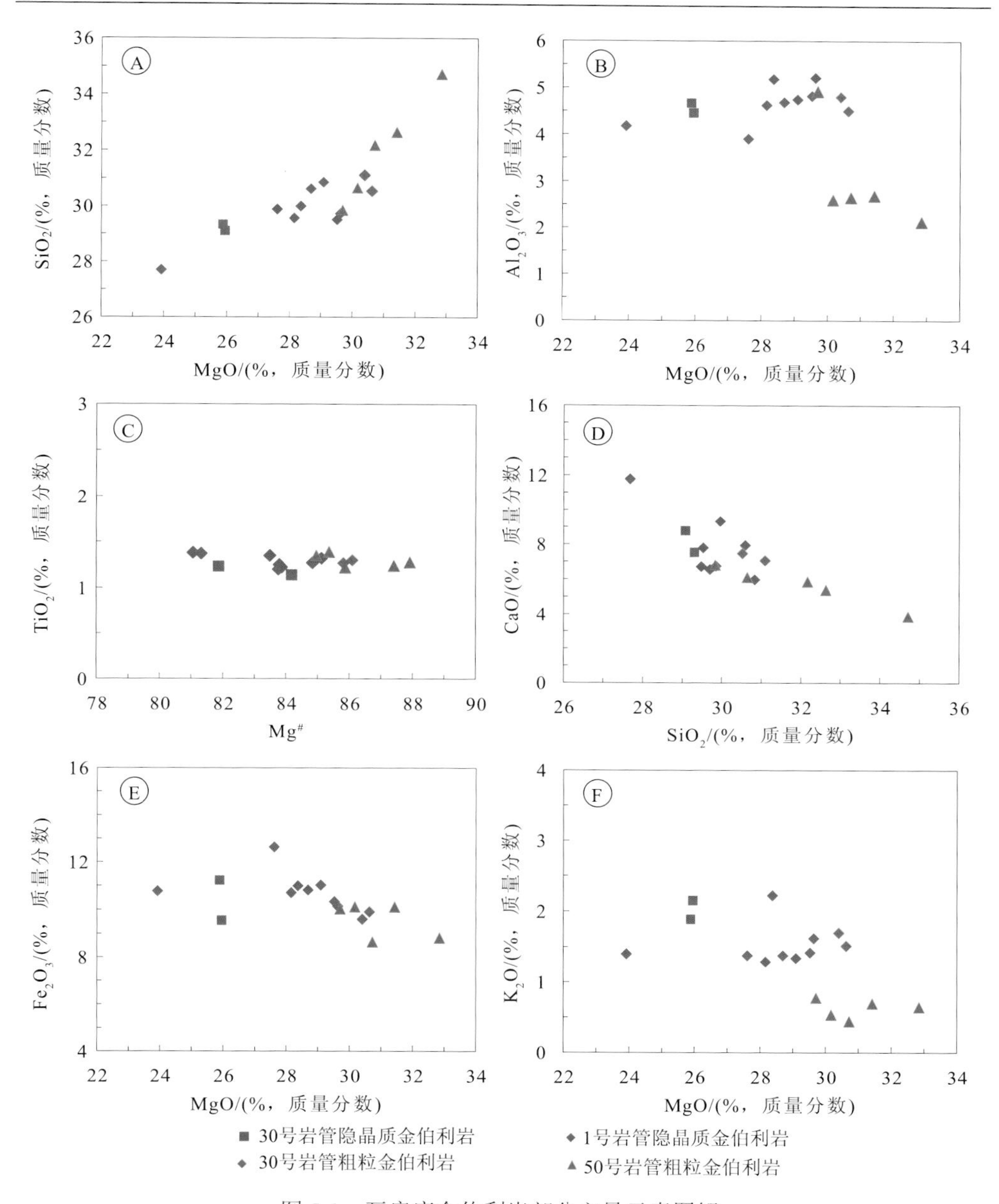

图 5-1　瓦房店金伯利岩部分主量元素图解

HFSE）显示良好的线性关系（图 5-2E 和 F）。金伯利岩中 Sr 含量变化大（52×10^{-6}～1050×10^{-6}），并与 LREE 和 HFSE 显示较宽的线性关系。

在球粒陨石标准化后的稀土元素配分图上（图 5-3），瓦房店金伯利岩配分曲线为相对平滑的右倾曲线，且相互平行。铕负异常不明显。稀土分馏明显，La/Sm_N 为

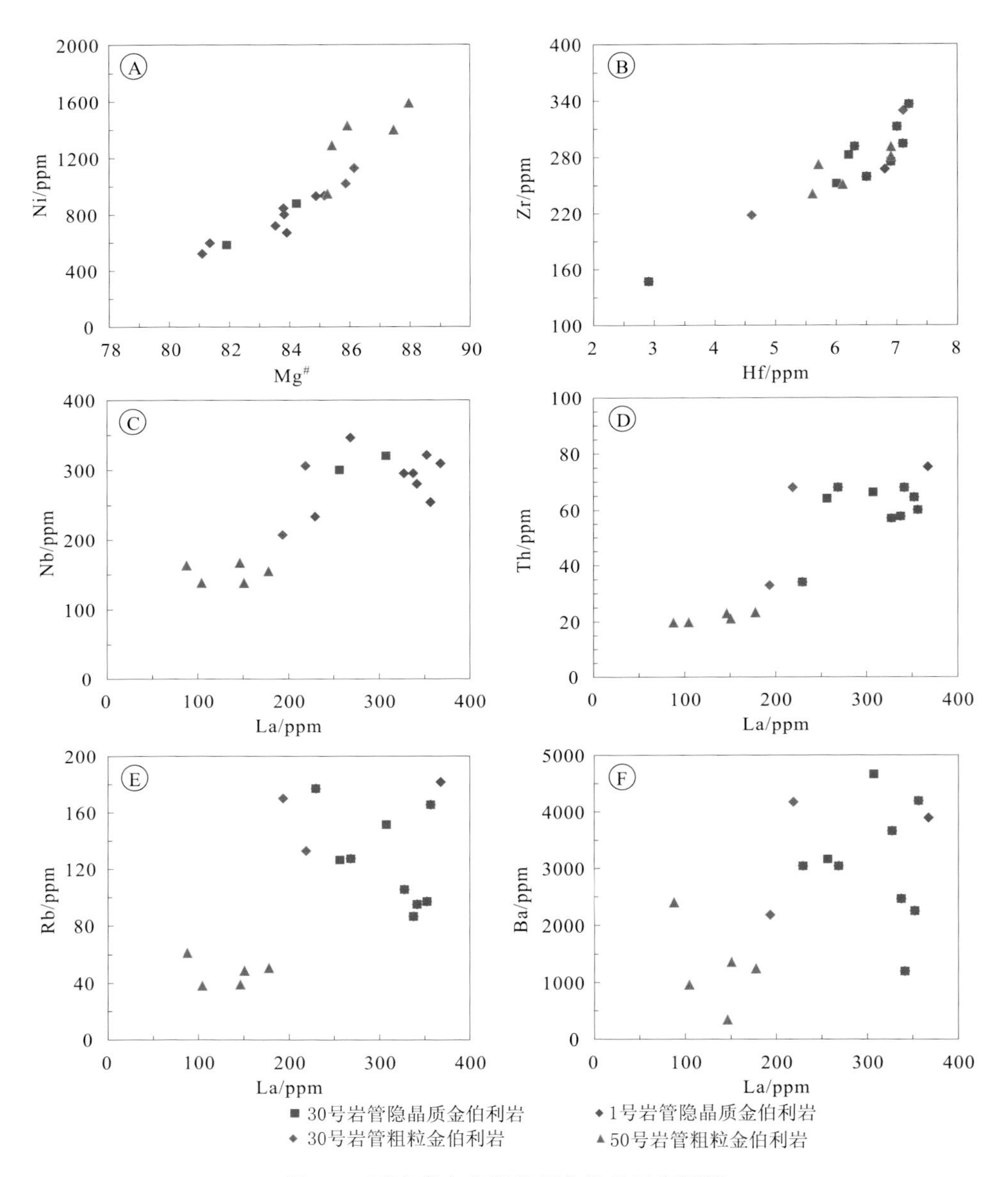

图 5-2　瓦房店金伯利岩部分微量元素图解

ppm：10^{-6}

6.55～11.76，$(La/Yb)_N$ 为 127～245。轻稀土元素非常富集，标准化后的 La 含量 1.2～5.3 倍于球粒陨石。整体上，相比较于粗粒金伯利岩，隐晶质金伯利岩具有更高的稀土含量（图 5-3）。不同岩管之间的金伯利岩稀土元素含量及特征没有明显不同。

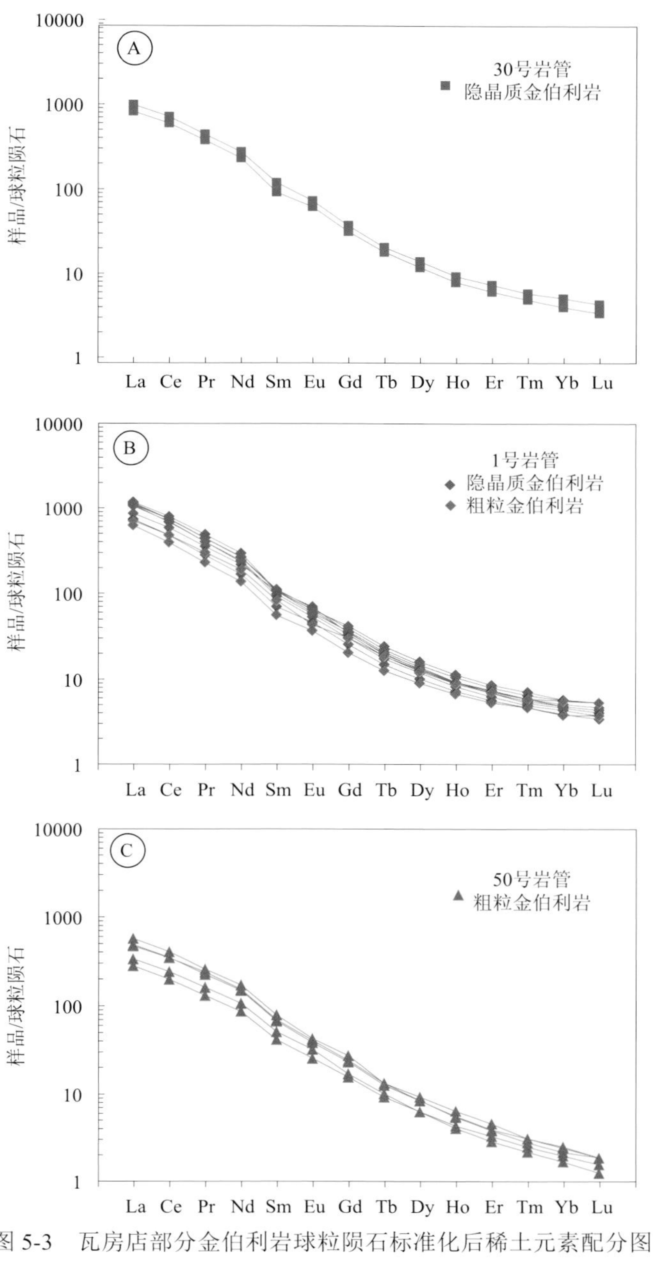

图 5-3　瓦房店部分金伯利岩球粒陨石标准化后稀土元素配分图

标准值来自于 Boynton（1984）

原始地幔标准化后的微量元素蛛网图上，瓦房店金伯利岩曲线相互平行（图 5-4）。它们非常富集不相容元素（200～500 倍于原始地幔）。所有金伯利岩样品均显示了 Rb、Sr、K 和 Ti 负异常。用 δX 表示程度负异常（$\delta X = X/X^*$，X^*

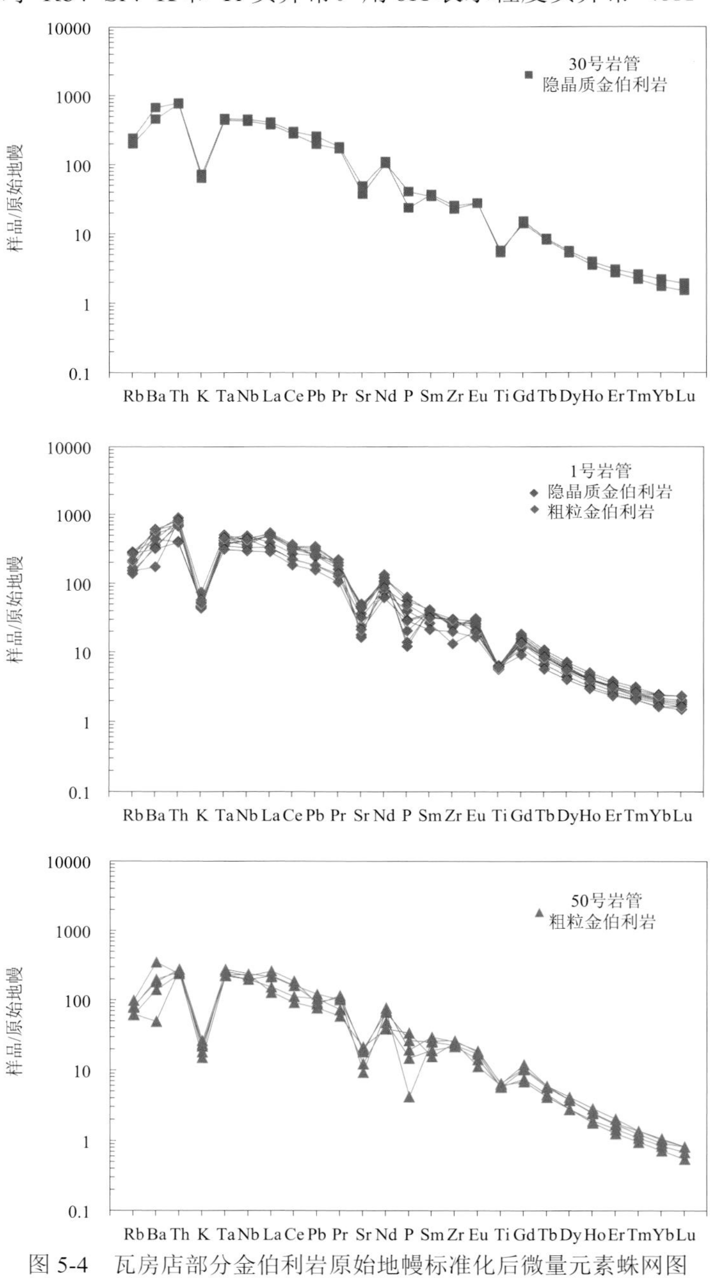

图 5-4　瓦房店部分金伯利岩原始地幔标准化后微量元素蛛网图

标准值来自于 Sun 和 McDonough（1989）

为 X 元素两侧元素在原始地幔标准化后的平均值）。δK 为 0.07～0.13，δSr 为 0.10～0.44，δTi 为 0.25～0.66。整体上来说，相比较于粗粒金伯利岩，隐晶质金伯利岩含有更高的不相容元素含量。不同岩管之间的金伯利岩微量元素含量及特征没有明显不同。

5.2.4 Sr-Nd 同位素特征

本次 Sr-Nd 同位素分析中，金伯利岩年龄用 480 Ma（Dobbs et al., 1991; Li et al., 2011; Yang et al., 2009; Yin et al., 2005; 张宏福和杨岳衡, 2007），结果见附录II表 2。未受到地壳混染样品 Sr 和 Nd 同位素变化小[$^{87}Sr_t/^{86}Sr_t$=0.7036～0.7053, $\varepsilon_{Nd}(t)$=–2.93～–1.53]；受到地壳混染样品 Sr 和 Nd 同位素变化大[$^{87}Sr_t/^{86}Sr_t$=0.6970～0.7122，$\varepsilon_{Nd}(t)$=–3.83～–1.93]。受到地壳混染样品与以往发表的华北克拉通金伯利岩全岩 Sr-Nd 同位素数据一致（$^{87}Sr_t/^{86}Sr_t$= 0.7041～0.7137，$\varepsilon_{Nd}(t)$ = –3.40～–0.20，张宏福和杨岳衡, 2007），未受到地壳混染样品与蒙阴金伯利岩中钙钛矿 Sr-Nd 同位素特征一致（$^{87}Sr_t/^{86}Sr_t$= 0.7036～0.7060，$\varepsilon_{Nd}(t)$= –0.24～1.27，Yang et al., 2009）。与南非金伯利岩相比，瓦房店金伯利岩 Sr、Nd 同位素介于南非 I 型金伯利岩和II型金伯利岩之间（图 5-5，Smith, 1983; Heaman, 1989; Becker and Le Roex, 2006, Becker et al., 2007）。

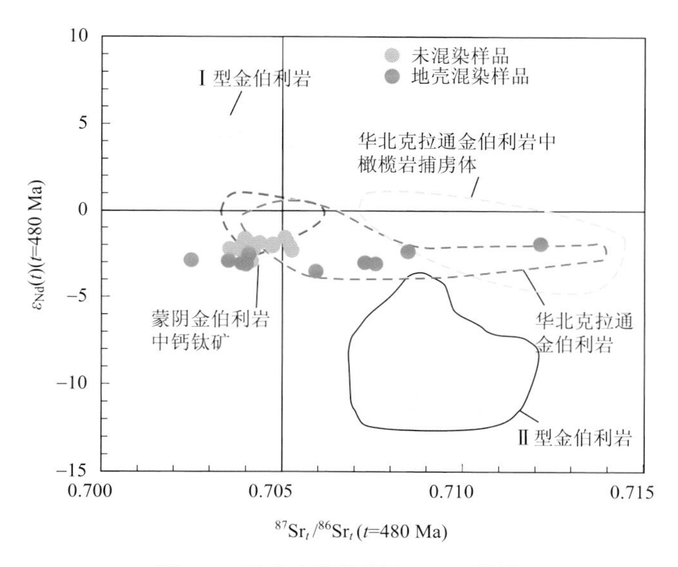

图 5-5　瓦房店金伯利岩 Sr-Nd 图解

金伯利岩年龄为 480 Ma。南非 I 型金伯利岩和II型金伯利岩区域来自于文献 Smith（1983）、Heaman（1989）、Becker 和 Le Roex（2006）、Becker 等（2007）。华北克拉通金伯利岩 Sr-Nd 同位素数据来自于张宏福和杨岳衡（2007），橄榄岩捕虏体 Sr-Nd 同位素数据来自于 Zhang 等（2008），金伯利岩中钙钛矿 Sr-Nd 数据来自于 Yang 等（2009）

5.3 岩石学成因

在以下内容中，笔者将逐步讨论不同地质过程对金伯利岩原始岩浆成分的影响，评估最接近金伯利岩原始岩浆的成分组成。在此基础上，笔者将讨论原始岩浆岩石学成因和源区特征及演化。

5.3.1 低温蚀变作用

金伯利岩是一种非常易破碎的岩石，非常容易受到蚀变作用的影响（Berg and Allsopp, 1972）。同时，金伯利岩岩浆中的初始挥发分含量非常高，当岩浆发生结晶作用固结时，这些挥发分会趋向于形成流体相。这一过程被金伯利岩中广泛存在的隐晶质结晶蛇纹石和方解石所证实（Mitchell, 1986）。除了原生的晚阶段岩浆流体，大气降水的渗透也会引起蚀变作用。岩相学观察结果表明瓦房店金伯利岩基质中含有大量的细粒蛇纹石和方解石，这些矿物组成了金伯利岩的骨架结构。结合无处不在的后期蛇纹石化和碳酸盐化，表明瓦房店金伯利岩受到了低温的蚀变作用影响。

岩浆结晶晚期的低温交代作用会对金伯利岩的全岩地球化学成分造成重要的影响，特别是碱性元素（Rb、K、Sr、Ba）和 Sr 同位素（Barrett and Berg, 1975; Becker and Le Roex, 2006; Giuliani et al., 2017; Le Roex et al., 2003）。相比较而言，高场强元素（HFSE）和稀土元素（REE）几乎不受影响。因蚀变作用影响而引起的碱性元素含量变化可以通过其与不活动元素（比如 Zr、Nb、La、Hf 和 Th）含量是否同步变化来判别。以不活动元素 La 为例，它与其他不活动元素展现了良好的线性关系（图 5-2C 和 D），然而与碱性元素（K、Rb、Ba 等）呈散点状分布（图 5-2E 和 F）；另外，相比较于 Nd 同位素，金伯利岩的 Sr 同位素变化范围较大（图 5-5）。以上结果表明这些碱性元素含量受到了蚀变作用影响。虽然这些碱性元素的含量发生了一定的变化，但考虑到它们的绝对含量很高，变化的值相对于绝对值是比较小的，因此蚀变作用引起的含量变化影响是有限的，碱性元素的含量依然可以为岩石学成因提供一定的信息。当然，这些信息是建立在非常细致的分辨之上的。

5.3.2 地壳混染

金伯利岩岩浆从源区运移到地表的过程中，会捕获大量的地幔和地壳岩石，其中地壳岩石占主导地位（Mitchell, 1986, 1995）。瓦房店金伯利岩也不例外，无论是手标本还是在显微镜下，都可以在大多数样品中发现这类捕虏体。虽然在前期样品预处理过程中，在将金伯利岩研磨成粉末样和进行化学分析之前，笔者已经尽可能地将地壳岩石碎块从金伯利岩中剔除，但考虑到金伯利岩的围岩是一些熔融温度很低的岩石（页岩和泥岩），不排除有一些围岩颗粒在金伯利岩完全固结之前，已经部分或者全部地被金伯利岩岩浆同化吸收。

图 5-6 展示了围岩岩石的同化混染对瓦房店金伯利岩全岩地球化学成分的影响。在 SiO_2—MgO 图解中，受到地壳混染的样品以低的 MgO 含量和升高的 SiO_2 含量，可以与未受到地壳混染的样品相互区分开来。混染的金伯利岩样品之所以具有更高的 Si，是因为瓦房店地区的上地壳岩石比金伯利岩具有更高的 Si 和 Mg。混染指数 C.I.—$(SiO_2+Al_2O_3+Na_2O)/(MgO+2\times K_2O)$，可以较好地反映金伯利岩受壳源岩石的混染程度（Clement, 1982）。根据南非金伯利岩的研究，Clement 认为无混染的金伯利岩 C.I.值在 1 左右，最高到 1.5，受混染的金伯利岩 C.I.＞1.5。本书研究中，作者计算了瓦房店地区金伯利岩的 C.I.。虽然所有样品的 C.I.均小于 1.5，但是受到地壳混染的金伯利岩样品明显具有更高的 C.I.（1.2～1.34），而没有受到地壳混染的金伯利岩样品具有低的 C.I.（1.0～1.2）（图 5-6B）。瓦房店金伯利岩具有低的重稀土元素含量（HREE）和陡峭的稀土配分曲线，而金伯利岩围岩

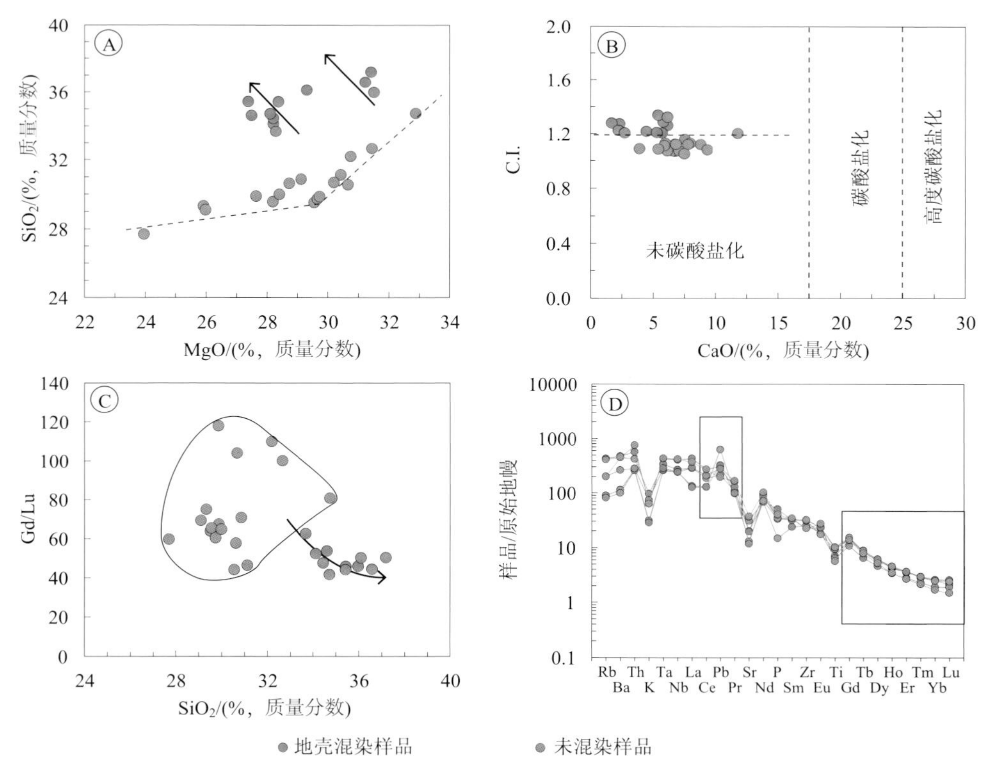

图 5-6　瓦房店地壳混染金伯利岩样品和未混染样品图解

A. SiO_2—MgO 图解；B. 地壳混染指数图解（C.I.）；C. Gd/Lu—SiO_2 图解；D. 原始地幔标准化微量元素图解。地壳混染样品表现出正 Pb 异常和升高的重稀土（HREE）含量。标准化值来自于 Sun 和 McDonough（1989）

地壳岩石具有相对高的重稀土元素含量和平缓的稀土配分曲线。因此当金伯利岩混染这些地壳围岩时，金伯利岩的重稀土元素含量将会发生较大的变化。在 Gd/Lu—SiO_2 图解上（图 5-6C），受到地壳混染的金伯利岩含有低的 Gd/Lu 值，而未受到地壳混染的金伯利岩样品 Gd/Lu 值较高。图 5-6D 展示了瓦房店金伯利岩原始地幔标准化后的微量元素特征，为了图版的清晰，这里仅展示了部分样品数据。在该图上，未受到地壳混染的金伯利岩样品几乎不显示 Pb 异常，而受到地壳混染的金伯利岩样品则显示了不同程度的 Pb 正异常。

在金伯利岩原始岩浆成分和岩石学成因的研究中，作者仅将未受到地壳混染的样品投绘于相关图解（图 5-1～图 5-4，图 5-7～图 5-12），而受到地壳混染的样品是被排除之外的。这里未受到地壳混染的样品是指金伯利岩样品不具有以上讨论的受到地壳混染样品的任何一条特征。基于以上原则，从 28 件瓦房店分析样品中挑选出 17 件未受到地壳混染金伯利岩样品。

5.3.3　分离结晶作用

全球不同地区金伯利岩的研究表明，金伯利岩岩浆从源区运移到浅地表的过程中，由于岩浆温度和压力的降低，会发生橄榄石、金云母和其他矿物相（如方解石）的分离结晶作用（Coe et al., 2008; Harris et al., 2004; Le Roex et al., 2003）。瓦房店金伯利岩一系列的岩相学和全岩地球化学特征表明这些岩石发生了不同程度的分离结晶作用。比如，当 Mg 指数和 SiO_2 含量下降时，金伯利岩的 Ni 和 Co 元素含量有规律地降低（图 5-2）。瓦房店金伯利岩具有宽的 Ni 和 Mg 指数变化范围，这表明这些岩石发生了橄榄石的分离作用。在主量元素双斜变图上，当 MgO 含量下降时，金伯利岩的 K_2O 和 Al_2O_3 含量几乎不变（图 5-1），这表明岩浆可能发生了金云母的分离结晶作用。瓦房店金伯利岩的 TiO_2 含量比较低，并不如只有橄榄石分离结晶作用的金伯利岩那样富集，同样支持发生了金云母的分离结晶作用（Coe et al., 2008）。当金伯利岩发生方解石分离结晶作用时，岩石的 Fe_2O_3 会随着 MgO 减少而有规律地增多（Le Roex et al., 2003），而瓦房店金伯利岩的 Fe_2O_3 含量变化不大（图 5-1），这表明这些岩石并没有发生方解石的分离结晶作用。综上所述，瓦房店隐晶质金伯利岩经历了橄榄石和金云母的分离结晶作用。这与岩相学观察结果（缺少大量的橄榄石和金云母斑晶）是一致的。

瓦房店隐晶质金伯利岩的主量元素计算结果表明，其发生了 1%～32%的橄榄石和金云母分离结晶作用，其中橄榄石和金云母的比率为 65∶35（图 5-7B）。通过金伯利岩的 Ni 和 Mg 指数变化范围计算的岩浆结晶分离程度为 1%～35%（图 5-7A），这与主量元素计算的结果是一致的。稀土元素（REE）在橄榄石和金云母中是不相容元素，因此当这两种矿发生结晶分离时，岩浆中的稀土元素含量会整体升高。如图 5-8 所示，瓦房店隐晶质金伯利岩的稀土元素配分曲线整体平行，这与橄榄石和金云母的结晶分离是一致的。通过计算，32%的橄榄石和金云母分离结晶可以形成隐晶质金伯利岩稀土元素的变化范围。

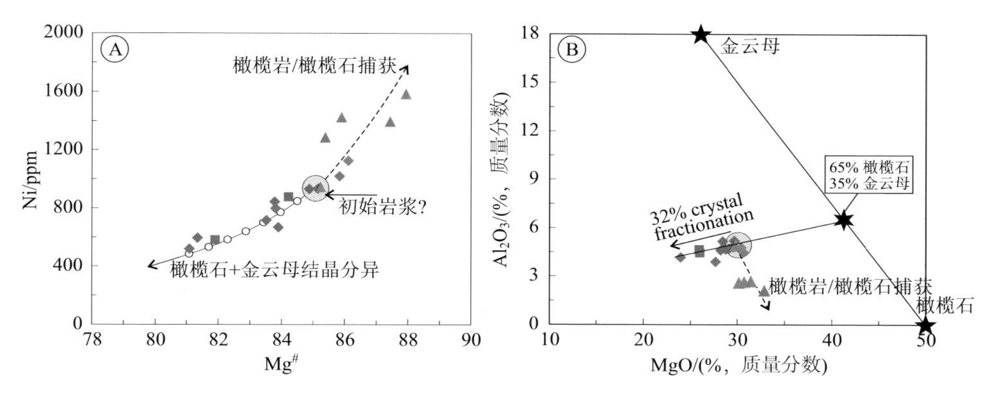

图 5-7　瓦房店金伯利岩 Ni—Mg 指数图解（A）和 Al_2O_3—MgO 图解（B）

金伯利岩的成分变化表明这些岩石发生了高达 32%的橄榄石和金云母分离结晶作用，其中橄榄石和金云母的比例为 65∶35。橄榄石分离结晶曲线是通过化学平衡计算得到的。橄榄石 Fe-Mg 分配系数 $K_D^{Fe\text{-}Mg}$ 为 0.36（Herzberg and O′Hara, 2002）。橄榄石中 Ni 分配系数 D_{Ol}^{Ni} 为 124/MgO–0.9（Hart and Davis, 1978）。金云母 Ni 分配系数 D_{Phl}^{Ni} 为 $D_{Ni}^{Ol}\times 0.5$（Grégoire et al., 2003）。灰色圈表明瓦房店金伯利岩原始岩浆成分。图例同图 5-1

5.3.4　地幔岩石捕获作用

I 型金伯利岩的研究表明，金伯利岩岩浆从源区运移到地壳的过程中，会捕获周围的地幔橄榄岩。这些橄榄岩被部分或者全部同化后，会改变金伯利岩的岩浆成分（Becker and Le Roex, 2006; Coe et al., 2008; Harris et al., 2004; Le Roex et al., 2003）。粗晶橄榄岩中的粗晶常呈它形，与橄榄岩捕虏体中的矿物化学成分相似。这种粗粒矿物，特别是粗粒橄榄石，被认为是橄榄岩捕虏体在金伯利岩岩浆中裂解后形成的橄榄石捕虏晶（Clement, 1982; Clement et al., 1984; Le Roex et al., 2003）。粗粒橄榄石是地幔捕虏晶，而不是由金伯利岩岩浆直接结晶形成，这种认识对于评估金伯利岩岩浆原始成分是非常重要的。瓦房店金伯利岩含有一系列地幔来源的捕虏体，包括二辉橄榄岩、石榴子石橄榄岩和辉石岩（Zhang et al., 2008; Zheng et al., 2006）。另外，在金伯利岩中可以发现多种捕虏晶，包括石榴子石、橄榄石和铬铁矿，其中橄榄石占主导地位，石榴子石和铬铁矿含量较少（Zhang et al., 2010; Zhu et al., 2017, 2019a, 2019b）。

瓦房店粗粒金伯利岩的成分变化是可以用地幔捕虏体和捕虏晶的捕获作用来解释的（图 5-7 和图 5-8）。相比较于瓦房店金伯利岩，地幔捕虏体含有更多的 Ni 元素含量和更高的 Mg 指数（Zhang et al., 2008; Zheng et al., 2006）。因此，当金伯利岩岩浆捕获这些地幔岩石时，岩浆中的 Ni 和 Mg 指数会升高，岩浆的 MgO 含

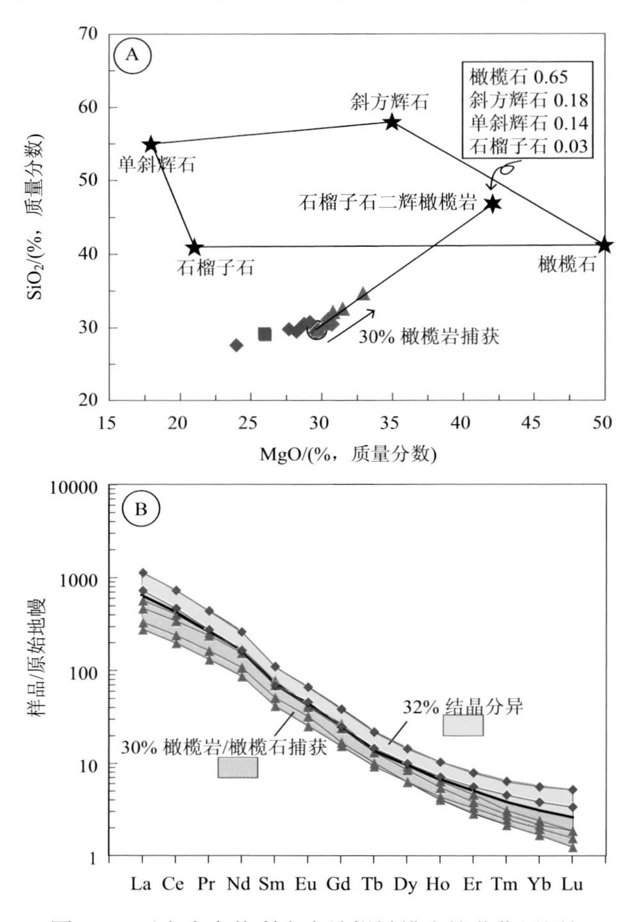

图 5-8　瓦房店金伯利岩中地幔橄榄岩捕获作用图解

A. SiO_2—MgO 图解，地幔二辉橄榄岩中橄榄石、斜方辉石、单斜辉石和石榴子石成分来自于 Zheng 等（2006）；二辉橄榄岩中的矿物比例来自于文献郑建平（1989）、Zheng 等（2006）。B. 球粒陨石标准化后的瓦房店金伯利岩稀土元素配分图（部分样品，为了图的清晰）。粗粒金伯利岩样品中稀土元素的变化是由高达 30%的地幔橄榄岩捕获体引起的，隐晶质金伯利岩中稀土元素的变化是由高达 32%的橄榄石和金云母分离结晶引起的。标准化值来自于 Boynton（1984）。图例同图 5-1

量也会升高。在图 5-7A 中，瓦房店金伯利岩比原始岩浆成分有更高的 Ni 含量（原始岩浆成分会在 5.3.5 节讨论），这表明这些金伯利岩可能捕获并消化了一定量的地幔橄榄岩。在 SiO_2 和 MgO 成分变化图解上（图 5-8A），瓦房店金伯利岩展示了很好的成分趋势，该成分趋势变化线可以延伸到地幔捕虏体成分范围（Zhang et al., 2008; Zheng et al., 2006），表明这些成分变化可以用原始岩浆成分和地幔橄榄岩捕虏体的混合来解释。橄榄岩捕虏体的矿物比例为：橄榄石 65%、斜方辉石 18%、单斜辉石 14%和石榴子石 3%。通过计算，瓦房店金伯利岩的成分变化是由

1%～30%的地幔橄榄岩捕虏体引起的，岩相学的观察也支持了这一结论。与金伯利岩原始成分相比，地幔捕虏体中的矿物具有可忽略的稀土元素含量（Zhang et al., 2000; Zheng et al., 2006; Zhang et al., 2008; Zhu et al., 2019a, 2019b）。因此当金伯利岩岩浆捕虏地幔岩石后，岩浆中的稀土元素绝对含量将会整体降低，稀土元素配分曲线将会相互平行。如图 5-8B 所示，瓦房店粗粒金伯利岩稀土元素配分曲线整体平行，跟原始岩浆稀土元素含量相比，其他金伯利岩样品中稀土元素含量偏低，这表明地幔岩石的捕获作用导致了稀土元素的变化。通过计算，瓦房店粗粒金伯利岩经历了最高达 30%的地幔橄榄岩捕获作用。

5.3.5　原始岩浆成分

考虑到瓦房店金伯利岩经历了分离结晶作用（隐晶质金伯利岩）和地幔橄榄岩捕获作用（粗粒金伯利岩），金伯利岩原始岩浆（未发生以上两种作用）的成分应落在以上两种作用导致的成分变化趋势线交接点（Coe et al., 2008; Le Roex et al., 2003）。举个例子，原始岩浆成分应落在粗粒金伯利岩中最低 SiO_2 和 MgO，和隐晶质金伯利岩中最高 SiO_2 和 MgO 的地方（图 5-1A）。根据瓦房店两种结构金伯利岩成分变化趋势，瓦房店金伯利岩原始岩浆成分为～29.7% SiO_2，～29.7% MgO，$Mg^{\#}$～85，～5% Al_2O_3，～1.3%TiO_2，～1.3% K_2O，～7.0% CaO，10.0% Fe_2O_3 和 950×10^{-6} Ni（其他元素见附录Ⅱ表 1）。该成分与南非 Kaapvaal 克拉通和加拿大克拉通上的 I 型金伯利岩成分相似，后者成分为 25%～32% SiO_2，22%～31% MgO，$Mg^{\#}$ 82～87，2%～5% Al_2O_3，1%～3% TiO_2，0.5%～2% K_2O 和 9%～17% CaO（Le Roex et al., 2003; Harris et al., 2004; Becker and Le Roex, 2006; Kopylova et al., 2007; Coe et al., 2008; Kjarsgaard et al., 2009; Stamm et al., 2018）。非常值得注意的是，瓦房店金伯利岩原始岩浆的 Mg 指数和全球范围内的金伯利岩 Mg 指数一致，后者为（84 ± 1）（Giuliani et al., 2020）。瓦房店金伯利岩原始岩浆成分与通过碳酸岩化二辉橄榄岩熔融实验获得的金伯利岩成分是一致的，后者为 20%～36% SiO_2，26%～30% MgO（Dalton and Presnall, 1998）。

瓦房店地区 I 型金伯利岩原始岩浆成分具有高的 Mg 指数，这表明与金伯利岩原始岩浆达到平衡的岩浆源区具有难熔的特征。通过计算，源区的残留橄榄石具有 94%的镁橄榄石端元（Fo，橄榄石-熔体分配系数 $K_D^{Fe\text{-}Mg}$ 为 0.36）。计算的镁橄榄石 Fo 值和华北克拉通金伯利岩中地幔岩中橄榄石 Fo 值是一致的，后者为 92～94（池际尚等, 1996a; Zhao, 1998; Zheng et al., 2006; 郑建平和路凤香, 1999）。

5.3.6　部分熔融模型

实验研究表明，当压力为 3～8 GPa，碳酸岩化石榴子石橄榄岩通过低程度的部分熔融可以形成 I 型金伯利岩岩浆（Canil and Scarfe, 1990; Dalton and Presnall, 1998）。当深度为 200 km，碳酸岩化石榴子石橄榄岩部分熔融达到 0.3%时，可以形成碳酸岩岩浆；部分熔融程度为 1%时，可以形成金伯利岩岩浆（Dalton and Presnall, 1998）。天然金伯利岩样品的部分熔融模拟计算表明这些岩石原始岩浆可以由石榴子石二辉橄榄岩通过 0.5%～2.0%的部分熔融形成（Coe et al., 2008; Harris et al., 2004; Le Roex et al., 2003）。瓦房店金伯利岩的源区压力大约为 7.5 GPa（图 5-9），该压力比通过金伯利岩中的石榴子石估算的压力略高，后者为 5.0～7.4 GPa（Zhu et al., 2019b）。瓦房店高的源区压力表明 Dalton 和 Presnall（1998）的部分熔融模型可以应用到此次研究中。通过瓦房店金伯利岩的主量元素（SiO_2、Al_2O_3 和 MgO）与 Dalton 和 Presnall（1998）的模型对比，瓦房店金伯利岩大约通过 0.6%～0.7%的部分熔融形成。瓦房店金伯利岩原始岩浆的 CaO 含量比 Dalton 和 Presnall（1998）的模型要低得多。瓦房店金伯利岩富集不相容元素，重稀土元素相对亏损（图 5-2，附录Ⅱ表 1），这些特征也支持瓦房店金伯利岩原始岩浆是由低程度部分熔融形成的。在本书研究中，作者使用 1%作为源区部分熔融程度，该值和金伯利岩岩浆形成实验中获得的部分熔融系数（Dalton and Presnall, 1998）以及南非金伯利岩原始岩浆模拟计算中使用的部分熔融系数一致（Becker and Le Roex, 2006; Coe et al., 2008; Harris et al., 2004; Le Roex et al., 2003）。

除了部分熔融系数，金伯利岩原始岩浆成分也受控于源区矿物特征。瓦房店金伯利岩具有低的重稀土元素（HREE）含量（图 5-3），这表明源区含有残留的石榴子石相。瓦房店金伯利岩中的交代橄榄岩捕虏体含有富轻稀土的单斜辉石（Zheng et al., 2006），这种辉石被认为是地幔源区发生部分熔融时控制稀土元素的矿物。瓦房店金伯利岩的源区含有石榴子石橄榄岩，根据矿物相分析，该橄榄岩中含有 65%橄榄石、18%斜方辉石、14%单斜辉石和 3%石榴子石（Zhang et al., 2008; 郑建平, 1989; Zheng et al., 2006）。考虑到金伯利岩非常亏损 Si 元素，最合适的矿物-熔体分配系数应限制在 Si 不饱和的岩浆系统，比如玄武岩或者碳酸岩的分配系数（Dasgupta et al., 2009）。本书研究中使用的矿物-熔体分配系数来自于 Le Roex 等（2003）。该分配系数也被广泛地使用在金伯利岩原始岩浆部分熔融模拟中（Becker and Le Roex, 2006; Coe et al., 2008; Harris et al., 2004; Le Roex et al., 2003）。

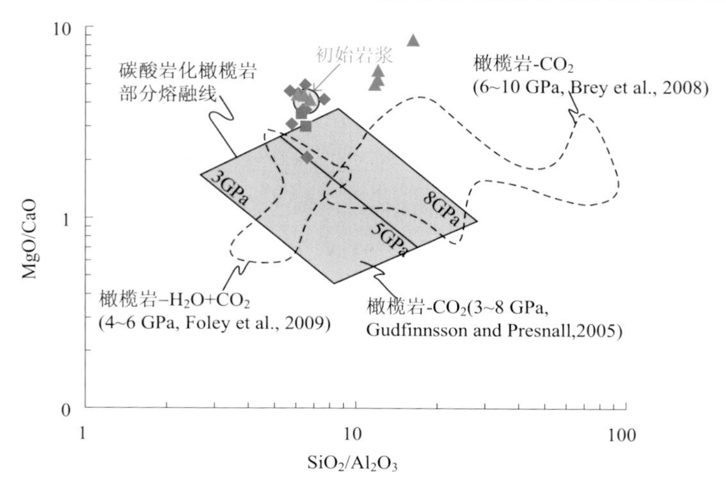

图 5-9　瓦房店金伯利岩 MgO/CaO—SiO_2/Al_2O_3 图解

灰色区域为 3GPa、5GPa 和 8GPa 时合成的碳酸岩化橄榄岩的成分组成（Gudfinnson and Presnall, 2005）。灰色虚线代表了 4～6 GPa 时合成的碳酸岩化橄榄岩的成分组成（有金云母，Foley et al., 2009）以及 6～10 GPa 时合成的碳酸岩化橄榄岩的成分组成（无金云母，Brey et al., 2008）

5.3.7　源区特征

基于以上的部分熔融模拟参数（部分熔融程度为 1%）计算获得的与瓦房店金伯利岩原始岩浆平衡的源区成分含有非常富集的轻稀土元素（大约 10 倍于球粒陨石）和相对低的重稀土元素（0.7 倍于球粒陨石）（图 5-10）。源区的 $(La/Sm)_N$ 为 4.3、$(La/Yb)_N$ 为 20.0。源区的重稀土含量取决于模拟时使用的源区残留石榴子石含量（Harris et al., 2004; Le Roex et al., 2003）。在原始地幔标准化后微量元素图解上，预测的源区成分也非常富集不相容元素。以 Nb 为例，它的含量相当于 3、4 倍于原始地幔（图 5-10B）。非常值得注意的是，通过计算获得的地幔源区成分落在华北克拉通石榴子石二辉橄榄岩捕虏体成分范围内（图 5-10，Zhang et al., 2008; Zheng et al., 2007; 郑建平和路凤香，1999）。

在原始地幔标准化后的微量元素蛛网图上，瓦房店金伯利岩原始岩浆显示了明显的 Rb、K、Sr 和 Ti 负异常（图 5-10）。这些元素的负异常也出现在粗粒和隐晶质金伯利岩中（图 5-11）。Rb 和 K 的负异常程度是非常大的（例如 $K/K^*=0.13$）。所有的金伯利岩都含有 K 和 Rb 负异常，并且这些异常元素的变化和岩浆作用过程是同步的，因此这些元素的负异常特征被认为是金伯利岩初始岩浆的原始特征。考虑到 Rb 和 K 是活动性元素，因此这些元素的绝对含量可能会受到一定的影响。如果瓦房店金伯利岩的原始岩浆不含有 K 负异常，那么岩浆最初含有大约 7.0% K_2O，并且经历 >50%的金云母分离结晶，然后才能造成现在样品的 K 含量（1%～

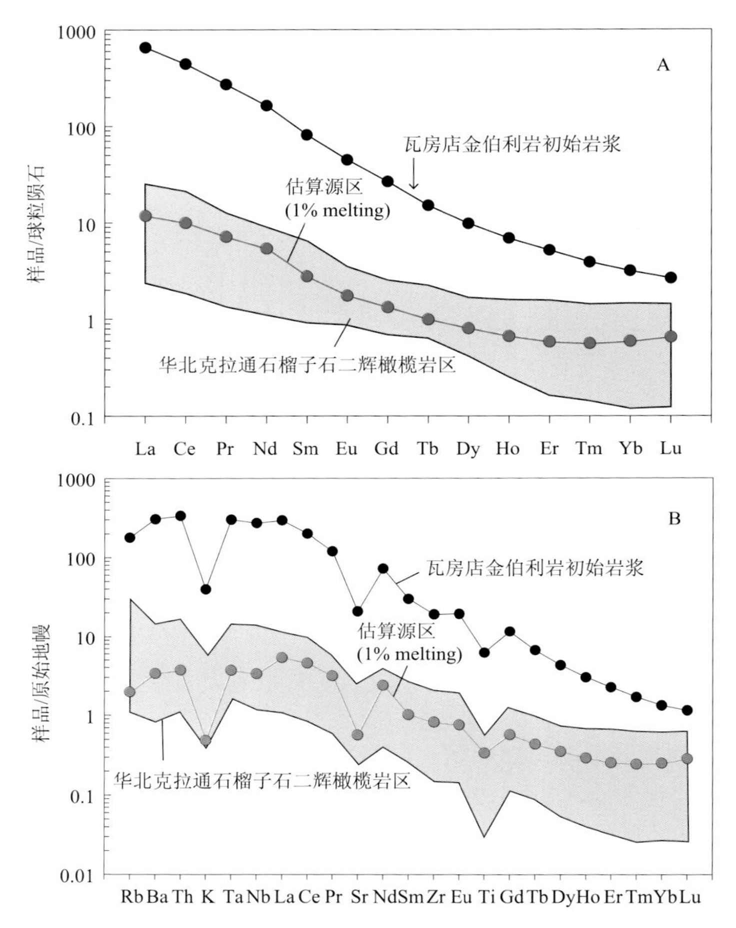

图 5-10　瓦房店金伯利岩原始岩浆稀土元素配分图（A）和微量元素蛛网图（B）

源区成分是通过部分熔融模拟计算得到的（假设部分熔融程度为 1%）。源区残留矿物相为：65% 橄榄石、18%斜方辉石、14%单斜辉石和 3%石榴子石。球粒陨石值来自于 Boynton（1984）。灰色区域代表了华北克拉通石榴子石二辉橄榄岩成分范围（池际尚等, 1996b; Zhang et al., 2008; Zheng et al., 2006; 郑建平和路凤香, 1999）

2%K_2O）。由于橄榄石和金云母的结晶分离比率为 65∶35（图 5-7B），整个岩浆需要更大的分离结晶程度才能造成 K 的负异常。考虑到瓦房店金伯利岩中的金云母相占岩石的比例较小，因此，K 负异常被认为是原始岩浆的特征。金伯利岩的 Sr 元素负异常程度也较大（$Sr/Sr^* = 0.21$），然而考虑到 Sr 元素的变化和岩浆作用过程是一致的（图 5-2），Sr 元素的负异常也被解释为原始岩浆的特征。金伯利岩的 Ti 元素负异常程度为 0.39（Ti/Ti^*）。当金伯利岩的 Mg 指数下降时，TiO_2 保持不变（图 5-1），这表明没有含 Ti 的矿物（例如钛铁矿、钙钛矿）发生分离结晶作用。另外，瓦房店金伯利岩缺少 Nb 和 Ta 的负异常，也证实了没有含 Ti 矿物的分离。考虑到没有含 Ti 矿物的分离结晶作用，金伯利岩原始岩浆的 Ti 负异常被认为是原始特征。

对于金伯利岩源区残留相矿物，Rb、K、Sr 和 Ti 元素都是不相容元素。因此瓦房店金伯利岩原始岩浆的 Rb、K、Sr 和 Ti 元素负异常表明源区也存在这些元素的负异常（图 5-10B）。地幔捕虏体的研究表明华北克拉通金伯利岩中的石榴子石二辉橄榄岩存在以上元素的负异常（Zhang et al., 2008; Zheng et al., 2006）。金伯利岩地幔源区的 Ti 负异常可能是假象，可能是部分熔融模拟时使用了不合适的分配系数。单斜辉石中 Ti 分配系数对于压力的变化是非常敏感的（Hill et al., 2000）。考虑到瓦房店金伯利岩具有非常高的源区压力（图 5-9），实际的单斜辉石分配系数可能比本次模拟中使用的数值要高。如果把单斜辉石 Ti 分配系数提高到 0.4，那么曲线的 Ti 负异常将消失（图 5-10）。然而，考虑到金伯利岩源区成分 Nb 和 Ta 并不显现亏损的特征，地幔橄榄岩捕虏体中石榴子石也出现 Ti 的负异常特征（Zhang et al., 2008; Zheng et al., 2006），金伯利岩源区本身具有 Ti 负异常是更合理的解释。华北克拉通的石榴子石二辉橄榄岩捕虏体呈现 K 和 Sr 的负异常（原始地幔标准化后）。这些元素负异常的强度和瓦房店金伯利岩相关元素负异常的强度是一致的，这表明 K 和 Sr 的负异常是源区特征。

虽然瓦房店金伯利岩大部分的全岩地球化学变化可能归功于橄榄岩捕获作用和矿物分离结晶作用，$(La/Yb)_N$ 的变化是不能由这些过程来解释的。相反，源区石榴子石橄榄岩不同程度的部分熔融可以造成 $(La/Yb)_N$ 的变化。通过 Gd/Yb—La/Sm 和 $(La/Yb)_N$—Ce 上的部分熔融曲线图解，瓦房店金伯利岩是由源区 0.5%～2.0%的部分熔融形成的（图 5-11）。

综上所述，部分熔融模型揭示瓦房店金伯利岩的源区非常富集轻稀土元素（10 倍于球粒陨石），亏损重稀土元素（0.7 倍于球粒陨石）和 Rb、K、Sr、Ti。瓦房店金伯利岩是由源区通过 0.5%～2.0%部分熔融形成的。

5.3.8　地幔源区演化

瓦房店金伯利岩富集不相容元素和轻稀土元素（图 5-10），这表明它的地幔源区非常富集这些微量元素。瓦房店金伯利岩一些不相容元素比值，如 Nb/U= 26～58 和 Ce/Pb=10～20，表明这些元素可能来自于岩石圈地幔下的转换地幔（图 5-12）。其他不相容元素比值（例如 La/Th = 4.4～7.6，Nb/Th = 4.1～7.3，La/Nb = 0.8～1.4，Ba/Nb = 7～16，Th/Nb = 0.12～0.24）与 OIB 相似（Becker and Le Roex, 2006; Le Roex et al., 2003）。另外，瓦房店金伯利岩初始 $^{87}Sr_t/^{86}Sr_t$ 值为 0.70371，$\varepsilon_{Nd}(t)$ 为 0.13 ± 0.22 （Yang et al., 2009），支持 OIB 来源成因。与之相反的是，预测的地幔源区成分显示了重稀土元素亏损特征（图 5-10），这表明该源区经历了一次亏损事件。另外，预测的原始岩浆具有高的 Mg 指数（0.85），结合华北克拉通中

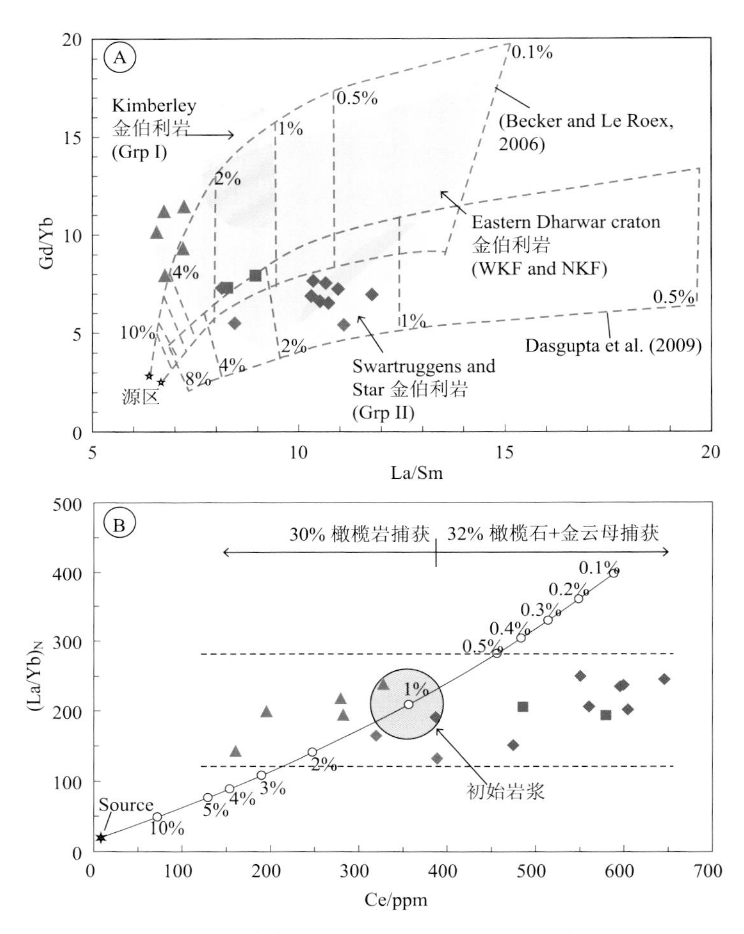

图 5-11　瓦房店金伯利岩岩浆源区部分熔融作用图解

A. 金伯利岩 Gd/Yb—La/Sm 图解。来自于文献 Becker 和 Le Roex（2006）的曲线代表了 Ⅰ 型和 Ⅱ 型金伯利岩的源区特征。该源区具有以下的矿物相组成：Ⅰ 型金伯利岩，橄榄石∶斜方辉石∶单斜辉石∶石榴子石= 0.67∶0.26∶0.04∶0.03; Ⅱ 型金伯利岩，橄榄石∶斜方辉石∶单斜辉石∶石榴子石= 0.67∶0.26∶0.06∶0.01。曲线上的数字代表部分熔融程度。粉色的曲线来自于文献 Dasgupta 等（2009），该曲线展示了不同程度的部分熔融形成的金伯利岩岩浆成分。Ⅰ 型金伯利岩区域来自于文献 Le Roex 等（2003）, Swartruggens and Star Ⅱ 型金伯利岩来自于文献 Coe 等(2008)，Eastern Dharwar 克拉通上的 WKF and NKF 过渡性金伯利岩来自于文献 Chalapathi Rao 等(2004)。B. 瓦房店金伯利岩 $(La/Yb)_N$—Ce 图解。源区矿物相组成为橄榄石：斜方辉石∶单斜辉石∶石榴子石=0.65∶0.18∶0.14∶0.03。瓦房店金伯利岩是由源区 0.5%～2.0%的部分熔融形成的。图例同图 5-1

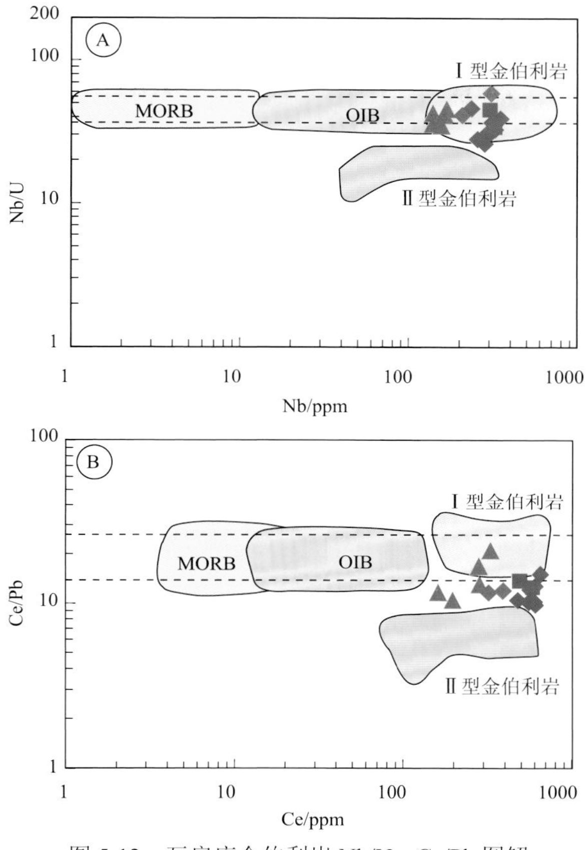

图 5-12　瓦房店金伯利岩 Nb/U—Ce/Pb 图解

洋岛玄武岩（OIB）、洋中脊玄武岩（MORB）、Ⅰ型和Ⅱ型金伯利岩区域来自于 Le Roex 等（2003）。图例同图 5-1

的石榴子石二辉橄榄岩中的高 Mg 指数（Zheng et al., 2006; 郑建平和路凤香，1999），都表明了瓦房店金伯利岩的地幔源区都是难熔的。最后，金伯利岩和推测的原始岩浆都具有高的 Ni 元素，也表明地幔源区是难熔的。以上这些特征表明瓦房店金伯利岩的源区是一个难熔的大陆岩石圈地幔，该地幔曾经受到地幔交代事件从而富集不相容元素。

华北克拉通上的橄榄岩捕虏体和捕虏体裂解后的捕虏晶经历了一次熔体抽离事件，该事件导致源区不相容元素亏损、橄榄石 Fo 成分上升、重稀土元素亏损（郑建平和路凤香, 1999; Zhu et al., 2019b）。上述事件后，瓦房店金伯利岩源区又经历了一次熔体/流体交代事件，该事件导致源区富集不相容元素，改变了原来亏损的趋势。源区 Rb、K、Sr 和 Ti 亏损特征被认为是由该交代事件引起的。实验研究（Wyllie, 1987）表明，岩石圈地幔下的熔体从软流圈区向上运移，当经过软流圈-岩石圈流变学界面时，熔体会结晶形成金云母和碳酸岩矿物，然后释放流体。

该流体继续向上运移，交代上方的亏损岩石圈地幔。由于金云母和碳酸岩矿物的结晶分离，该流体分别亏损 Rb、Ti、K 和 Sr 元素。当流体交代岩石圈地幔时，流体 Rb、Ti、K 和 Sr 元素的亏损特征将会转移到岩石圈地幔中。瓦房店金伯利岩形成时（～480Ma），华北克拉通瓦房店区域没有活动的大陆边缘，因此上面的流体交代事件应当发生在金伯利岩形成之前（图 5-13）。在华北克拉通上，大约 1.1～1.3 Ga 时，发生了一次交代事件，该交代事件可能导致了岩石圈地幔的元素富集，并形成了瓦房店金伯利岩的源区（Li et al., 2011; 路凤香等, 1991）。

瓦房店金伯利岩的形成更被认为与洋壳的俯冲有关（张宏福和杨岳衡, 2007; Zhang et al., 2010），然而在华北克拉通瓦房店和蒙阴金伯利岩形成时，并没有可靠的证据显示当地有洋壳的俯冲。Yang 等（2009）的研究表明瓦房店金伯利岩的形成与地幔柱有关。瓦房店金伯利岩和原始岩浆具有 OIB 特征，因此地幔柱成因并不是不合理的，然后并没有可信服的证据表明当时华北克拉通有地幔柱（例如：广泛发育的基性岩浆活动）。一种可能的原因是这个地幔柱离华北克拉通区域较远，其热度不足以形成浅部地幔大范围的熔融（Yang et al., 2009）。瓦房店区域可能受到该地幔柱的远程效应，然后其源区岩石圈地幔经历了低程度的部分熔融，形成了瓦房店金伯利岩。

5.4　小　　结

华北克拉通上的 I 型金伯利岩形成于约 480Ma 前。瓦房店金伯利岩全岩主量、微量元素研究表明，受到地壳混染的金伯利岩样品具有升高的 SiO_2、Pb 和重稀土元素含量。没有受到地壳混染的样品中的不相容元素和流体不活动元素展现了很好的相关关系，而流体活动元素则不然，粗粒金伯利岩化学成分（29.7%～31.5 % MgO、30.6%～34.7% SiO_2、3.91%～7.49% CaO、$Mg^{\#}$ 85～88）是由于 1%～30%的地幔橄榄岩捕获作用形成的，而隐晶质金伯利岩化学成分（24.0%～29.7% MgO、27.7%～30.9% SiO_2、6.0%～11.8% CaO、$Mg^{\#}$ 81～85）是由于大约 1%～32%的橄榄石和金云母分离结晶形成的。瓦房店金伯利岩原始岩浆成分为 29.7 % SiO_2、29.7 % MgO、$Mg^{\#}$ 85。瓦房店金伯利岩轻稀土元素和中稀土元素不同的分馏强度是由于不同的部分熔融程度形成的（0.5%～2.0%）。金伯利岩的源区富集轻稀土元素（10 倍于球粒陨石）、亏损重稀土元素（0.7 倍于球粒陨石）。瓦房店金伯利岩原始岩浆的 Rb、K、Sr 和 Ti 负异常是原始特征，不是由结晶分离引起的。瓦房店金伯利岩的高 Mg 和 Ni 特征表明其源区曾经经历过基性熔体抽离事件，导致其源区具有亏损难熔特征。瓦房店金伯利岩具有 OIB 的特征（$Ce/Pb > 10$、$Nb/U > 26$、$La/Nb < 1.4$、$Ba/Nb < 16$、$Th/Nb < 0.25$），这表明其亏损的源区在金伯利岩形成之前被具 OIB 特征的熔体/流体交代，从而富集不相容元素。受到交代作用的地幔源区经历低程度的部分熔融形成瓦房店金伯利岩。

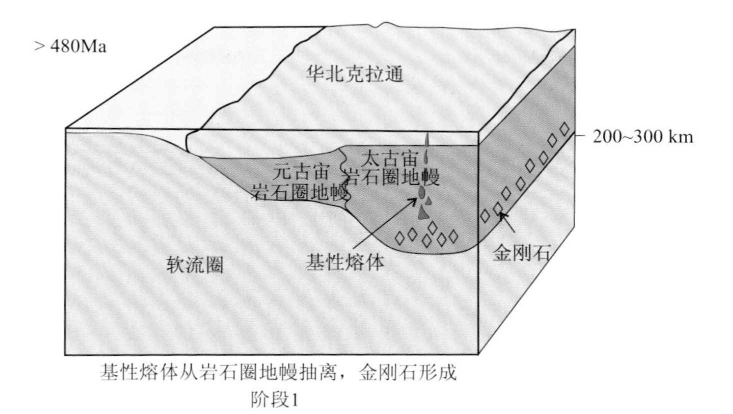

基性熔体从岩石圈地幔抽离，金刚石形成

阶段1

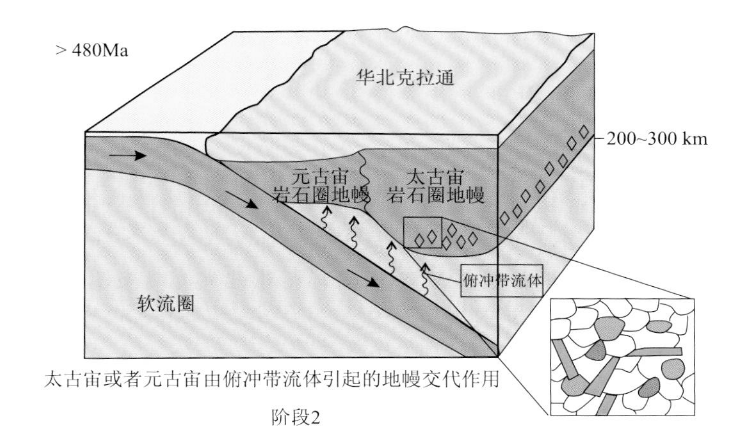

太古宙或者元古宙由俯冲带流体引起的地幔交代作用

阶段2

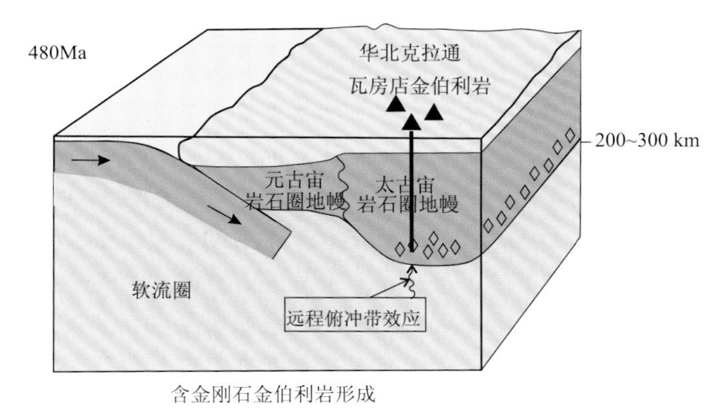

含金刚石金伯利岩形成

阶段3

图 5-13　瓦房店金伯利岩源区演化和金伯利岩形成

第 6 章　成矿作用深部过程：金伯利岩含矿性和指示矿物

6.1　引　　言

金伯利岩中的金刚石并不是由金伯利岩岩浆直接结晶形成，而是在地幔中由地幔流体交代地幔岩石，地幔岩石的含碳物质发生氧化还原反应形成（Shirey et al., 2013; Stachel et al., 2005; Stachel and Harris, 2008）。在金伯利岩岩浆从源区上升到地表的过程中，岩浆会捕获含金刚石的地幔岩，被岩浆捕获的含金刚石地幔岩会受到金伯利岩岩浆的交代作用从而发生部分或者全部解体。地幔岩中难以被金伯利岩岩浆同化的矿物（如金刚石、镁铝榴石、铬铁矿、钛铁矿、单斜辉石和橄榄石）会进入到金伯利岩岩浆中，成为捕虏晶（Gurney et al., 2005）。除金刚石外，其他被捕获的矿物被称为指示矿物（Carmody et al., 2014; Chalapathi Rao et al., 2012; Dawson and Stephens, 1975; Grütter et al., 2004; Gurney, 1984; Haggerty, 1975; Hardman et al., 2018; Irvine, 1965; Schulze, 2003; Sobolev et al., 1973; Wyatt et al., 2004）。指示矿物不但与金刚石共生，而且部分还参与了金刚石的形成过程（Malkovets et al., 2007; Shirey et al., 2013; Zhu et al., 2017, 2019b），因此可用来指示金刚石找矿。

传统的金刚石找矿并不是直接在地层或者岩石中寻找金刚石，而是寻找与金刚石伴生的指示矿物。相较于辉石和橄榄石，镁铝榴石和铬铁矿不容易受到物理化学风化影响，因此被广泛地使用在金刚石找矿中（Chalapathi Rao et al., 2012; Gurney, 1984; Grütter et al., 2004; Wyatt et al., 2004）。铬铁矿与金伯利岩岩浆直接结晶形成的基质尖晶石具有一样的尖晶石结构，然而它们的粒径、形状、成分却不一样（Chalapathi Rao et al., 2012; Griffin et al., 1994; Haggerty, 1975; Kaminsky et al., 2010; Pasteris, 1983; Roeder and Schulze, 2008; Schulze, 2001; Sobolev, 1974）。铬铁矿捕虏晶不仅可用于评估金伯利岩含矿性（Griffin et al., 1994; Kaminsky et al., 2010; Sobolev, 1974），还可用于厘定岩石圈岩石类型（Malkovets et al., 2007; O′Reilly and Griffin, 2006）和地幔交代作用（Haggerty, 1994）。铬铁矿 Zn 温度计（Ryan et al., 1996）可用于计算铬铁矿捕虏晶平衡温度，从而评估铬铁矿是来自于金刚石稳定区还是来自于浅部的不含金刚石地幔（Griffin et al., 1993; Griffin and Ryan, 1995）。结合地温梯度，可以用于计算铬铁矿的源区深度

（Malkovets et al., 2007）。由于类质同象的关系，金伯利岩中的镁铝榴石捕虏晶成分变化非常大。石榴子石的成分变化（如 Cr、Ca、Mg、Fe 和 Ti）反映了不同的形成环境（Dawson and Stephens, 1975; Grütter et al., 2004; Gurney, 1984; Schulze, 2003; Sobolev et al., 1973; Hardman et al., 2018），其中钙不饱和的高 Cr 石榴子石（G10 类）和钙饱和的高 Cr 石榴子石（G9 类）被认为与金刚石相关（Dawson and Stephens, 1975; Gurney, 1984；Grütter et al., 2004）。除评估金伯利岩含矿性外，镁铝榴石还可基于石榴子石 Ni 温度计（Canil, 1999; Ryan et al., 1996）来估算平衡温度和厘定岩石圈岩石类型（Griffin et al., 2003; Malkovets et al., 2007）。

华北克拉通山东蒙阴和辽宁瓦房店金伯利岩中含有镁铝榴石和铬铁矿捕虏晶。以前的研究主要关注这些指示矿物的物理特征、主量化学成分和结构特征（董振信和周剑雄, 1980；迟广成等, 2013, 2014；迟广成和伍月, 2014，贾晓丹, 2014），但是其成因以及它们与金刚石的关系并不清楚。本书研究选择了瓦房店地区新发现的 30 号金伯利岩岩管，通过其中的镁铝榴石和铬铁矿化学成分特征来判断其矿物来源和经历的交代作用过程。另外，通过和已发表的其他岩管数据进行对比研究，评估金伯利岩含矿性。

6.2 铬 铁 矿

6.2.1 形态学特征

30 号岩管中的铬铁矿含量较少，呈黑色，破碎后粒为褐红色。铬铁矿捕虏晶粒径较大，为 500～1000 μm，主要为 700 μm。这些颗粒主要为椭圆状-次棱角状，部分颗粒为自形（图 6-1A）。一部分铬铁矿颗粒由于熔蚀作用形成港湾状（图 6-1B）。这些铬铁矿中并没有发现Ⅰ型金伯利岩中典型的珊瑚礁结构（Mitchell, 1986）。在背散射图片中，这些铬铁矿常出现两层成分环带或三层成分环带（图 6-1C 和 D）。

6.2.2 化学成分

铬铁矿是个双氧化物，化学式为 AB_2O_4，其中 A 为 Mg^{2+}、Fe^{2+}、Mn^{2+}、Zn^{2+}，B 为 Al^{3+}、Fe^{3+}、Cr^{3+}。30 号岩管中铬铁矿捕虏晶发育多个成分环带，这些环带中的成分变化较大。根据环带数量，铬铁矿捕虏晶可分为两层成分环带的铬铁矿（图 6-1C）和三层成分环带的铬铁矿（图 6-1D）。30 岩管铬铁矿核部成分见附录Ⅱ表 3，具两层环带的铬铁矿成分见附录Ⅱ表 4，具三层环带的铬铁矿成分见附录Ⅱ表 5。

30 号岩管中铬铁矿核部成分变化较大：Cr_2O_3 为 42.64%～66.56%、MgO 为 8.88%～16.68%、FeO 为 11.67%～20.15%、Fe_2O_3 为 2.22%～12.58%、Al_2O_3 为

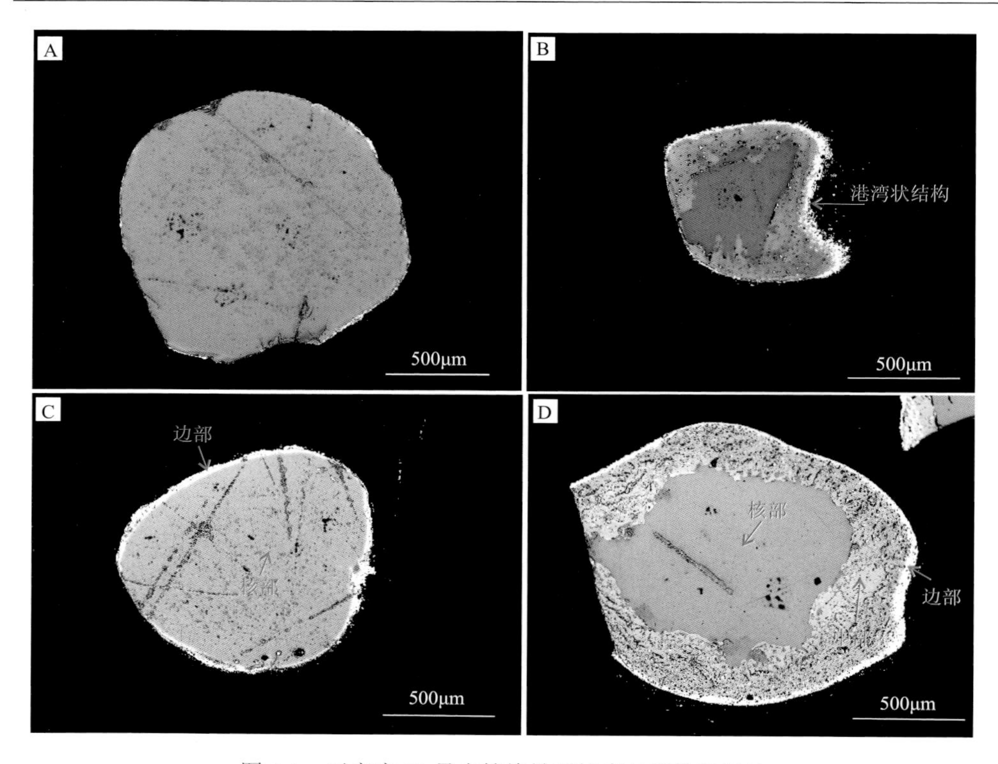

图 6-1　瓦房店 30 号岩管铬铁矿捕虏晶背散射图片

A. 次圆形铬铁矿（L30-10）；B. 港湾状铬铁矿（L30-22）；C. 具两层成分环带的铬铁矿（L30-34）；D. 具三层成分环带的铬铁矿（L30-32）。灰色区域为铬铁矿核部，亮灰色区域为铬铁矿中部，白色区域为铬铁矿边部

3.86%～22.40%。根据 Schulze（2001）的命名规则，30 号岩管中铬铁矿捕虏晶被划分为镁铬铁矿（图 6-2），其中有 4 个颗粒例外，被划分为铬铁矿。铬铁矿捕虏晶中 Ti 含量很低（绝大多数< 1% TiO_2）。与核部成分相比，铬铁矿边部具有低的 Cr、Mg、Al 含量（1.38%～15.03% Cr_2O_3、0～3.28% MgO、0～5.28 % Al_2O_3）和高的 Fe 含量（30.52%～35.81% FeO、43.26%～65.83% Fe_2O_3）。根据成分特征，铬铁矿边部被划分为磁铁矿（图 6-3A 和 B）。铬铁矿中部成分具有高的 Ti 含量，可以被划分为钛镁铬铁矿（图 6-3B）。

瓦房店 30 号岩管铬铁矿核部微量元素成分见图 6-4 和附录Ⅱ表 6。这些铬铁矿含有 Zn（320×10^{-6}～1047×10^{-6}）、Ga（6.4×10^{-6}～101.5×10^{-6}）、Rb（0.02×10^{-6}～0.93×10^{-6}）、Zr（0.05×10^{-6}～11.27×10^{-6}）、Nb（0.07×10^{-6}～7.07×10^{-6}）和 Ni（668×10^{-6}～2306×10^{-6}）。其他微量元素含量太低，达不到检测限，因此未在附录Ⅱ表 6 中显示。

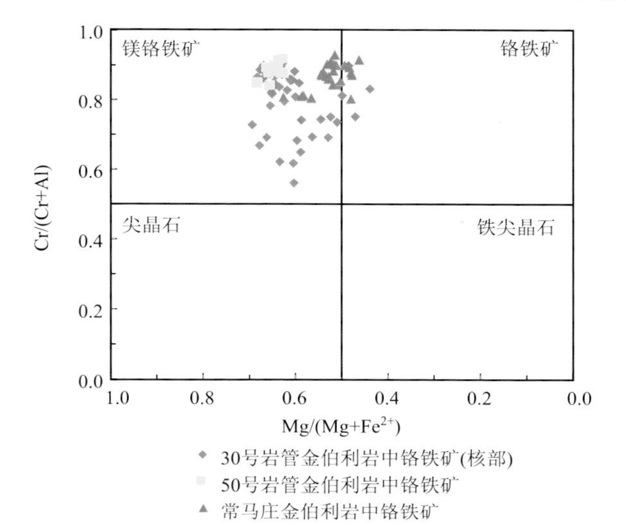

图 6-2　瓦房店 30 号岩管、50 号岩管和蒙阴常马庄铬铁矿成分 Cr/（Cr+Al）—Mg/（Mg+Fe^{2+}）图解

图解底图来自于 Schulze（2001），50 号岩管铬铁矿数据来自于贾晓丹（2014），蒙阴常马庄铬铁矿数据来自于董振信和周剑雄（1980）

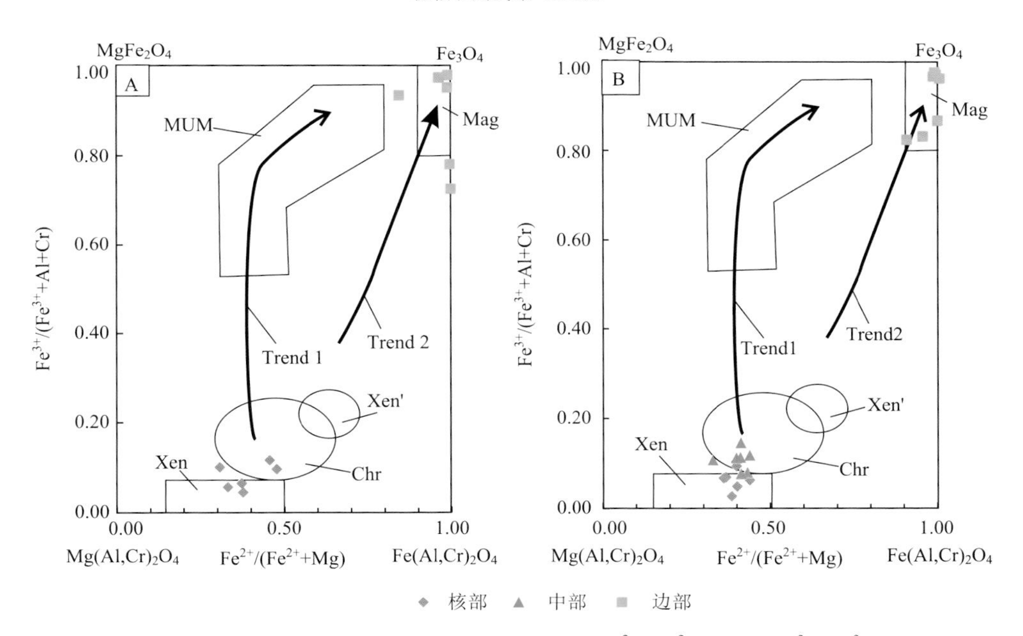

图 6-3　30 号岩管铬铁矿（两层环带和三层环带）$Fe^{2+}/(Fe^{2+}+Mg)$—$Fe^{3+}/(Fe^{3+}+Al+Cr)$ 图解

Xen：橄榄岩尖晶石捕虏晶; MUM：镁钛磁铁矿; Chr：铬铁矿; Xen′：交代过的橄榄岩尖晶石捕虏晶; Mag：磁铁矿

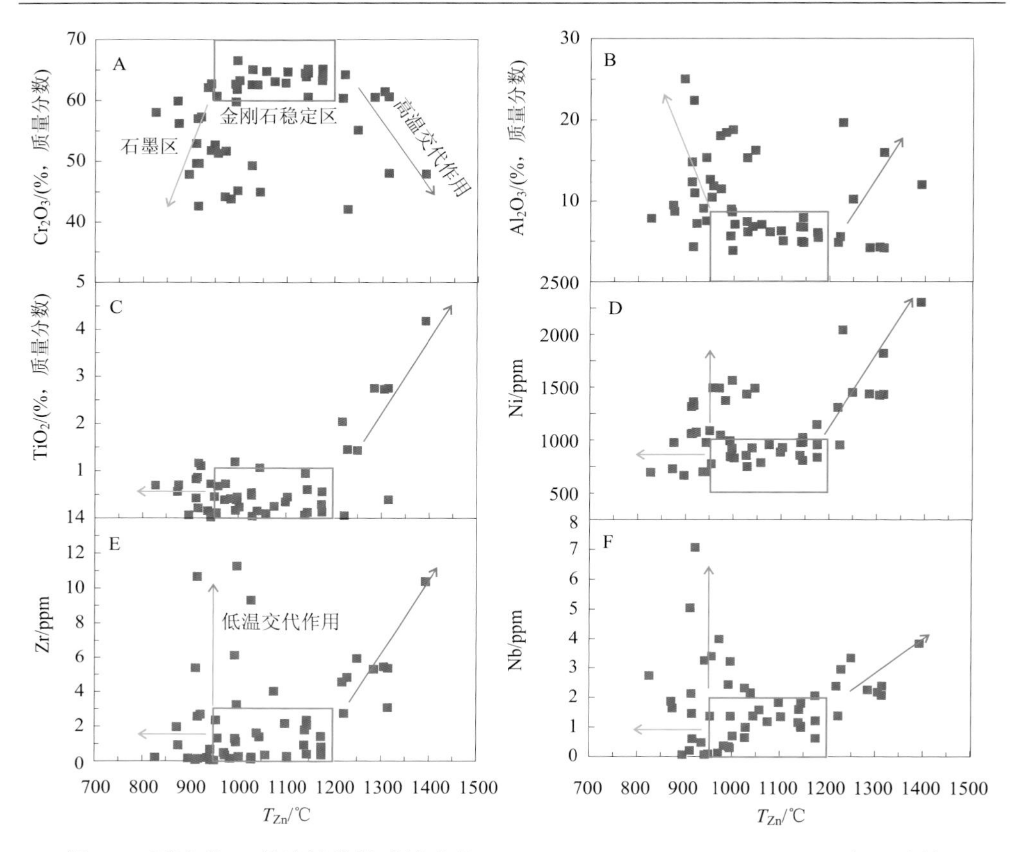

图 6-4　瓦房店 30 号岩管铬铁矿捕虏晶 Cr_2O_3、Al_2O_3、TiO_2、Ni、Zr、Nb 和 T_{Zn} 图解

铬铁矿平衡温度是基于铬铁矿 Zn 温度计（Ryan et al., 1996）

6.2.3　铬铁矿拉曼光谱特征

虽然铬铁矿核部、中部和边部中的化学成分变化大，但是这三个部分具有相同的尖晶石结构，结构空间群类型为 Fd3m。该空间结构有 5 个拉曼活性：$A_{1g} + E_g + 3F_{2g}$（Chopelas and Hofmeister, 1991）。30 号岩管铬铁矿拉曼谱峰是在常温环境下获得的。结果显示这些矿物有 5 个振动谱峰：222.2 cm^{-1}、447.2 cm^{-1}、555.6 cm^{-1}、633.9 cm^{-1} 和 690.0 cm^{-1}（图 6-5A）。在这 5 个谱峰中，222.2 cm^{-1} 处谱峰强度较弱，这主要是由于激光器在相似波长处产生的叠加效应（Wang and Saxena, 2001）；最强的谱峰位置在 690.0 cm^{-1}，该谱峰是由 A_{1g} 模式振动形成的，在不同的环带中该振动产生的谱峰位置有偏移。在铬铁矿核部，A_{1g} 模式振动产生的谱峰从 690 cm^{-1} 到 702.9 cm^{-1}；在铬铁矿中部，A_{1g} 模式振动产生的谱峰从 678 cm^{-1} 到 691 cm^{-1}；在铬铁矿边部，A_{1g} 模式振动产生的谱峰从 660 cm^{-1} 到 672 cm^{-1}（图 6-5）。

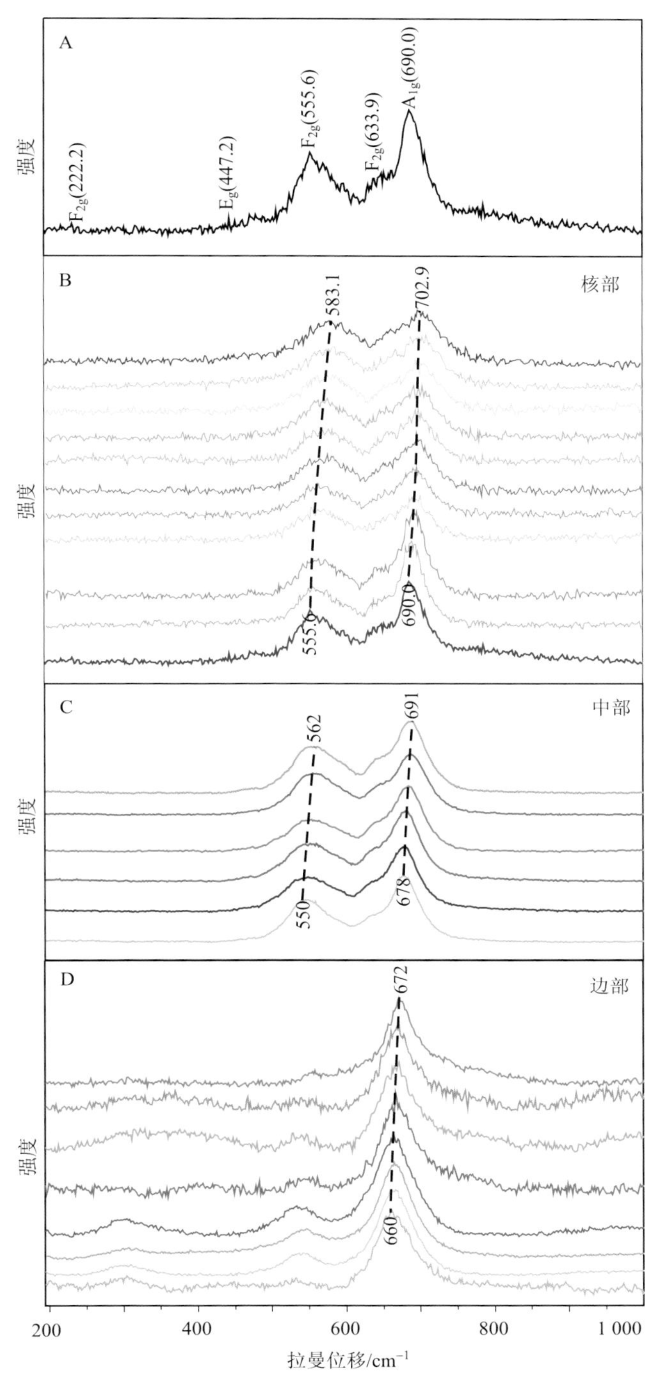

图 6-5　30 号岩管铬铁矿拉曼光谱特征

A. 30 号岩管铬铁矿拉曼光谱；B～D. 铬铁矿核部、中部和边部 A_{1g} 谱图偏移

6.2.4 铬铁矿成因

在金伯利岩中，凡具有尖晶石结构的氧化物均统称为尖晶石，它们包括铬铁矿、镁钛磁铁矿、镁铁矿、镁铁尖晶石和磁铁矿等（Roeder and Schulze, 2008）。在这些矿物中，根据成因的不同，可以分为铬铁矿捕虏晶（金伯利岩岩浆捕获地幔橄榄岩中的尖晶石）和基质尖晶石（金伯利岩岩浆直接结晶形成的）。在运用指示矿物铬铁矿捕虏晶讨论金伯利岩的含矿性前，需要将它与基质尖晶石区分开来。一般来说，铬铁矿捕虏晶粒径较大（>100 μm），晶形呈椭圆形和次棱角状，很少有尖锐的边缘（Haggerty, 1975; Pasteris, 1983; O′Reilly et al., 2006; Kaminsky et al., 2010; Chalapathi Rao et al., 2012）。基质尖晶石广泛分布在金伯利岩基质中，粒径 1～50 μm，少数能达到 100 μm，晶形良好（Schulze, 2001; Roeder and Schulze, 2008）。基质尖晶石常发育环状珊瑚礁环带构造，环带间常填充金云母或方解石（Mitchell and Clarke,1976; Mitchell, 1986）。瓦房店 30 号岩管金伯利岩中铬铁矿呈次棱角状，粒径 500～1000 μm，这表明这些铬铁矿应为地幔捕虏晶。铬铁矿中也未发现环状珊瑚礁构造，进一步证实这些铬铁矿为捕虏晶。

30 号岩管中铬铁矿具有成分环带。根据成分环带特征，这些铬铁矿可以被划分为核部-边部铬铁矿（图 6-3A）和核部-中部-边部铬铁矿（图 6-3B）。铬铁矿核部具有高的 Cr 含量（Cr_2O_3 最高为 66.56 %）和低的 Ti 含量（TiO_2 <1.0 %），这与其他金伯利岩中的铬铁矿捕虏晶成分是相似的（Roeder and Schulze, 2008; Chalapathi Rao et al., 2012）。根据成分特征（附录Ⅱ表 3 和图 6-2），这些铬铁矿被划分为镁铬铁矿。铬铁矿核部中随着 Al_2O_3 的降低，Cr_2O_3 有规律地增加，而 TiO_2 含量几乎保持稳定（图 6-6B 和 C），这表明核部成分 Cr_2O_3 的变化是由 Al^{3+}- Cr^{3+} 类质同象作用控制，但也不排除其他类质同象作用控制。30 号岩管金伯利岩铬铁矿成分整体上落在橄榄岩趋势线上，这表明铬铁矿原地幔岩为橄榄岩（Sobolev et al., 1973），这与山东蒙阴和辽宁瓦房店金伯利岩中地幔捕虏体岩性是一致的（路凤香, 2010）。与核部相比，中部具有低的 Cr_2O_3 含量和高的 Ti 含量（TiO_2 含量 5 倍于核部 Ti 含量），被划分为铬铁矿（附录Ⅱ表 4、附录Ⅱ表 5、图 6-3）。铬铁矿中部和边部成分和基质尖晶石成分相类似（7.4 节），也和世界上其他金伯利岩岩浆中基质尖晶石的成分类似（Roeder and Schulze, 2008）。结合岩相学和化学成分特征，30 号岩管中铬铁矿核部为地幔捕虏晶，中部和边部为金伯利岩岩浆交代作用形成。

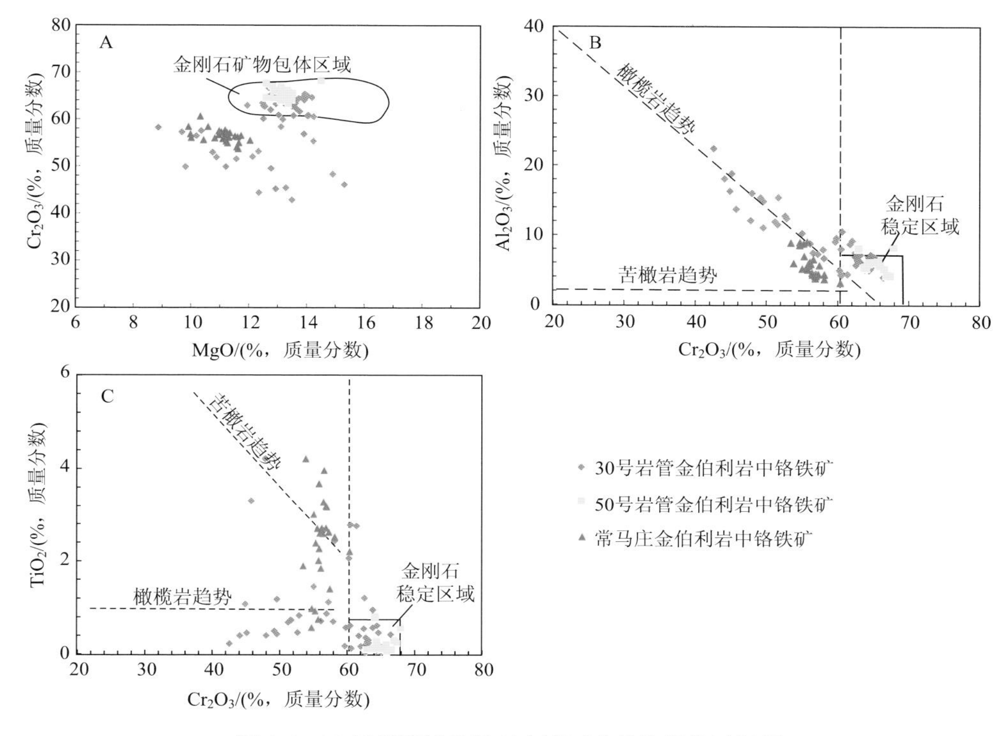

图6-6　30号岩管铬铁矿对金刚石成矿作用指示图解

A. 30号岩管铬铁矿 MgO—Cr_2O_3 图解，金刚石区域来自于 Gurney 和 Zweistra（1995）；B. 30号岩管铬铁矿 Cr_2O_3 —Al_2O_3 图解；C. Cr_2O_3—TiO_2 图解，金刚石稳定区域来自于 Sobolev（1974）；50号岩管和常马庄铬铁矿数据分别来自于贾晓丹（2014），董振信和周剑雄（1980）

6.2.5　成分变化引起铬铁矿拉曼光谱漂移

瓦房店铬铁矿存在5个拉曼光谱活性（图6-5），其中 A_{1g} 拉曼活性谱峰位置大约在690 cm^{-1}（Malezieux and Piriou, 1988）。铬铁矿核部 A_{1g} 谱峰变化范围为690～702.9 cm^{-1}，中部为678～691 cm^{-1}，边部为660～672 cm^{-1}。具有尖晶石结构的矿物（如铬铁矿、铝尖晶石和磁铁矿）拉曼谱峰位置偏移可以由温度、成分或者压力引起（Malezieux and Piriou, 1988; Cynn et al., 1992; Wang et al., 2002a, 2002b; Lenaz and Lughi, 2013）。本书研究中，拉曼测试是在室温和一个大气压下进行的，因此成分可能是引起拉曼谱峰位置偏移的原因。

A_{1g} 振动是由铬铁矿中的三价离子（Cr^{3+}、Al^{3+}和 Fe^{3+}）而不是由二价离子（Mg^{2+}、 Fe^{2+}、Mn^{2+}和 Zn^{2+}）引起的。具有相同三价离子的铬铁矿（如 $MgCr_2O_4$、$FeCr_2O_4$、$MnCr_2O_4$ 和 $ZnCr_2O_4$）具有相同的 A_{1g} 谱峰位置687 cm^{-1}（McCarty and Boehme, 1989; Wang et al., 2002a, 2002b; Chen et al., 2007），该现象也支持了上面的结论。地幔中的铬铁矿具有低的 Al^{3+}和 Fe^{3+}含量，这些成分会影响拉曼谱峰的

位置（Malezieux and Piriou, 1988; McCarty and Boehme, 1989）。随着 Al^{3+}含量的增加，拉曼谱峰位置会向更高的波长数字移动（Lenaz and Lughi, 2013）；随着 Fe^{3+}含量的增加，拉曼谱峰位置会向更低的波长数字移动（McCarty and Boehme, 1989）。

30 号岩管铬铁矿核部成分中，Fe_2O_3 含量变化范围为 3%～5%，Fe^{3+}含量保持相对稳定（附录Ⅱ表 3）。铬铁矿核部中 Cr_2O_3 和 Al_2O_3 存在良好的负相关线性关系（图 6-6B），也表明 Fe^{3+}含量变化不大。根据以上特征，铬铁矿谱峰偏移（从 690 cm^{-1} 到 702.9 cm^{-1}）是由 Al^{3+}的增加引起的，而不是 Fe^{3+}。铬铁矿中部的拉曼谱峰（从 678 cm^{-1} 到 691 cm^{-1}）是由 Al^{3+}的减少引起的。铬铁矿边部的 Al 含量极低，引起 Al^{3+}引起的拉曼谱峰偏移影响可以忽略不计。边部的 Fe^{3+}含量增加，因此铬铁矿边部拉曼谱峰偏移（从 660 cm^{-1} 到 672 cm^{-1}）是由 Fe^{3+}增加引起的。

6.2.6 地幔金刚石稳定区

金伯利岩中的金刚石并不是由金伯利岩岩浆直接结晶形成，而是在地幔中由地幔流体交代地幔岩石，地幔岩石的含碳物质发生氧化还原反应形成（Stachel et al., 2005; Stachel and Harris, 2008; Shirey et al., 2013）。地幔中的金刚石形成并稳定存在的区域称为金刚石稳定区（或称为金刚石窗）。由于含矿金伯利岩均产在稳定克拉通上（Clifford rule），因此 Griffin 和 Ryan（1995）认为每个含金伯利岩型金刚石原生矿的克拉通下面都有一个金刚石稳定区。他们把金刚石稳定区的温度上限定义为未受到交代作用影响的岩石圈地幔底部温度，而温度下限则是由地温梯度线和金刚石/石墨转换线交点来限定的。华北克拉通山东蒙阴和辽宁瓦房店产出含金刚石金伯利岩，因此该克拉通下存在一个金刚石稳定区。Griffin 和 Ryan（1995）基于瓦房店 42 号和 50 号岩管中石榴子石捕虏晶平衡温度特征，认为华北克拉通下金刚石稳定区温度为 900～1250℃。作者在基于瓦房店 30 号岩管铬铁矿捕虏晶平衡温度基础上，将华北克拉通下金刚石稳定区温度进一步限定在 950～1200℃（图 6-4）。不同于 Griffin 和 Ryan 的方法，本书研究是通过铬铁矿矿物成分来限定金刚石稳定区温度。

如图 6-4 中所示，铬铁矿主量和微量元素在铬铁矿 T_{Zn} 为 950℃和 1200℃处发生了突变。当铬铁矿 T_{Zn} 处于 950～1200℃之间时，铬铁矿具有稳定的成分：Cr_2O_3（60%～66%）、Al_2O_3（0～8%）、TiO_2（0～1%）、Ni（668×10^{-6}～1000×10^{-6}）、Zr（0～3×10^{-6}）和 Nb（0～2×10^{-6}）。这些成分和金刚石中铬铁矿包体成分很一致（Gurney and Ryan, 1995）。与 T_{Zn} 在 900～1200℃的铬铁矿相比，T_{Zn}>1200℃的铬铁矿具有高的 Ni、Zr 和 Nb 含量，这表明这些铬铁矿可能受到了来自软流圈熔流体的高温交代作用（Agashev et al., 2013; Griffin and Ryan, 1995; Nixon, 1995; Sharygin et al., 2015）。与 T_{Zn} 在 900～1200℃的铬铁矿相比，T_{Zn}< 950℃的铬

铁矿具有复杂的特征：石墨区铬铁矿的特征（低的 Cr_2O_3 和高 Al_2O_3 含量）和低温的交代特征（增高的 Zr 和 Nb 含量）。虽然低温交代作用，特别是与碳酸岩有关的或者 CHO 交代作用，被认为与金刚石的形成有关（Gurney et al., 2005, 2010; Shirey et al., 2013; Stachel et al., 2004; Stachel and Harris, 2008, 2009），但综合来看，华北克拉通下岩石圈地幔温度低于 950℃的区域为石墨区，达不到金刚石形成的条件。华北克拉通古生代时地温梯度为 40 mW/m^2（Griffin et al., 1998; Wang et al., 1998; Menzies et al., 2007）。根据此地温梯度和温度，计算出的金刚石稳定区压力为 4.4～6.1GPa。

6.2.7　铬铁矿对金刚石含矿性的指示

30 号岩管中铬铁矿为来自于地幔岩石的捕虏晶，其核部成分代表了原始成分，而中部和边部是在金伯利岩岩浆中形成的。因此，铬铁矿核部成分可以用来评估金伯利岩含矿性。铬铁矿捕虏晶核部成分变化受 Al^{3+}—Cr^{3+}类质同象作用控制（图 6-6B 和 C），这表明这些矿物原岩石类型为橄榄岩。在 MgO、Al_2O_3、TiO_2 和 Cr_2O_3 图解上，铬铁矿核部成分和金刚石中铬铁矿包体成分一致（图 6-6），表明这些颗粒来自于金刚石稳定区域（Gurney and Zweistra, 1995; Sobolev, 1974）。金伯利岩在捕获这些铬铁矿的同时，也有可能会捕获金刚石。30 号岩管中一些铬铁矿同时具有非常高的 Cr_2O_3（>61%）和 Al_2O_3（> 8%）含量，这些颗粒来自于金刚石稳定区域（图 6-6B）。瓦房店 50 号岩管铬铁矿捕虏晶数据（贾晓丹, 2014）和蒙阴常马庄金伯利岩中铬铁矿数据（董振信和周剑雄, 1980）被搜集来和 30 号岩管铬铁矿数据进行比较。50 号岩管中铬铁矿数据几乎全部落在金刚石稳定区域，常马庄铬铁矿数据大部分落在靠近金刚石稳定区域，然而，30 号岩管中只有很小的一部分铬铁矿数据落在金刚石稳定区域（图 6-6）。以上结果表明在这三个岩管中，50 号岩管的金伯利岩含矿性最好，常马庄金伯利岩含矿性较好，而 30 号岩管中金伯利岩含矿性最差（Sobolev, 1974; Gurney and Zweistra, 1995; Minin et al., 2011; Chalapathi Rao et al., 2012）。在实际开采情况中，瓦房店 50 号岩管和蒙阴常马庄金伯利岩均为我国金刚石品位高的金伯利岩，而 30 号岩管金刚石品位较差（彭艳菊等，2013），这一结果与本书通过铬铁矿化学图解比较得到的结论一致。

6.3　石 榴 子 石

6.3.1　形态学特征

瓦房店 30 号岩管中石榴子石呈粉红色、紫红色和紫色，大小 0.5～1.0 mm（图 6-7）。形状多为不规则状，卵圆形，很少颗粒为次棱角状。石榴子石中没有发现矿物包体。石榴子石表面遭受熔蚀，边部遭受后期金伯利岩浆交代作用，发育环带构造（图 6-7D）。

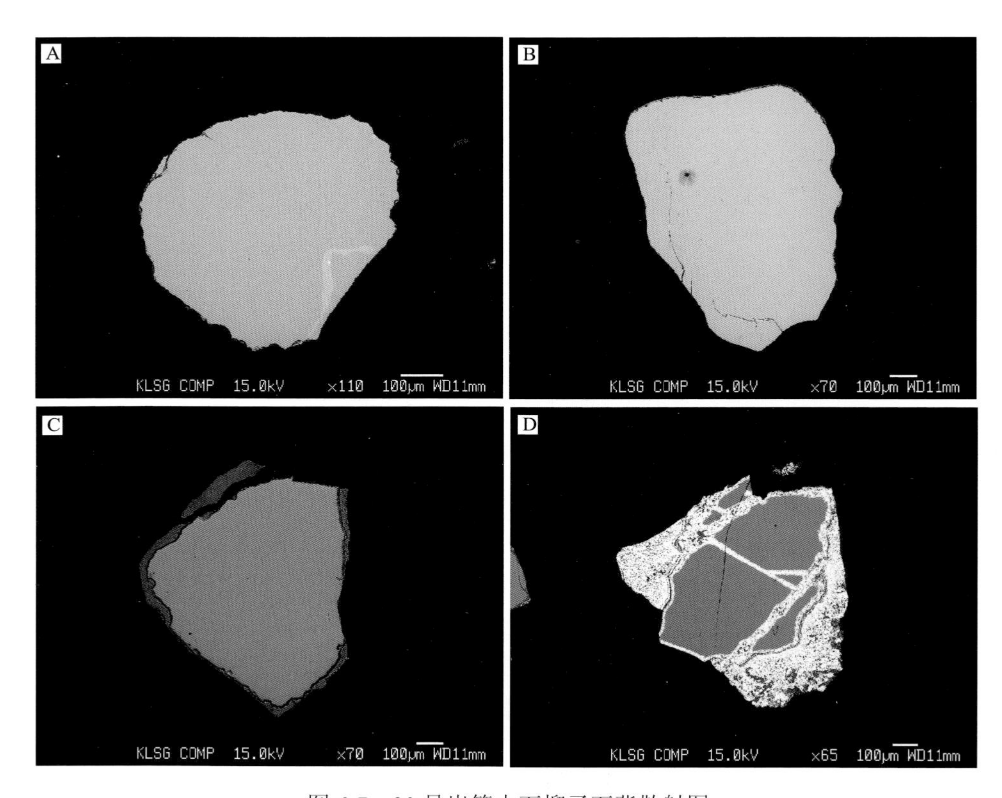

图 6-7　30 号岩管中石榴子石背散射图

6.3.2　化学成分

30 号岩管中石榴子石捕虏晶主量成分见附录Ⅱ表 7。根据 Cr_2O_3、CaO 和 TiO_2 含量（Grütter et al., 2004; Sobolev et al., 1973），30 号岩管中石榴子石可以被划分为以下 3 类：28%的石榴子石为钙饱和的方辉橄榄岩型石榴子石；52%的石榴子石为钙不饱和的二辉橄榄岩型石榴子石；20%的石榴子石为榴辉岩型石榴子石（图 6-8）。本书只研究了橄榄岩型石榴子石，它们的微量元素见附录Ⅱ表 8。球粒陨石标准化的石榴子石稀土元素配分图见图 6-9。

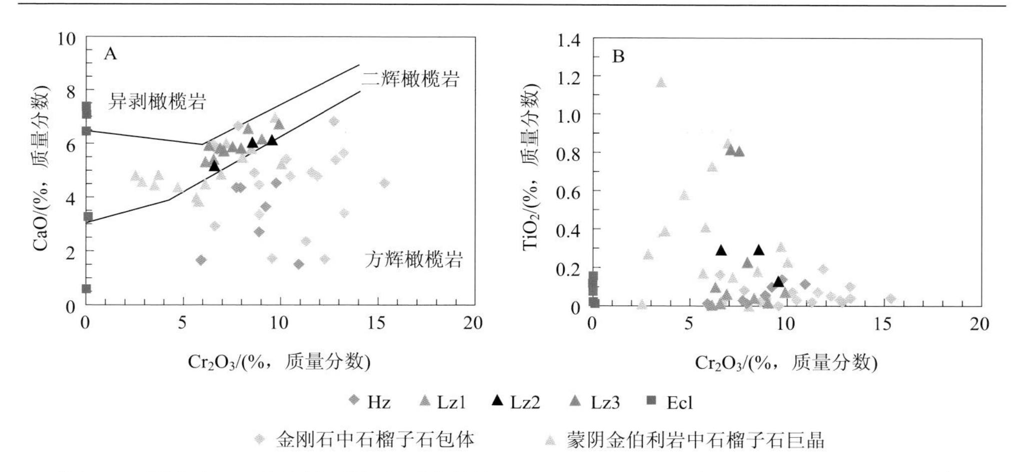

图6-8　瓦房店30号岩管石榴子石捕虏晶 $CaO—Cr_2O_3$（A）和 $TiO_2—Cr_2O_3$（B）图解

图中方辉橄榄岩、二辉橄榄岩和异剥橄榄岩区域来自于Sobolev 等（1973）。蒙阴和瓦房店金刚石中石榴子石包体成分来自于Wang 等（2000）。金伯利岩中石榴子石巨晶成分来自于池际尚等（1996a, b）。Hz：方辉橄榄岩；Lz：二辉橄榄岩；Ecl：榴辉岩

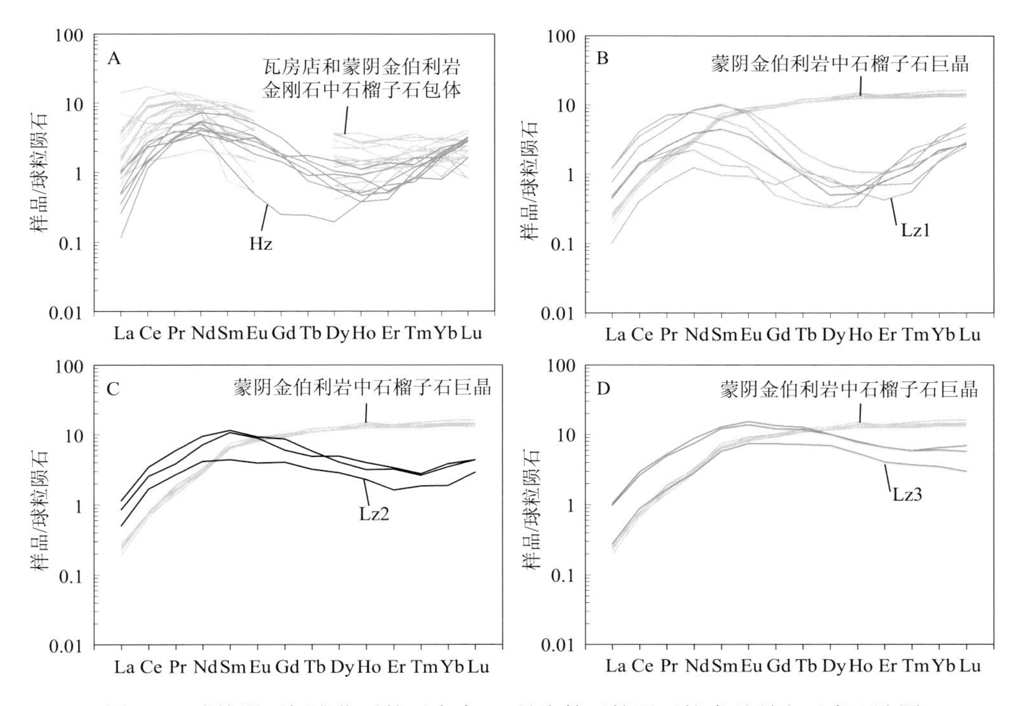

图6-9　球粒陨石标准化后的瓦房店30号岩管石榴子石捕虏晶稀土元素配分图

标准化数值来自于McDonough和Sun（1995），瓦房店和蒙阴金刚石中石榴子石包体成分数据来自于Wang等（2000），蒙阴金伯利岩中石榴子石巨晶成分数据来自于Zhang 等（2000）

方辉橄榄岩型石榴子石（Hz）具有高的 Cr 含量（Cr_2O_3 5.92%～10.94%），低的 Ca 含量（CaO 1.50%～4.50 %）和 Ti 含量（TiO_2 0.01%～0.14%）。这些石榴子石具有弯曲的稀土元素（REE）配分曲线：轻稀土元素（LREE）从 La 到 Nd 含量逐渐升高，中稀土元素（MREE）从 Sm 到 Ho 含量逐渐降低，重稀土元素（HREE）从 Er 到 Lu 含量逐渐升高（图 6-9A）。这些石榴子石 $(Sm/Ho)_N$ = 2.27～9.63，$(La/Yb)_N$ = 0.064～1.98、Sr 为 0.87×10^{-6}～4.51×10^{-6}、Y 为 0.53×10^{-6}～1.71×10^{-6}、Zr 为 1.51×10^{-6}～14.21×10^{-6}、Hf 为 0.03×10^{-6}～0.39×10^{-6} 和 Ni 为 55×10^{-6}～108×10^{-6}。

二辉橄榄岩型石榴子石（Lz）具有不同的稀土元素配分曲线。根据曲线样式，可以分为强烈弯曲型（Lz1，图 6-9B）、弱弯曲型（Lz2，图 6-9C）和正常倾斜型（Lz3，图 6-9D）。二辉橄榄岩石榴子石中，有 7 个石榴子石颗粒属于 Lz1 型，这些石榴子石含有高的 Cr 含量（Cr_2O_3 6.16%～9.92%）和 Ca 含量（CaO 5.33%～6.56%），低的 Ti 含量（TiO_2 0.01%～0.10%）；3 个石榴子石颗粒属于 Lz2 型，它们具有高的 Cr 含量（Cr_2O_3 6.61%～9.56%）、Ca 含量（CaO 5.18%～6.14%）和 Ti 含量（TiO_2 0.13%～0.29%）；3 个石榴子石颗粒属于 Lz3 型，它们具有低 Cr 含量（Cr_2O_3 7.09%～7.97%），中等的 Ca 含量（CaO 5.73%～5.88%）和高的 Ti 含量（TiO_2 0.23%～0.82 %）（附录 II 表 7）。Lz1 型石榴子石具有以下的微量元素特征：$(Sm/Ho)_N$ = 1.40～16.12、$(La/Yb)_N$ = 0.072～0.825、Sr 为 0.18～1.64×10^{-6}、Y 为 0.75×10^{-6}～1.51×10^{-6}、Zr 为 0.98×10^{-6}～29×10^{-6}、Hf 为 0.02×10^{-6}～0.46×10^{-6} 和 Ni 为 51×10^{-6}～141×10^{-6}。Lz2 型石榴子石具有以下的微量元素特征：$(Sm/Ho)_N$ = 1.93～3.63、$(La/Yb)_N$ = 0.236～0.349、Sr 为 0.90×10^{-6}～1.65×10^{-6}、Y 为 3.29×10^{-6}～5.80×10^{-6}、Zr 为 8.89×10^{-6}～82×10^{-6}、Hf 为 0.15×10^{-6}～1.50×10^{-6}、Ni 为 71×10^{-6}～137×10^{-6}。Lz3 型石榴子石中从轻稀土元素（LREE）到中稀土元素（MREE），元素含量依次增加，而从中稀土元素（MREE）到重稀土元素（HREE），元素含量近乎不变：$(Sm/Ho)_N$ = 1.07～1.62、$(La/Yb)_N$ = 0.084～0.184。Lz3 型石榴子石 Sr 为 0.49×10^{-6}～1.48×10^{-6}、Y 为 8.61×10^{-6}～11.25×10^{-6}、Zr 为 33×10^{-6}～159×10^{-6}、Hf 为 0.69×10^{-6}～3.30×10^{-6} 和 Ni 为 56×10^{-6}～139×10^{-6}。

研究搜集了蒙阴和瓦房店金伯利岩中的石榴子石巨晶和金刚石中石榴子石包体成分（池际尚等, 1996a; Wang et al., 2000; Zhang et al., 2000），以此来和 30 号岩管中石榴子石成分做比较。金刚石中石榴子石包体具有高的 Cr_2O_3、Sr 和 LREE 含量，低的 CaO、TiO_2、Y、Zr 和 HREE 含量，弯曲的稀土元素配分曲线。整体上来说，石榴子石包体的成分和 Hz、Lz1 成分类似。石榴子石巨晶具有低的 Cr_2O_3、Sr 和 LREE 含量，高的 CaO、TiO_2、Y、Zr 和 HREE 含量，轻稀土元素（LREE）含量逐渐升高，中稀土元素（MREE）和重稀土元素（HREE）含量几乎一致。整体上来说，石榴子石巨晶的成分和 Lz3 的成分类似（图 6-8 和图 6-9）。

6.3.3 石榴子石平衡温度–压力

石榴子石温度计被广泛应用在地幔岩石学研究中（Ashchepkov, 2006; Canil, 1999; Canil and Wei, 1992; Griffin et al., 1989; Nickel and Green, 1985; Ryan et al., 1996）。Griffin 等（1989）曾提出石榴子石 Ni 温度计，该温度计是基于石榴子石和橄榄石之间 Ni 元素的平衡，后被 Canil（1999）进一步发展并应用到石榴子石平衡温度计算。在本书研究中，作者使用 Canil（1999）的石榴子石温度计来计算 30 号岩管石榴子石捕虏晶平衡温度。用于计算的橄榄石捕虏晶来自于蒙阴金伯利岩，该橄榄石中的 Ni 平均含量为 2379×10^{-6}（Zheng et al., 2006）。

30 号岩管中石榴子石捕虏晶平衡温度估算结果见附录Ⅱ表 9，变化范围为 1107～1365℃，平均温度为 1239℃。结合石榴子石的分类，结果表明方辉橄榄岩型石榴子石平衡温度为 1118～1288℃，二辉橄榄岩型石榴子石平衡温度为 1107～1365℃。二辉橄榄岩型石榴子石平衡温度整体上比方辉橄榄岩型要高（附录Ⅱ表 9，图 6-10）。华北克拉通金刚石中矿物包体平衡温度为 1050～1367℃（Wang, 1998; Gorshkov et al., 1997），蒙阴石榴子石捕虏晶平衡温度为 1038～1203℃（Zheng et al., 2006），这些估算的平衡温度整体上和 30 号岩管石榴子石捕虏晶平衡温度是一致的。华北克拉通古生代金伯利岩形成时的地温梯度为 40 mW/m^2（Griffin et al., 1998; Menzies et al., 2007; Wang et al., 1998），基于此地温梯度，计算出的 30 号岩管石榴子石捕虏晶平衡压力为 5.0～7.4 GPa（附录Ⅱ表 9，图 6-10）。该压力范围和矿物对计算出来的压力（4.6～6.9 GPa，Gorshkov et al., 1997）以及金刚石中矿物包体（基于地温梯度）计算出来的压力（4.6～7.4 GPa，Wang et al., 1998）是一致的。30 号岩管石榴子石捕虏晶平衡压力高于蒙阴金伯利岩石榴子石捕虏晶估算的平衡压力（2.90～4.94 GPa，Zheng et al., 2006）。

6.3.4 石榴子石成因

太古宙岩石圈地幔具有极其难熔的特征（Boyd, 1989; Boyd et al., 1997），华北克拉通下的岩石圈地幔和太古宙岩石圈相类似（Fan et al., 2000; Wang et al., 1998）。华北克拉通金伯利岩中的地幔岩捕虏体和金刚石中的矿物包体具有高 Mg、低 Al 和 Ca 的特征，这表明该岩石圈地幔是冷的、难熔的、厚的和克拉通化的（Menzies et al., 1993; Menzies and Xu, 1998; Wang et al., 2000, 1998）。这样亏损的岩石圈地幔是由初始新生地幔经历高程度的部分熔融和熔体抽离形成的（Walter, 1998）。在部分熔融和熔体抽离过程中，不相容元素（Ti、Y、Sr、Zr 和 Hf）更倾向于进入熔体，导致岩石圈地幔亏损这些元素。

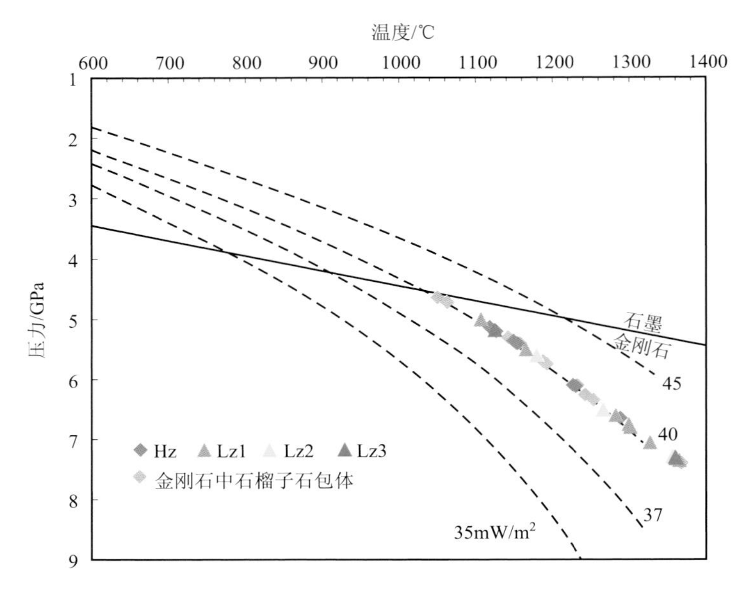

图 6-10　瓦房店 30 号岩管石榴子石捕虏晶平衡温度和压力

平衡温度是基于 Canil（1999）的石榴子石 Ni 温度计，压力是基于地温梯度 40 mW/m^2（Griffin et al., 1998; Menzies et al., 2007; Wang et al., 1998）。瓦房店和蒙阴地区金刚石中矿物包体数据来自于 Wang 等（2000）

Shchukina 等（2015）认为亏损的石榴子石可以在部分熔融过程中存留下来，并继承岩石圈地幔的特征：富 Mg，低 Ca，低的微量元素，正倾斜的球粒陨石标准化稀土元素配分曲线。这样的石榴子石残留晶通常具有低的 Cr 含量（Canil and Wei, 1992）。岩石圈地幔中的石榴子石也可以由化学反应 Opx + Spl → Grt + Ol 形成（MacGregor, 1964），该反应会使得石榴子石具有高的 Cr 含量并继承斜方辉石的稀土元素特征。瓦房店 30 号岩管中大部分的石榴子石捕虏晶是钙不饱和的，具有低的不相容元素（Ti、Y、Zr、Hf 和稀土元素）和弯曲的球粒陨石标准化稀土元素配分曲线（图 6-9）。这样的稀土元素配分曲线与 Shchukina 等（2015）或者 MacGregor（1964）报道的石榴子石稀土元素配分曲线特征不一样，这表明 30 号岩管中的石榴子石并不是在单阶段或者多阶段的部分熔融和熔体抽离过程中形成的残留晶。虽然弯曲的稀土元素配分曲线可以由晶体化学效应形成，但是 30 号岩管石榴子石具有非常富集的轻稀土元素，更加符合熔流体交代再富集的特征（Stachel et al., 2004）。通常，钙不饱和的石榴子石和低体积高度分馏的熔体（比如碳酸岩熔流体）反应，可以形成强烈弯曲的稀土元素配分曲线；钙不饱和的石榴子石和中等体积含硅的熔体（比如金伯利岩岩浆）反应，可以形成中等弯曲的稀土元素配分曲线；石榴子石和大体积的硅质熔体（比如碧玄岩）反应，可以形成富重稀土元素和高场强元素的石榴子石，该石榴子石具有正常的稀土元素配分曲线（Aulbach et al., 2013）。

30 号岩管中橄榄岩型石榴子石的稀土元素配分曲线不仅见于金刚石中的石榴子石包体，同样见于世界范围内金伯利岩中的橄榄岩捕虏体（Agashev et al., 2013; Shchukina et al., 2015; Stachel et al., 2004; Stachel et al., 1998; Viljoen et al., 2014; Wang et al., 2000）。30 号岩管中不同类型的石榴子石捕虏晶之间存在明显的交代作用叠加趋势。从 Lz1 和 Hz，到 Lz2 和 Lz3，再到蒙阴石榴子石巨晶，Y、Zr 和 Ti 的含量逐渐增加（图 6-11），稀土元素（REE）配分曲线弯曲程度逐渐减弱，趋向于正常，中稀土元素和重稀土元素含量趋于一致（图 6-9）。这些均表明交代作用程度在逐渐升高（Agashev et al., 2013; Stachel et al., 2004）。

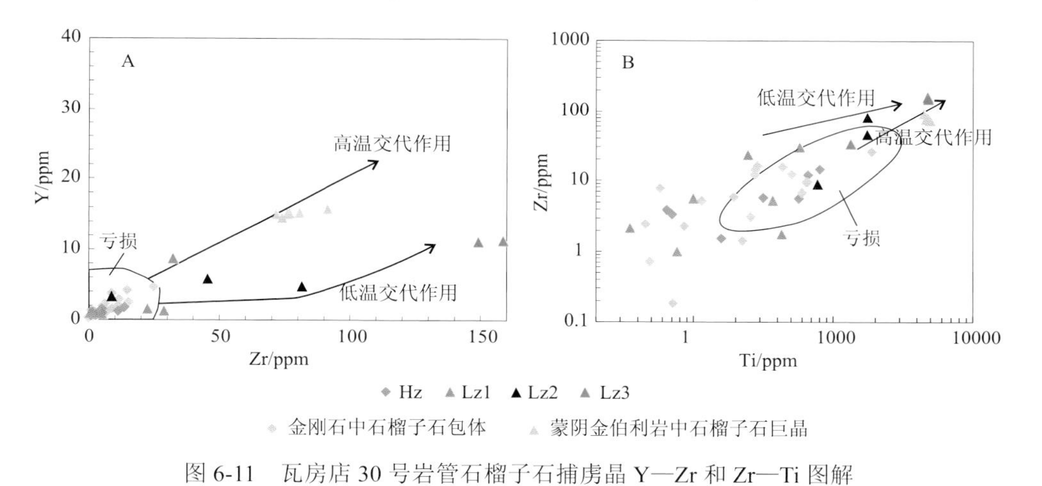

图 6-11　瓦房店 30 号岩管石榴子石捕虏晶 Y—Zr 和 Zr—Ti 图解

亏损区域来自于 Griffin 等（1999），瓦房店和蒙阴地区金刚石中矿物包体数据来自于 Wang 等（2000），蒙阴金伯利岩中石榴子石巨晶成分数据来自于 Zhang 等（2000）

6.3.5　交代熔流体类型

古老克拉通下岩石圈地幔中的交代作用是广泛存在的。目前已发现了各种各样的交代作用熔流体类型，主要包括：碳酸岩熔流体交代作用、金伯利岩岩浆交代作用（碳酸岩硅质熔体）、玄武质交代作用（硅质熔体）和与金云母结晶作用有关的交代作用（Agashev et al., 2013; Boyd et al., 1997; Doucet et al., 2013; Giuliani et al., 2016; Griffin et al., 1999; Shchukina et al., 2016; Wang et al., 2000）。Howarth 等（2014）曾总结了每种交代作用的化学特征和如何区分它们。在具体的研究案例中，研究者们都试图把交代作用的熔流体和具体的岩石类型对应起来，比如玄武岩、金伯利岩、钾镁煌斑岩和碳酸岩（Agashev et al., 2013; Grégoire et al., 2003; Howarth et al., 2014; Kargin et al., 2016; Viljoen et al., 2014; Ziberna et al., 2013）。目前主要使用石榴子石/熔体分配系数来计算交代熔流体的成分，从而判断熔流体的类型。

在交代作用过程中，熔体和流体的加入会带来Ca、Fe、Ti、Y、Zr和稀土元素，从而改变克拉通下的岩石圈地幔化学特征。Zr—Y和Zr—Ti图解常被用来判别交代作用类型（Griffin et al., 1999），这些图解不仅可用来鉴别石榴子石的来源（亏损源区或者熔体交代过的源区），也可将硅质熔体交代过的石榴子石和金云母交代作用影响过的石榴子石区别开来（Aulbach et al., 2004; Griffin et al., 1999）。在图6-11中，30号岩管中只有几个石榴子石捕虏晶落在与金云母交代作用相关的低温趋势线上，其他石榴子石落在亏损区域，而不是高温的硅质熔体交代趋势线上。虽然这些石榴子石的部分元素（特别是高度不相容元素）由于交代作用表现出富集特征，但是这些元素特征并没有显现在图6-11上。这表明这些石榴子石并没有受到与金云母相关的交代作用或者硅质熔体交代作用。

为了进一步区分交代作用类型和辨别引起弯曲的稀土元素配分曲线的原因，本书研究使用石榴子石$(Sm/Er)_N$—Ti/Eu图解。该图解可用于区分两种交代作用类型：碳酸岩熔流体和硅质熔体交代作用（图6-12）。本书研究中使用不同的石榴子石/熔体分配系数（Kd）来计算和30号岩管石榴子石捕虏晶平衡的交代熔体。对于碳酸岩熔流体，使用石榴子石/碳酸岩Kd（Dasgupta et al., 2009），对于金伯利岩熔体，使用石榴子石/金伯利岩Kd（Burgess and Harte, 2004）。另外，作者搜集了天然碳酸岩熔流体（Bizimis et al., 2003）和30号岩管金伯利岩的成分，来与计算获得的熔体成分相对比。结合瓦房店和蒙阴地区金刚石中的石榴子石包体成分和石榴子石巨晶成分（Wang et al., 2000; Zhang et al., 2000），作者认为30号岩管中石榴子石捕虏晶经历了两期的熔流体交代作用事件：碳酸岩熔流体和金伯利岩熔体。

1. 碳酸岩熔流体

碳酸岩熔流体交代作用主要交代在蒙阴和瓦房店地区金刚石中的石榴子石包体中。该熔流体具有以下特征：①高的轻稀土元素（LREE）含量；低的Y、Zr、Ti和重稀土元素（HREE）含量，强烈弯曲的稀土元素配分曲线（图6-9和6-11）；②宽的$(Sm/Er)_N$范围和低的Ti/Eu比值，整体呈碳酸岩熔流体交代趋势（图6-12）；③计算出的平衡熔体成分与天然碳酸岩熔流体成分类似（图6-13）。具有强烈弯曲的稀土元素配分曲线的石榴子石通常含有高的Sr含量（大于10×10^{-6}）（Pearson et al., 1995; Shimizu and Sobolev, 1995）。结合其他的特征，这些石榴子石被认为与CHO流体（Stachel et al., 2004）或者碳酸岩熔流体（Navon, 1998）达到了平衡（Shirey et al., 2013）。CHO流体和碳酸岩熔流体被认为与金刚石的形成有关。华北克拉通金刚石中的一部分石榴子石包体中的Sr含量高于10×10^{-6}，这也表明这些石榴子石经历了碳酸岩交代作用（Shirey et al., 2013）。

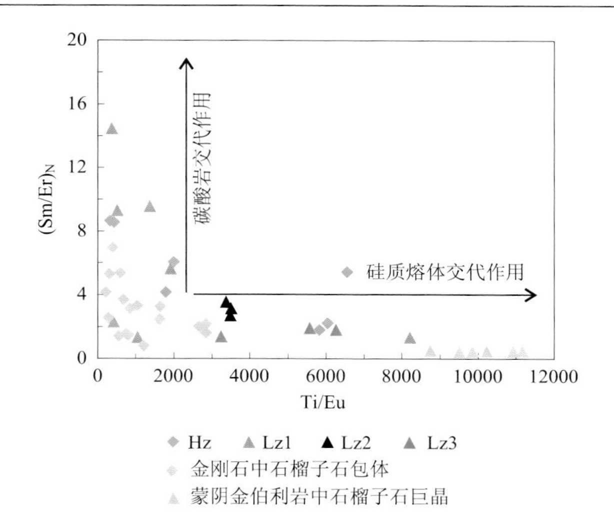

图 6-12　瓦房店 30 号岩管石榴子石捕虏晶$(Sm/Er)_N$—Ti/Eu 图解

瓦房店和蒙阴地区金刚石中矿物包体数据来自于 Wang 等（2000），蒙阴金伯利岩中石榴子石巨晶成分数据来自于 Zhang 等（2000）

2. 金伯利岩熔体

金伯利岩岩浆交代作用主要记录在 Lz2、Lz3 型石榴子石和蒙阴石榴子石巨晶中。该熔体具有以下的特征：①低的轻稀土元素（LREE）含量；高的 Y、Zr、Ti 和重稀土元素（HREE）含量，微弱弯曲的稀土元素配分曲线（图 6-9 和图 6-11）；②低的$(Sm/Er)_N$和高的 Ti/Eu 比值，整体呈硅质熔体交代趋势（图 6-12）；③计算出的平衡熔体成分与 30 号岩管金伯利岩岩浆成分类似（图 6-13）。Doucet 等（2013）的研究也表明在金伯利岩岩浆侵位之前，金伯利岩岩浆会对其中的捕虏体和捕虏晶有交代作用。

与碳酸岩熔流体交代过的石榴子石包体和金伯利岩岩浆交代过的 Lz2 和 Lz3 型石榴子石相比较，Hz 和 Lz1 型石榴子石具有更复杂的化学特征，其 Y、Zr 和 Ti 含量和石榴子石包体相类似，然而 Sr、LREE 和 HREE 特征和 Lz2 和 Lz3 石榴子石相类似（图 6-11）。Hz 和 Lz1 型石榴子石的稀土元素配分曲线整体上和金刚石中石榴子石包体的稀土元素配分曲线相似，然而它们的重稀土元素曲线差别较大（图 6-9）。通过计算获得的与 Hz 和 Lz1 型石榴子石平衡的熔体富集轻稀土元素（LREE）、中稀土（MREE）和重稀土（HREE）曲线整体呈勺状（图 6-13B 和 C），这些特征表明该熔体不是金伯利岩熔体。该熔体特征并不是由一次熔体作用过程形成的，而是经历了复杂的形成过程。同样的现象也出现在 Udachnaya 金伯利岩中的石榴子石中（Howarth et al., 2014）。在$(Sm/Er)_N$—Ti/Eu 图解上，Hz 和 Lz1 型石榴子石的数据也展示了多阶段的交代作用过程。在本书研究中，作者认

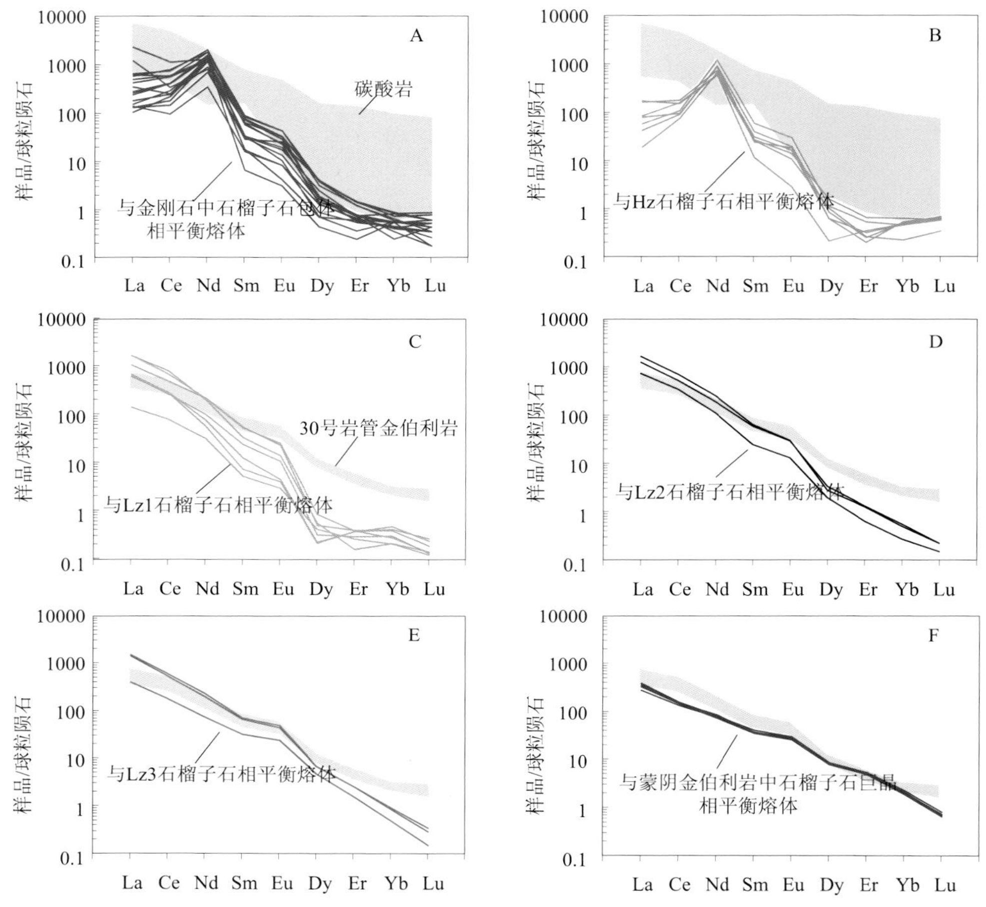

图 6-13　与瓦房店 30 号岩管金伯利岩中石榴子石捕虏晶平衡的熔流体微量元素成分

与 30 号岩管 Hz 型石榴子石和金刚石中石榴子石包体达到平衡的熔体是通过石榴子石/碳酸岩分配系数（Dasgupta et al., 2009）来计算的；与 30 号岩管 Lz1 型、Lz2 型、Lz3 型石榴子石和蒙阴地区石榴子石巨晶达到平衡的熔体是通过石榴子石/金伯利岩分配系数（Burgess and Harte, 2004）来计算的。图中也展示了天然碳酸岩熔流体成分（Burgess and Harte, 2004）和 30 号岩管金伯利岩岩浆成分，所有的成分都是通过球粒陨石成分（McDonough and Sun, 1995）来标准化。瓦房店和蒙阴地区金刚石中矿物包体数据来自于 Wang 等（2000），蒙阴金伯利岩中石榴子石巨晶成分数据来自于 Zhang 等（2000）

为 Hz 和 Lz1 型石榴子石经历了两阶段的交代作用：早期的碳酸岩熔流体交代作用和晚期的金伯利岩岩浆作用。具体的过程见下面的讨论。

6.3.6　石榴子石化学成分演化模型

根据 30 号岩管石榴子石捕虏晶成分以及瓦房店和蒙阴金刚石中石榴子石包体成分特征，作者提出了一个时间上的交代作用演化模型：早期的碳酸岩熔流体交代事件发生在 480 Ma 之前，与华北克拉通金刚石形成事件有关；晚期的金伯利岩岩浆交代事件发生在 480 Ma（Li et al., 2005; 张宏福和杨岳衡, 2007）。

早期的交代作用是由富稀土元素的碳酸岩熔流体引起的。虽然精确限定此次交代作用的时间是比较困难的，但是金伯利岩中的金刚石形成时间比金伯利岩形成时间要老得多（Gurney et al., 2005），根据金刚石中的石榴子石包体，此次交代作用应发生在金伯利岩侵位（480Ma）之前。碳酸岩熔流体交代作用被认为与金刚石的形成有关（Shirey et al., 2013）。除了可能的金刚石，此次交代作用还形成了金刚石中石榴子石包体和 Hz、Lz1 型石榴子石。根据金刚石中矿物对，可以获得此次交代作用的温度和压力分别为 1110～1220 °C 和 4.6～6.9 GPa（Gorshkov et al., 1997）。早期的碳酸岩熔流体交代作用有利于 CaO 的富集，从而导致岩石圈地幔成分的改变（趋势 1，图 6-14A 和 B）；另外，碳酸岩熔流体交代作用有利于 Sr 和 LREE 含量的增加（Howarth et al., 2014; Pokhilenko et al., 1999）。

后期的交代作用是由金伯利岩岩浆交代作用引起的。金伯利岩岩浆是由碳酸岩化橄榄岩经历低程度的部分熔融形成的，然后形成了瓦房店和蒙阴金伯利岩（480 Ma）。早期和碳酸岩熔流体达到平衡的 Hz、Lz1、Lz2 型石榴子石可以与金伯利岩岩浆相互作用，但是早期形成的金刚石中石榴子石包体不能与之反应（图 6-14A 和 C）。30 号岩管石榴子石捕虏晶估算的温度和压力分别为 1107～1365℃和 5.0～7.4 GPa。金伯利岩岩浆交代作用会使得 Cr_2O_3、Sr 和 LREE 含量减少（趋势 2，图 6-14A），使石榴子石形成中等弯曲的稀土元素配分曲线，使石榴子石的重稀土元素曲线从平稳趋向于弯曲（Aulbach et al., 2013）。

从金伯利岩岩浆形成一直到最终侵位的过程中，金伯利岩岩浆可以与石榴子石一直相互作用（Giuliani et al., 2014）。在此过程中，石榴子石中的不相容元素进一步富集，从而导致 Lz1、Lz2、Lz3 型石榴子石和蒙阴石榴子石巨晶的形成（图 6-14A 和 D）。根据蒙阴石榴子石巨晶，此阶段的温度和压力为 1038～1203℃和 2.90～4.94 GPa（根据 Zheng et al., 2006 重新计算的）。在此阶段中，石榴子石中的 Y、Zr、Ti 和 HREE 含量升高，稀土元素配分曲线从弯曲型转为正常型。金伯利岩岩浆交代作用会叠加在早期的碳酸岩交代作用上，随着金伯利岩岩浆作用的加强，石榴子石（如 Lz3 型）会逐渐显现出金伯利岩交代作用的特征。

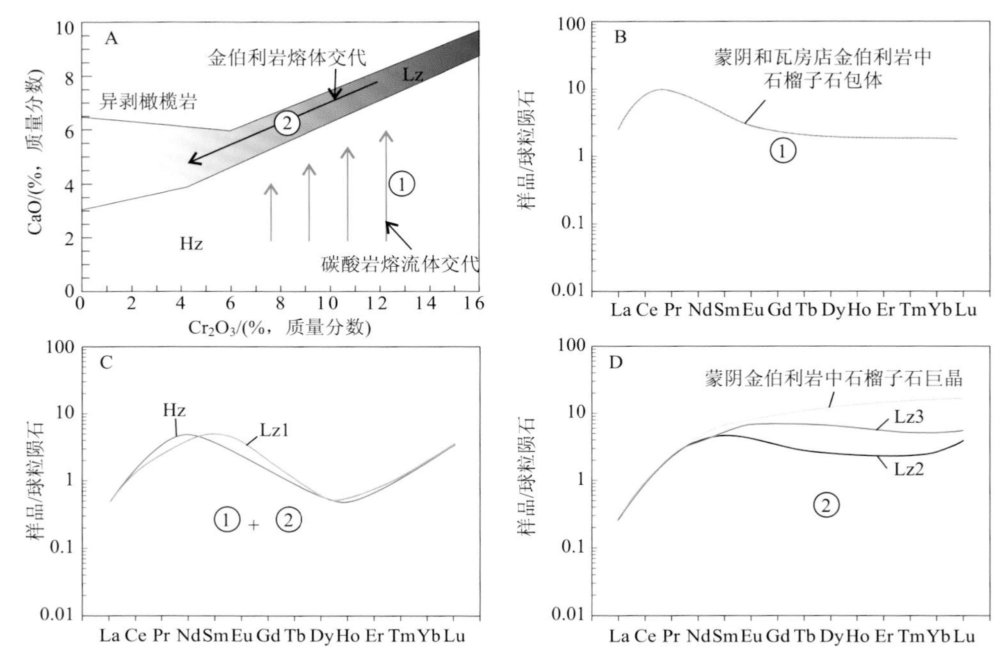

图 6-14　石榴子石两阶段交代作用 CaO–Cr_2O_3 演化示意图（修改自 Howarth et al., 2014）

A. 趋势 1 代表了碳酸岩熔流体交代作用，该交代作用导致了岩石圈地幔成分的改变（图中蓝线代表交代作用趋势线 1），趋势 2 代表了金伯利岩岩浆交代作用，该作用导致石榴子石 CaO 含量的降低（黑色线代表了交代作用趋势线 2）；B. 蒙阴和瓦房店金刚石中石榴子石记录了趋势 1 交代作用；C. 趋势 2（金伯利岩岩浆交代作用）叠加在早期与碳酸岩熔流体平衡的石榴子石化学特征上，趋势 2 的交代作用记录在 Hz 和 Lz1 型石榴子石中；D. 随着金伯利岩岩浆交代作用的进一步加强，碳酸岩熔流体交代作用的特征已完全被金伯利岩熔体交代作用覆盖，Lz2、Lz3 型石榴子石和石榴子石巨晶只显现出金伯利岩岩浆交代作用的特征

6.3.7　交代作用的动力学背景

华北克拉通早期的碳酸岩熔流体交代作用使岩石圈地幔成分发生了改变，该交代事件可能形成了金刚石。由 Dalton 和 Presnall（1998）开展的 CaO-MgO-Al_2O_3-SiO_2-CO_2 实验表明：当深度约为 200 km 时，碳酸岩化二辉橄榄岩经历低程度的部分熔融，可以形成连续的熔体成分；当部分熔融程度大约为 0.3%时，可以形成碳酸岩熔流体；当部分熔融程度为 1%时，可以形成金伯利岩熔体。碳酸岩熔流体形成时间早于 480 Ma，确切的时间尚不清楚，这主要是因为无法获得金刚石的形成时间。基于地幔岩捕虏体中的 Hf 同位素，Li 等（2011）认为在约 1.3 Ga 华北克拉通下的元古宙岩石圈地幔发生了一起交代富集事件。该期交代事件与碳酸岩熔流体交代作用的关系尚不能确定。

华北克拉通晚期的金伯利岩岩浆交代作用事件被认为与 480 Ma 的金伯利岩

形成事件有关。根据金伯利岩 $^{87}Sr/^{86}Sr$ 特征，张宏福和杨岳衡（2007）认为华北克拉通的金伯利岩是由于古太平洋的俯冲引起的。然而，没有证据表明在古生代，华北克拉通东部存在俯冲事件。Yang 等（2009）认为华北克拉通金伯利岩的形成与地幔柱有关，同样的成因也出现在其他地区的金伯利岩（Howarth et al., 2014）。华北克拉通古生代的地幔柱可能是存在的，就像近些年来发现的新元古代地幔柱事件（Peng et al., 2011; Zhu et al., 2019c）。

含金刚石的金伯利岩表明古生代华北克拉通岩石圈地幔是冷而厚的。然而，地球物理探测和地幔橄榄岩捕虏体地球化学分析表明，中生代-新生代时，华北克拉通岩石圈地幔是热而薄的（Griffin et al., 1998; Zheng et al., 2006）。这些特征表明从古生代到新生代，华北克拉通岩石圈地幔发生了约 100 km 的减薄，岩石圈地幔从难熔的变成了易熔的。碳酸岩熔流体和金伯利岩熔体都是体量小的熔体，不能使岩石圈地幔发生大尺度的转变（Aulbach et al., 2013）。在引起金伯利岩岩浆作用后，地幔柱可继续导致大体量的玄武质岩浆形成。这些岩浆可进一步作用于岩石圈地幔，从而导致岩石圈地幔性质的转变。

6.3.8　石榴子石对金刚石含矿性的指示

在 Cr_2O_3—CaO 图解中（Grütter et al., 2004），30 号岩管中石榴子石成分数据位于 G9 和 G10 区域（图 6-15），这表明 30 号岩管应具有很高的金刚石品位（Dawson and Stephens, 1975; Gurney, 1984；Grütter et al., 2004），然而实际的采矿结果相反，30

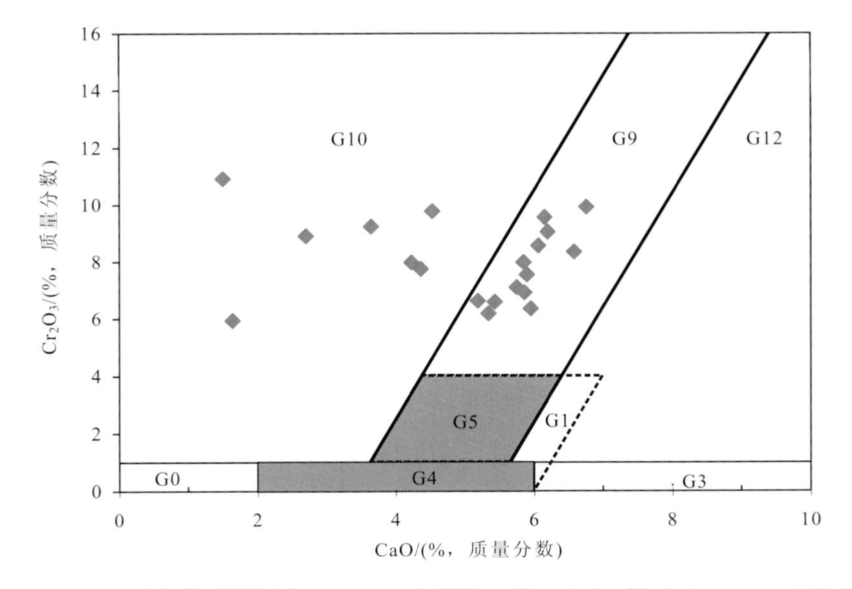

图 6-15　30 号岩管石榴子石 Cr_2O_3—CaO 图解（G0～G10，据 Grütter et al., 2004）

号岩管的金刚石品位较低。同样的情况也出现在南非 Zero 岩管（Shee et al., 1989）和澳大利亚 Sekameng 岩管中（Hamilton and Rock, 1990）。通过对 30 号岩管中镁铝榴石化学成分的研究，这些石榴子石经历了早期碳酸岩熔体/流体交代和晚期金伯利岩浆交代作用。晚期金伯利岩浆交代作用使得岩浆中已捕获的金刚石遭受了强烈的熔蚀，从而导致金刚石品位的下降。除此之外，作者认为地幔金刚石源区对 30 号岩管金伯利岩的金刚石品位起到了重要影响。

金刚石是由地幔熔流体交代地幔岩石，地幔岩石发生氧化还原反应形成的（Haggerty, 1986; Stachel et al., 2005）。此过程的氧化状态是由地幔岩石中氧化物（如镁铝榴石和铬铁矿）的 Fe^0-Fe^{2+}-Fe^{3+}控制的（Shirey et al., 2013）。Malkovets 等（2007）认为镁铝榴石和铬铁矿在金刚石形成中起到了重要的作用，富金刚石的金伯利岩同时捕获石榴子石和铬铁矿，而贫矿的金伯利岩只捕获铬铁矿。根据 6.2.6 节，华北克拉通下岩石圈地幔中的金刚石稳定区范围为 950～1200℃。根据石榴子石 Ni 温度计，30 号岩管石榴子石捕虏晶平衡温度为 1100～1350℃，主要集中在 1150℃。根据铬铁矿 Zn 温度计，30 号岩管铬铁矿捕虏晶平衡温度为 828～1394℃，主要集中在 950℃（图 6-16）。石榴子石和铬铁矿平衡温度的分布是不一样的，这和低品位的 Zarnitsa 和 Solokha 金伯利岩中指示矿物是一致的（Malkovets et al., 2007）。这表明 30 号岩管下岩石圈地幔中的镁铝榴石和铬铁矿并不是共生的，这部分地幔是贫金刚石的。虽然 30 号岩管从金刚石稳定区捕获了一些含金刚石的地幔岩，但是地幔岩金刚石品位低，从而导致 30 号岩管金伯利岩品位低。

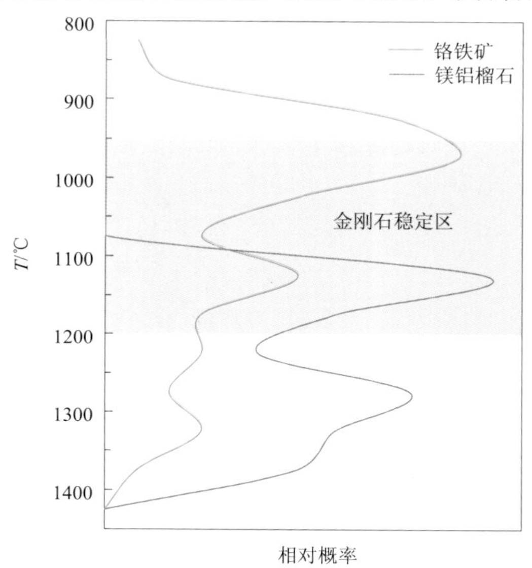

图 6-16　30 号岩管石榴子石和铬铁矿捕虏晶平衡温度分布

石榴子石平衡温度是基于石榴子石 Ni 温度计（Canil, 1999），铬铁矿捕虏晶平衡温度是基于铬铁矿 Zn 温度计（Ryan and Griffin, 1996）

6.4 小　结

瓦房店 30 号岩管金伯利岩中铬铁矿捕虏晶呈黑色，压碎后呈褐红色，半金属光泽，断口呈贝壳状或不规则状。铬铁矿粒径呈椭圆状—次棱角状，粒径大（500～1000 μm），集中在 700 μm 左右，未出现环状珊瑚礁环带构造。铬铁矿 Cr_2O_3 和 MgO 质量分数变化范围较大（Cr_2O_3=42.64%～66.56%，MgO = 8.88%～16.68%），TiO_2 含量较低（< 1.0%）。形态特征（粒径大、椭圆形、遭受融蚀）和成分特征（高 Cr、高 Mg、低 Ti）表明铬铁矿为地幔捕虏晶。铬铁矿普遍发育成分环带结构，其核部代表了原始成分，而边部为金伯利岩浆交代作用形成。铬铁矿捕虏晶核部成分变化受 Al^{3+}-Cr^{3+}类质同象作用控制，代表这些矿物原地幔岩为橄榄岩。在铬铁矿 MgO、Al_2O_3、TiO_2 和 Cr_2O_3 图解上，瓦房店 50 号金伯利岩管中铬铁矿均位于或接近金刚石稳定区，常马庄金伯利岩铬铁矿也靠近金刚石稳定区域，30 号岩管虽然有少量铬铁矿落在金刚石稳定区域，但有大量的尖晶石远离金刚石稳定区域。这些图解表明在 30 号岩管中部分铬铁矿捕虏晶与金刚石成伴生关系，30 号岩管具有一定的携带金刚石的能力。在这三种岩管中，50 号岩管金刚石品位最高，常马庄金伯利岩次之，30 号岩管品位最低。通过实际开采情况比较，50 号岩管和常马庄金伯利岩均为我国金刚石品位较高的金伯利岩，而 30 号岩管金刚石品位较差，这一结果与本书通过铬铁矿化学图解比较得到的结论一致。

瓦房店 30 号金伯利岩管中石榴子石捕虏晶呈粉红色、淡紫色，大小 0.5～1.0 mm，形状多为不规则状、椭圆状。石榴子石表面遭受熔蚀，边部遭受后期金伯利岩浆交代作用。在 CaO—Cr_2O_3 图解中，大部分石榴子石落在二辉橄榄岩区域，少部分石榴子石投汇于方辉橄榄石区，这表示其地幔岩主要为二辉橄榄岩，少部分为方辉橄榄岩，与瓦房店地区金伯利岩中地幔岩捕虏体岩性一致。根据石榴子石镍温度计，30 号岩管石榴子石平衡温度为 1107～1365℃，压力计算为 5.0～7.4 GPa。在 Cr_2O_3—CaO 图解中，30 号岩管中石榴子石投汇于 G9 和 G10 区域，这表明 30 号岩管具有很高的金刚石品位，然而采矿结果相反。石榴子石经历了两期交代作用：早期碳酸岩熔体/流体交代和晚期金伯利岩浆交代。碳酸岩熔体/流体的交代作用发生在 480 Ma 之前。交代作用富集了 Sr 和轻稀地球元素，并参与了华北克拉通岩石圈地幔的金刚石形成事件；金伯利岩交代作用发生在 480 Ma。该交代作用使得金伯利岩中已捕获的金刚石遭受了强烈的熔蚀。

第 7 章　成矿作用浅部过程：金伯利岩岩浆对金刚石熔蚀作用

7.1　引　　言

大部分金刚石都是被金伯利岩岩浆从上地幔携带至地球表面的，因此金伯利岩岩浆作用过程对于评估金刚石能否在岩浆形成、运移和侵位过程中保留下来具有重要的作用（Mitchell, 1986, 1995; Haggerty, 1986; Gurney et al., 2005）。金伯利岩是一种高温富挥发分的熔体，容易和金刚石反应（Robinson et al., 1989）。通过金伯利岩分选出来的天然金刚石通常展现一系列复杂的形态学特征和晶面特征，这表明金刚石遭受到了金伯利岩岩浆的熔蚀作用（Fedortchouk, 2019, 2015; Fedortchouk et al., 2007; Gurney et al., 2004; Fedortchouk, 2015; Robinson et al., 1989）。实验研究表明碱性熔体可以使金刚石产生多种熔蚀特征，这些结构和天然金刚石观察到的结果一致（Kozai and Arima, 2003; Sonin et al., 2002; Fedortchouk, 2019; Khokhryakov and Pal′Yanov, 2007）。金刚石的熔蚀作用是一个复杂的过程，可以产生多种熔蚀结构。十二面体金刚石和二十四面体金刚石（THH）都被认为是由八面体金刚石熔蚀作用形成的（Robinson et al., 1989; Kozai and Arima, 2003），而不是金刚石原生结构（Mendelssohn and Milledge, 1995）。

Robinson（1979）曾系统地研究了金刚石表面特征以及它们和金伯利岩岩浆的关系。他认为金刚石熔蚀作用主要是因为碳的氧化反应，而不是石墨化。金刚石中的碳在石墨区的稳压条件下可以被氧化成 CO_2，该反应可能是由金伯利岩中的挥发分（H_2O 和 CO_2），或者是由原子价态的变化引起的（比如 Fe^{2+}-Fe^{3+}, Harris and Vance, 1974; Arima, 1998; Fedortchouk, 2019）。一系列的实验表明温度（T）、压力（P）、挥发分和氧逸度（fO_2）均会影响金刚石的熔蚀作用（Kozai and Arima, 2005; Khokhryakov and Pal′ Yanov, 2007; Fedortchouk et al., 2007; Fedortchouk, 2019; Sonin et al., 2002; Kozai and Arima, 2003）。Kozai 和 Arima（2003）的实验表明，当体系中的温度上升和 CO_2 下降时，八面体的金刚石可以经由熔蚀作用有效地转换成十二面体和二十四面体的金刚石。熔体中 H_2O 含量上升时，将会促进金刚石的氧化反应（Pal′ Yanov et al., 1995）。熔体中 H_2O：CO_2 比值变化时，金伯利岩的形态特征也将发生改变，特别是金刚石的形状和缺陷的特征（Fedortchouk, 2019）。当金刚石处于持续不断的气体流中，如果增加体系中的氧逸度（fO_2），金刚石的氧化反应将增强（Cull and Meyer, 1986）。总结来说，实验研究表明金伯利岩岩浆特征（T、fO_2、H_2O、CO_2）将会极大地影响金刚石熔蚀作用，从而改变金伯利岩形态学特征。

目前基本上都是通过金伯利岩岩浆携带上来的地幔岩捕虏体和捕虏晶特征来对单个金伯利岩岩管中的金刚石质量和品位进行评估（Dawson and Stephens, 1975; Gurney, 1984; Nixon, 1995; Grütter et al., 2004; Carmody et al., 2014; Stachel and Harris, 2008）。虽然实验研究表明金刚石熔蚀作用速率和熔蚀特征受到金伯利岩的影响，但是金刚石熔蚀作用对金伯利岩金刚石品位的影响大小仍然是不明确的。在本书研究中，作者选择了华北克拉通山东蒙阴和辽宁瓦房店地区6个不同品位的金伯利岩管，来调查金伯利岩岩浆特征（T 和 fO_2）与相对应的金刚石品位和金刚石形态的关系。由于金伯利岩经常受到强烈的蚀变作用，因此通过矿物温度计和压力计来计算金伯利岩的温度和压力存在较大的困难，但瓦房店金伯利岩含有未受到蚀变作用的原生矿物，这些矿物可以被用来使用橄榄石-尖晶石（Ol-Spl）温度计和尖晶石压力计（O'Neill and Wall, 1987; Ballhaus et al., 1991）。本书研究还介绍了不同岩管中金刚石的形态学特征，研究的目标在于建立金伯利岩 T-fO_2 特征和金刚石熔融特征的联系，从而把金伯利岩金刚石品位和金伯利岩岩浆作用关联起来。

7.2　金刚石形态学特征与品位

华北克拉通瓦房店和蒙阴地区中的金刚石是通过金伯利岩分选获得的。这些地区不同岩管（瓦房店30号岩管、42号岩管、50号岩管和1号岩管；蒙阴胜利1号岩管和西峪6号岩管）中金刚石品位见表7-1。以前的学者已经详细描述了华北克拉通金伯利岩中金刚石的物理特征，包括晶体形态、重量、颜色、大小、表面特征和内部的包裹体（Zhao, 1998；张培强, 2006）。在本书研究中，作者只讨论金刚石形态学特征与金刚石熔蚀作用的关系。根据形态学特征，金伯利岩中的金刚石可以简单划分为4种类型：八面体和立方体（原生晶形）、八面体-十二面体（转换晶形）、十二面体-二十四面体（次生晶形）和不规则破碎晶形。

华北克拉通瓦房店和蒙阴地区金伯利岩中的金刚石晶形特征见图7-1，其中瓦房店金伯利岩中金刚石形态学数据由辽宁省第六地质大队康宁提供，蒙阴金伯利岩中金刚石形态学数据来自于张培强（2006）。在本书研究的所有岩管（瓦房店30号岩管、42号岩管和50号岩管；蒙阴胜利1号岩管和西峪6号岩管）中，具原生立方体晶形和不规则破碎晶形的金刚石比例较小。与低品位的岩管（瓦房店30号岩管、42号岩管和西峪6号岩管）相比，高品位的岩管（胜利1号岩管和瓦房店50号岩管）具有更高的次生二十四面体晶形和更少的原生八面体晶形。

表 7-1 辽宁瓦房店和山东蒙阴金伯利岩年龄、岩相学和金刚石品位

位置	年龄/Ma	金伯利岩岩性	基质组成	基质矿物								品位/(克拉/t)
				蛇纹石	碳酸盐矿物	独居石	金云母	钙钛矿	铬铁矿	磁铁矿	黄铁矿	
瓦房店地区												
50 号岩管	480	粗粒火山通道相金伯利角砾岩和金伯利岩	蛇纹石-方解石基质（少量金云母）	多	多	少	多	无	多	多	多	0.79
30 号岩管		火山通道相金伯利岩，凝灰质金伯利角砾岩	蛇纹石-方解石基质（少量金云母）	多	多	少	多	无	多	多	多	0.18
42 号岩管		粗粒火山通道相金伯利角砾岩，含较多围岩角砾	方解石-金云母基质	少	多	少	多	无	多	多	多	0.08
1 号岩管		火山通道相金伯利岩	方解石-金云母基质（少量蛇纹石）	少	多	少	多	少	多	多	多	0.01
蒙阴地区												
胜利 1 号岩管		粗粒火山通道相金伯利角砾岩和金伯利岩	方解石-蛇纹石基质	多	多	多	少	多	多	多	多	1.12
西峪 6 号岩管		火山通道相金伯利岩，凝灰质金伯利角砾岩	方解石-蛇纹石基质	多	多	多	多	多	多	多	多	0.07

7.3 样品采集与分析方法

本书研究的金伯利岩样品来自于瓦房店 50 号岩管、30 号岩管、42 号岩管和 1 号岩管，以及蒙阴胜利 1 号岩管和西峪 6 号岩管。这些岩管的地质特征、金伯利岩岩相学特征已经在 4.2 节详细地介绍过了，这里不再重复。本章节只重点关注与金刚石熔蚀作用有关的金伯利岩岩相学特征，这些特征具体见表 7-1。

本章主要讨论金伯利岩岩浆特征（温度 T、氧逸度 fO_2、挥发分 H_2O 和 CO_2）对金刚石熔蚀作用的影响。金伯利岩岩浆温度 T 和氧逸度 fO_2 是通过共生的橄榄石-尖晶石矿物对来计算的（O'Neill and Wall, 1987; Ballhaus et al., 1991）。考虑到金伯利岩中橄榄岩斑晶均已蚀变，因此本章只通过电子探针方法分析了基质尖晶石的主量成分。尖晶石中 Fe^{3+} 和 Fe^{2+} 含量是通过化学式电价平衡来计算的（Droop, 1987）。

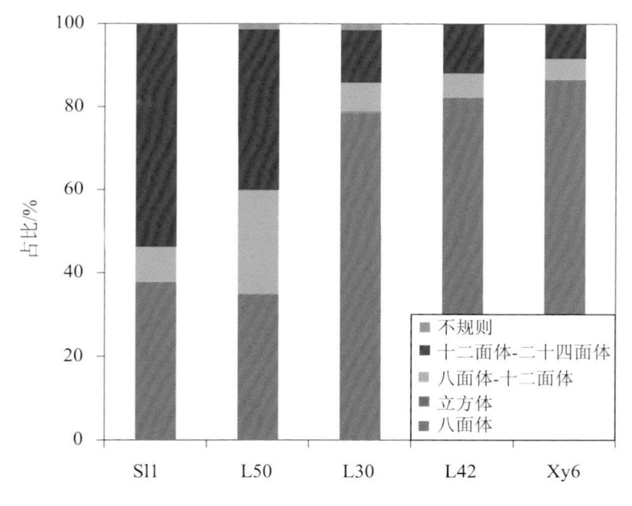

图 7-1　瓦房店和蒙阴金伯利岩中金刚石晶形分布

7.4　基质尖晶石形态学特征与化学成分

7.4.1　形态学特征

在金伯利岩中，凡具有尖晶石结构的氧化物均统称为尖晶石，其中包括：铬铁矿（chromite，Chr）、镁钛磁铁矿（magnesium-ulvöspinel-magnetite，Mum）、镁铁矿（magnesioferrite）、镁铁尖晶石（pleonaste，Ple）和磁铁矿（magnetite，Mag）（Roeder and Schulze, 2008; Pasteris, 1980; Naidoo et al., 2004）。在这些矿物中，根据成因的不同，可以分为铬铁矿捕虏晶（金伯利岩岩浆捕获地幔橄榄岩中的尖晶石）和基质尖晶石（金伯利岩岩浆直接结晶形成的）。一般来说，铬铁矿捕虏晶粒径较大（>100 μm），晶形呈椭圆形和次棱角状，很少有尖锐的边缘（Haggerty, 1975; Pasteris, 1983; O'Reilly and Griffin, 2006; Kaminsky et al., 2010; Chalapathi Rao et al., 2012）。基质尖晶石广泛分布在金伯利岩基质中，粒径 1～50 μm，少数能达到 100 μm，晶形良好（Schulze, 2001; Roeder and Schulze, 2008）。基质尖晶石常发育环状珊瑚礁环带构造，环带间常填充金云母或方解石（Mitchell and Clarke, 1976; Mitchell, 1986）。

瓦房店和蒙阴金伯利岩中基质尖晶石背散射图像见图 7-2～图 7-7。这些尖晶石晶形较好，为自形-半自形，一般为八面体，粒径 20～100 μm，绝大多数小于 40 μm。部分尖晶石中含有孔洞（图 7-2、图 7-4 和图 7-7），这代表了环状珊瑚礁环带构造的初期特征（Roeder and Schulze, 2008），环状珊瑚礁环带为原生尖晶石的典型特征（Mitchell, 1986）。根据以上特征，这些尖晶石被认为是金伯利岩岩浆

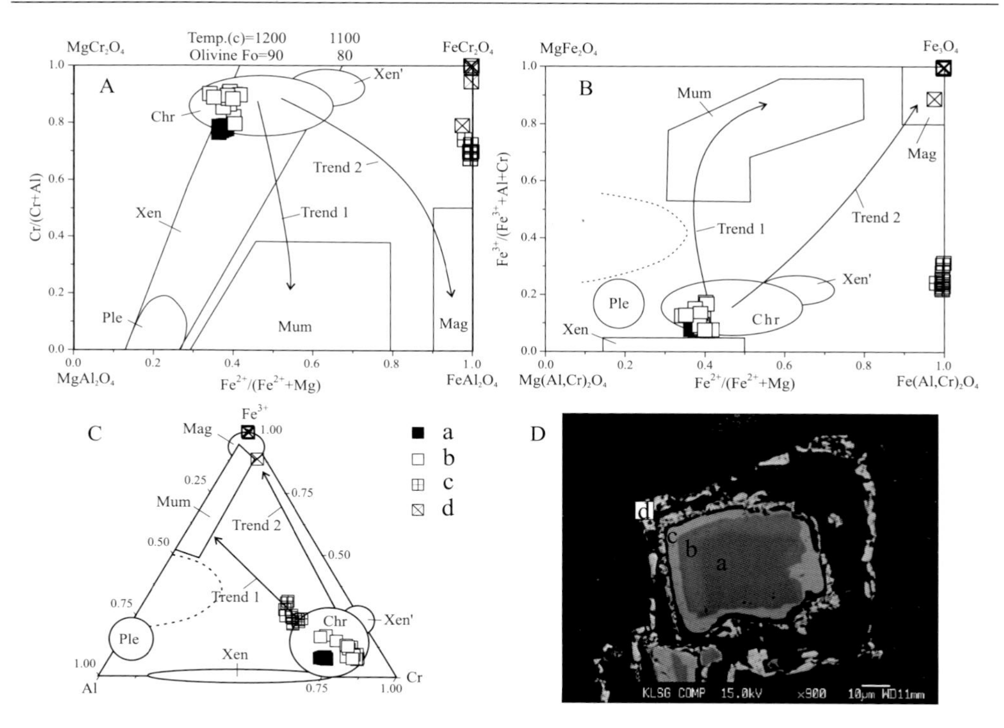

图 7-2　蒙阴胜利 1 号岩管中基质尖晶石成分环带图解（A～C）和背散射图片（D）

成分环带用小写字母表示。图 A 实线表明尖晶石与橄榄石（Fo 90 和 80）在 1200℃和 1100℃达到了平衡（Irivine, 1965）。趋势线 1 和 2 来自于 Mitchell（1986）、Roeder 和 Schulze（2008）。缩写：Xen =橄榄岩尖晶石捕虏晶; Mum = 镁钛磁铁矿; Chr = 铬铁矿; Xen′= 交代过的橄榄岩尖晶石捕虏晶; Mag = 磁铁矿; Ple = 镁铁尖晶石

结晶而出的原生尖晶石，而不是尖晶石捕虏晶。在背散射图像下，这些尖晶石呈现出 3 层或 4 层的环带特征（图 7-2～图 7-7）。

7.4.2　化学成分

华北克拉通瓦房店和蒙阴金伯利岩中基质尖晶石化学成分见图 7-2～图 7-7 和附录Ⅱ表 10。大部分尖晶石展现了 3 层成分环带：核部、中部和边部（图 7-3～图 7-6）。部分岩管中，根据背散射图像，尖晶石中部可以被进一步两个成分环带（图 7-2 和图 7-7）。以上所有成分环带均用小写字母进行区分。在尖晶石成分图解上（Roeder and Schulze, 2008），基质尖晶石核部被划分为铬铁矿，基质尖晶石边部被划分为磁铁矿。

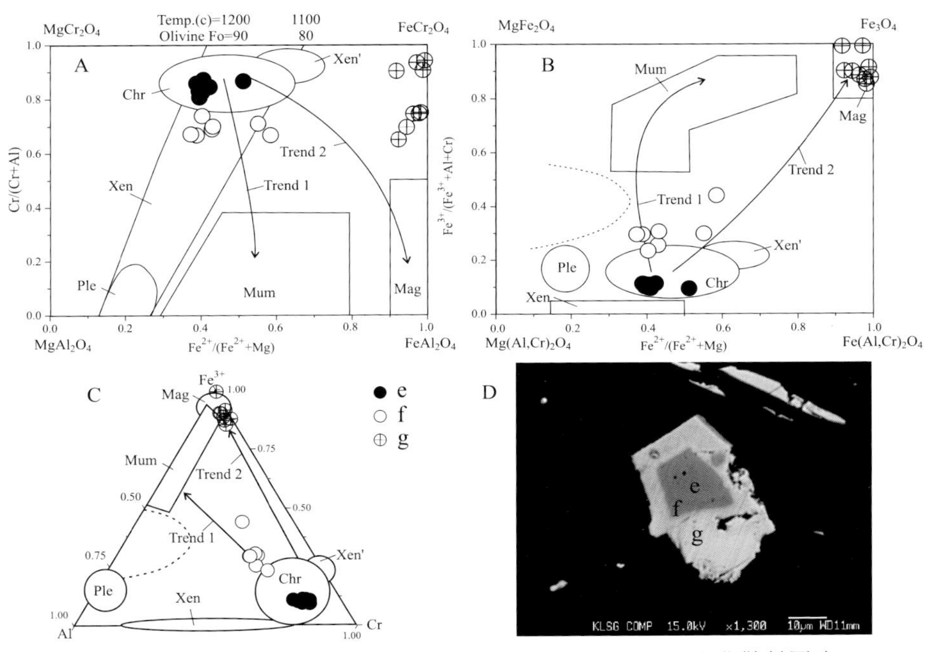

图 7-3　瓦房店 50 号岩管中基质尖晶石成分环带图解（A～C）和背散射图片（D）

图中标注同图 7-2

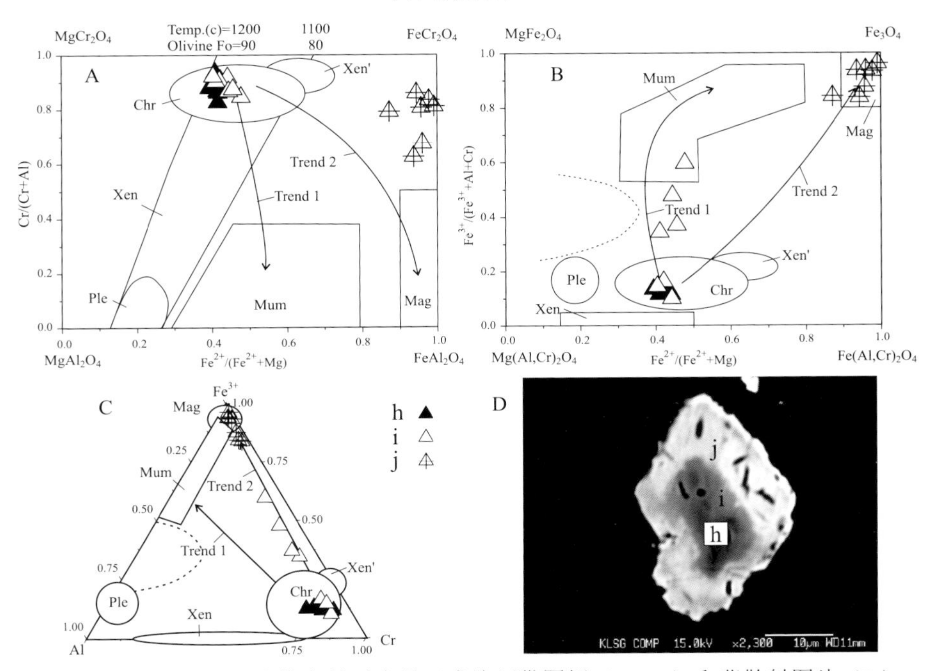

图 7-4　瓦房店 30 号岩管中基质尖晶石成分环带图解（A～C）和背散射图片（D）

图中标注同图 7-2

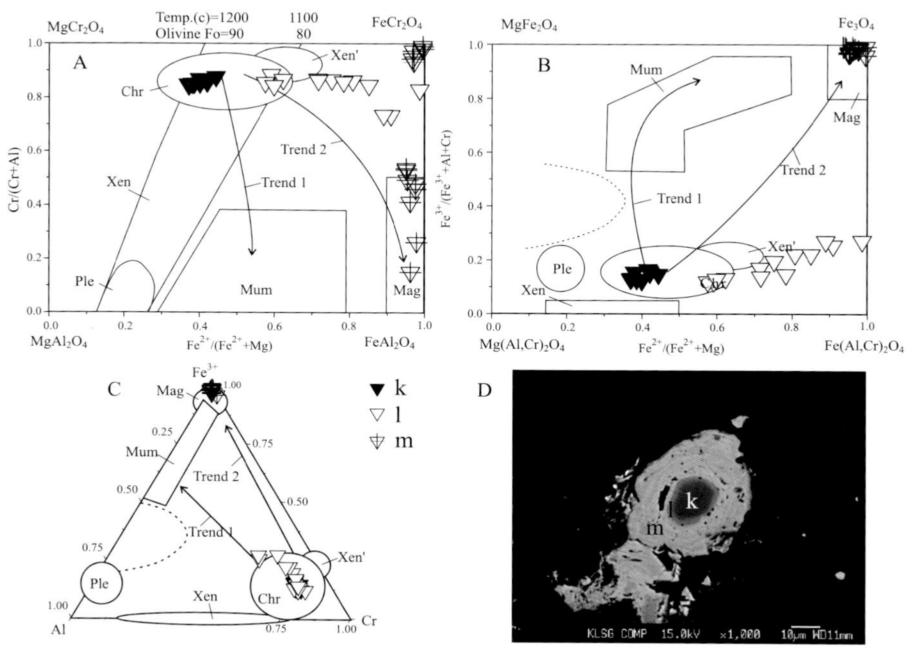

图 7-5　瓦房店 42 号岩管中基质尖晶石成分环带图解（A～C）和背散射图片（D）

图中标注同图 7-2

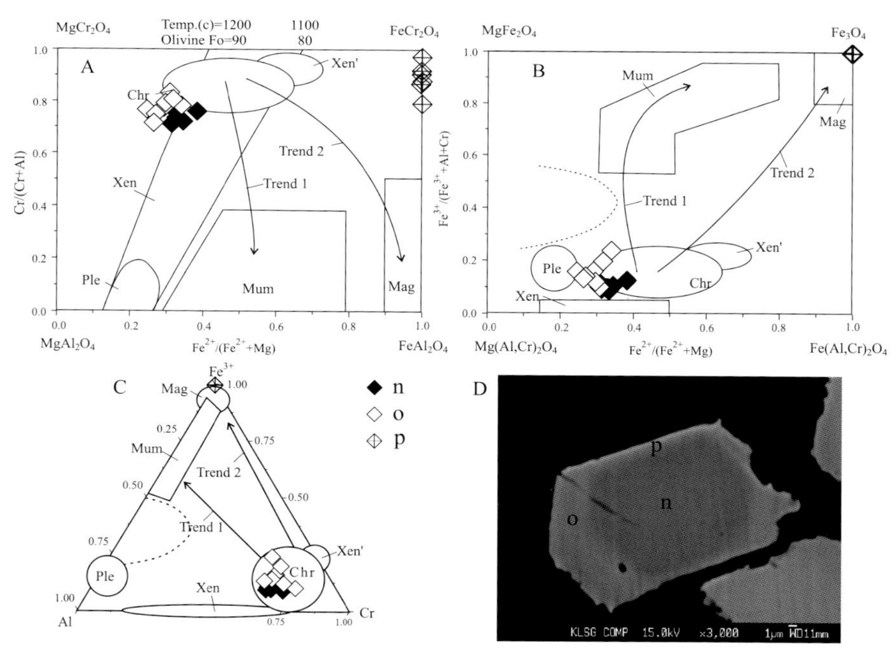

图 7-6　蒙阴西峪 6 号岩管中基质尖晶石成分环带图解（A～C）和背散射图片（D）

图中标注同图 7-2

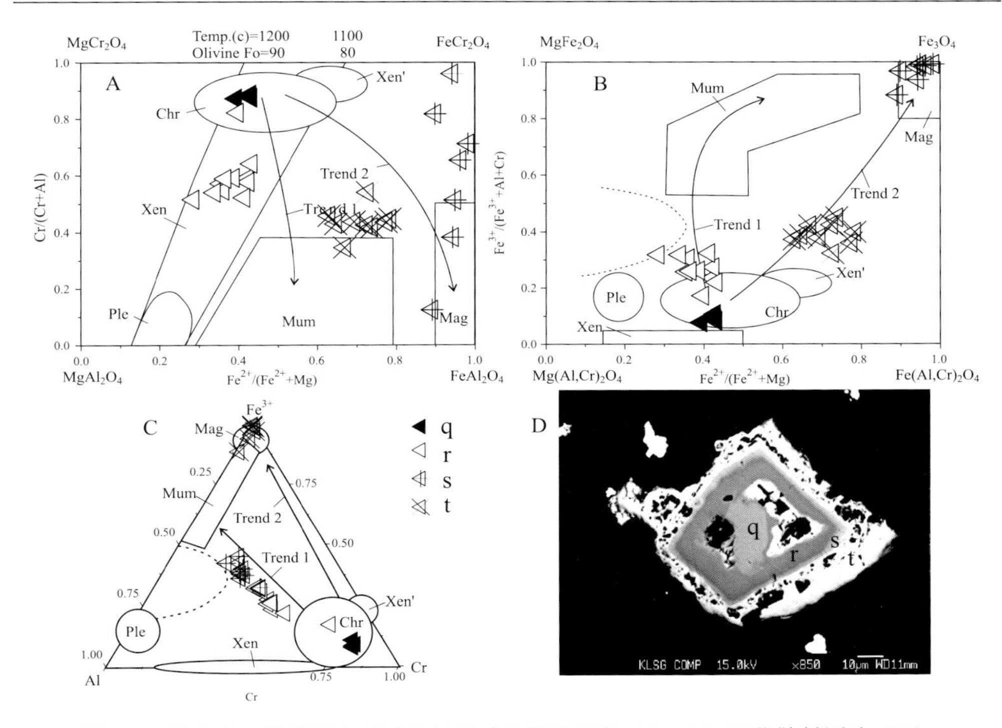

图 7-7　瓦房店 1 号岩管中基质尖晶石成分环带图解（A～C）和背散射图片（D）

图中标注同图 7-2

六个金伯利岩管基质尖晶石核部成分展现了相似的化学成分：Cr_2O_3 45.51%～57.95%、MgO 10.04%～15.63%、Al_2O_3 2.68%～12.69%、Fe_2O_3 5.36%～11.86%、TiO_2 1.84%～5.38%（图 7-8）。基质尖晶石中部的成分变化较大。西峪 6 号岩管基质尖晶石中部成分和核部成分相似：Cr_2O_3 38.92%～53.46%、MgO 14.96%～19.28%、Al_2O_3 6.97%～12.13%、TiO_2 3.35%～6.17%。然而在 50 岩管和 42 岩管中，尖晶石核部和中部化学成分差距较大。50 号岩管尖晶石中部成分为 Cr_2O_3 23.80%～39.23 %、MgO 8.87%～14.27%、Al_2O_3 7.94%～10.74%、TiO_2 4.24%～5.21%。胜利 1 号岩管、30 号岩管和 1 号岩管中基质尖晶石中部部分数据和核部相似，部分差距较大。整体上而言，从尖晶石核部到边部，Cr_2O_3 和 MgO 含量持续下降，Al_2O_3、Fe_2O_3 和 TiO_2 含量上升。所有岩管基质尖晶石边部成分非常一致，和核部及中部相比，边部含有更低的 Cr_2O_3（0.06%～7.91%）、MgO（0.02%～2.64%）、Al_2O_3（0～1.29 %）和更高的 Fe_2O_3 含量（39.98%～69.40%）。整体上来说，从中部到边部，基质尖晶石中 Cr_2O_3、MgO、Al_2O_3 和 TiO_2 下降，Fe_2O_3 上升（图 7-8）。

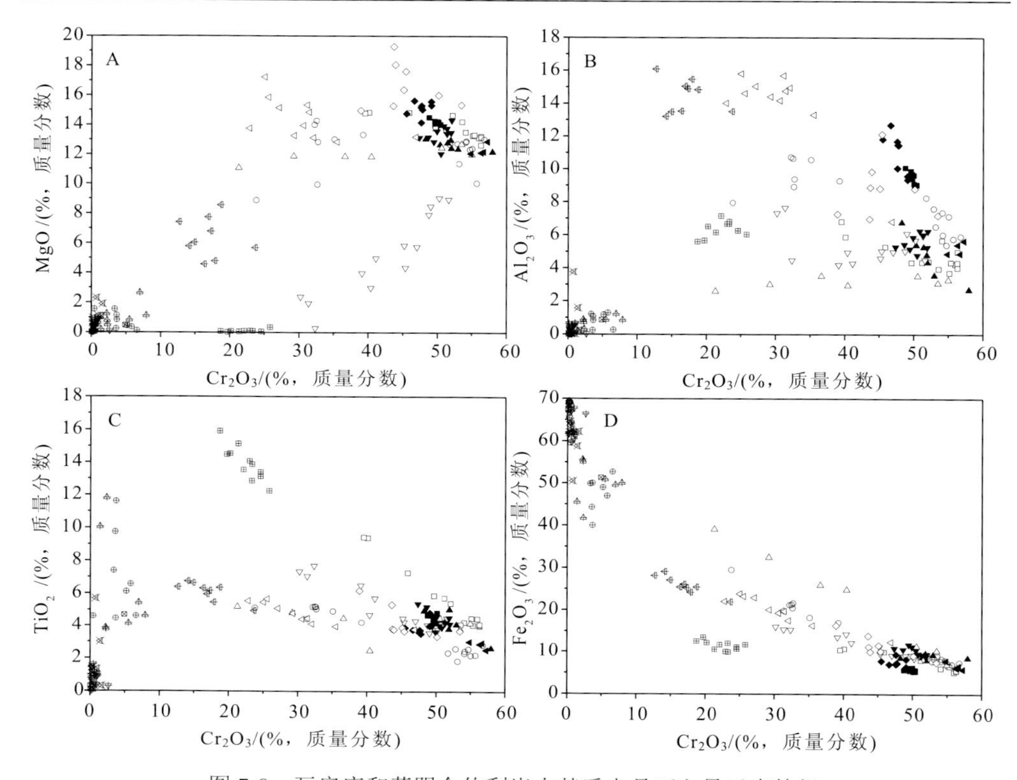

图 7-8　瓦房店和蒙阴金伯利岩中基质尖晶石主量元素特征

瓦房店 30 号岩管、42 号岩管、50 号岩管、1 号岩管和蒙阴胜利 1 号、西峪 6 号岩管基质尖晶石 MgO（A）、Al_2O_3（B）、TiO_2（C）、Fe_2O_3（D）与 Cr_2O_3 图解。图例同图 7-2

7.5　金伯利岩早期结晶序列

目前对于深入理解金伯利岩的结构和化学成分是非常困难的，这主要是因为缺乏金伯利岩结晶过程的详细研究（Haggerty, 1986; Mitchell, 1995, 1986）。在整体金伯利岩岩浆结晶过程中，尖晶石均可以形成（Haggerty, 1986; Roeder and Schulze, 2008），因此其形态和化学成分对于解密金伯利岩结晶过程是非常有用的。一般认为在金伯利岩岩浆中，最早结晶的矿物为橄榄石斑晶和铬铁矿（Mitchell, 1986, 1995）。根据化学成分特征，瓦房店和蒙阴 6 个岩管中基质尖晶石核部被划分为铬铁矿（图 7-2～图 7-7）。这表明在金伯利岩岩浆作用过程之中，这些尖晶石核部是和橄榄石斑晶同时结晶的。瓦房店和蒙阴金伯利岩中基质尖晶石环带中的成分变化（从铬铁矿核部到磁铁矿边部）在金伯利岩岩浆作用过程中是非常常见的，而且磁铁矿常被认为是晚期结晶的产物（Mitchell, 1986; Roeder and

Schulze, 2008）。

尖晶石棱图解可以有效地展示尖晶石成分变化和推断金伯利岩结晶过程（Mitchell, 1986; Roeder and Schulze, 2008; Haggerty, 1975; Irvine, 1965; Mitchell and Clarke, 1976）。该图解用二价铁作为横坐标，三价铁（氧化性棱）或者钛（还原性棱）作为纵坐标。在金伯利岩岩浆作用过程中，有两种常见的尖晶石成分变化趋势已经被识别出来（Roeder and Schulze, 2008）：在趋势 1 中，尖晶石的成分变化从铬铁矿（核部）到镁钛磁铁矿（边部）；在趋势 2 中，从尖晶石核部到边部，伴随着 Fe^{2+}/（Fe^{2+}+Mg）的升高，尖晶石的三价 Fe 和 Ti 含量升高（图 7-2～图 7-7）。趋势 1 是因为金伯利岩岩浆中高的碳酸岩成分和矿物的快速结晶作用；而趋势 2 是因为金伯利岩岩浆中金云母的同时结晶，从而使岩浆中 Mg 和 Al 快速降低（Mitchell, 1986; Roeder and Schulze, 2008）。如图 7-3 所示，瓦房店 50 号岩管中基质尖晶石从核部到边部，当 Fe^{2+}/（Fe^{2+} + Mg）保持相对稳定时, Cr/（Cr + Al）下降，而 Fe^{3+}/（Fe^{3+}+ Al + Cr）上升。该成分变化趋势和趋势 1 相近，表明 50 号岩管金伯利岩中含有大量的碳酸岩。在 50 号岩管金伯利岩岩浆结晶早期，虽然橄榄石和尖晶石同时结晶消耗了大量的 Mg 含量，但岩浆中的碳酸岩成分及时地补充了 Mg 含量，从而导致尖晶石环带中的 Fe^{2+}/（Fe^{2+} + Mg）保持稳定。瓦房店 30 号岩管和 42 号岩管中的基质尖晶石则展示了趋势 2 的成分变化(图 7-4 和图 7-5)：从核部经中部到边部，随着 Fe^{2+}/（Fe^{2+} + Mg）上升，尖晶石中的 Cr/（Cr + Al）下降，Fe^{3+}/（Fe^{3+}+ Al + Cr）上升。这表明 30 号岩管金伯利岩结晶时，除了尖晶石结晶，还有金云母的结晶（Roeder and Schulze, 2008）。虽然 30 号岩管和 42 号岩管尖晶石的成分变化趋势线和趋势 2 相似，但整体上有所偏离，这主要是因为体系中 Mg 含量的快速降低。金伯利岩岩浆中 Mg 含量的快速降低可以归功于富 Mg 橄榄石的大量结晶（Roeder and Schulze, 2008; Bussweiler et al., 2016）。综上，在 30 号岩管和 42 号岩管金伯利岩岩浆结晶早期，尖晶石、橄榄石和金云母同时结晶。蒙阴胜利 1 号和瓦房店 1 号岩管基质尖晶石含有四层成分环带（图 7-3 和图 7-7）。从核部到中部内层，当 Fe^{2+}/（Fe^{2+} + Mg）保持稳定时，Fe^{3+}/（Fe^{3+}+ Al + Cr）上升。该成分变化趋势和趋势 1 一致（类似于 50 号岩管）；从尖晶石中部外层到边部，成分变化类似于趋势线 2（类似于 30 号及 42 号岩管）。以上表明这两个岩管金伯利岩中含有大量的碳酸岩成分，在结晶早期，橄榄石、金云母和尖晶石同时结晶。西峪 6 号中尖晶石成分变化趋势和趋势线 1 或者 2 均不一样(图 7-6)，这表明该岩管金伯利岩只有橄榄石和尖晶石的共同结晶，没有金云母结晶，也没有高的碳酸岩成分。

7.6　金伯利岩温度和氧逸度

尖晶石-橄榄石矿物对可用来估计金伯利岩岩浆结晶时的温度（*T*）和氧逸度（fO_2）（Ballhaus et al., 1991; O'Neill and Wall, 1987）。该矿物对的精度较高，可用于不同品位岩管金伯利岩之间的温度、氧逸度计算和比较（Fedortchouk and Canil, 2004）。据 7.5 节，瓦房店和蒙阴六个岩管金伯利岩中基质尖晶石成分变化特征表明：在金伯利岩岩浆结晶早期，橄榄石斑晶和尖晶石同时结晶。因此本书研究中可以使用尖晶石-橄榄石矿物对来进行温度和氧逸度计算。由于受到金伯利岩交代和后期蚀变的影响，华北克拉通金伯利岩的橄榄石斑晶原始化学成分已无法获得。有一种可替代的方法是使用铬铁矿中橄榄石包体的成分 $Mg^{\#}[Mg/（Mg + Fe^{2+}) \times 100] = 90$（Zhao et al., 2015）。这种替代方法不影响金伯利岩之间温度的比较。在假设压力为 1 GPa 的情况下，运用 O′ Neill 和 Wall（1987）的方法获得几个岩管岩浆的结晶温度如下：胜利 1 号岩管 1134～1181℃、50 号岩管 1037～1139℃、30 号岩管 1128～1200℃、42 号岩管 1102～1242℃、西峪 6 号岩管 1189～1289℃和 1 号岩管 1328～1395℃（图 7-9 和表 7-2）。不同的压力对于平衡温度的估算影响较小（Fedortchouk and Canil, 2004）。

金伯利岩岩浆的氧逸度（fO_2）可以用 Ballhaus 等（1991）开发的氧逸度计进行计算。这种氧逸度计是基于橄榄石-斜方辉石-尖晶石矿物对平衡。当岩石不存在斜方辉石时，这个氧逸度计将给出最高氧逸度值（Ballhaus et al., 1991）。由于金伯利岩是一种硅不饱和岩石，其二氧化硅活性（SiO_2）远低于形成稳定斜方辉石所需的条件，因此必须对计算出的氧逸度值进行修正。在给定的温度和压力下，金伯利岩中二氧化硅活性可以通过基质矿物对进行限定（Fedortchouk and Canil, 2004; Fedortchouk et al., 2005）。金伯利岩中二氧化硅活性的上限受钙镁橄榄石的限制，它低于透辉石-钙镁橄榄石（Di-Mont）矿物对。Di-Mont 矿物对的二氧化硅活性可以使用热力学公式进行计算（Holland and Powell, 1998）。通过该方法获得华北克拉通部分金伯利岩氧逸度值均低于镍-镍氧化物（NNO）缓冲剂（图 7-9），它们的具体数值为：50 号岩管为–3.0～– 2.5，30 号岩管为– 2.4～– 2.0，42 号岩管为– 2.1～– 1.7，西峪 6 号岩管为– 2.1～–1.6，1 号岩管为–1.8～–1.2。结合这几个岩管的金刚石品位，我们可以看到金伯利岩金刚石品位与氧逸度显现了非常强烈的负关系（图 7-10），即富矿金伯利岩氧逸度低，贫矿金伯利岩氧逸度高。世界其他金伯利岩也符合同样的规律（图 7-11）。与温度相比，氧逸度对金刚石品位的影响更大。

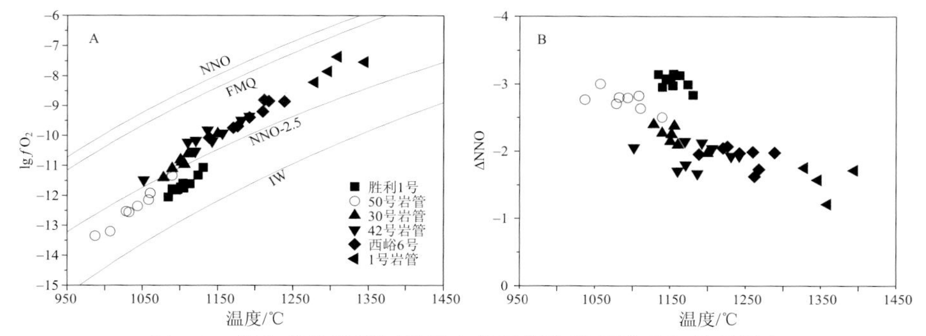

图 7-9　华北克拉通不同岩管金伯利岩岩浆氧逸度和结晶温度

平衡温度和氧逸度是通过橄榄石-尖晶石温度计和尖晶石氧逸度计计算的（Ballhaus et al., 1991）。铁橄榄石-磁铁矿-石英对（FMQ）、镍-氧化镍对（NNO）、铁-方铁矿对（IW）来自于文献 O'Neill 和 Wall（1987）。金伯利岩中氧逸度接近 NNO 缓冲计（NNO -2.5）

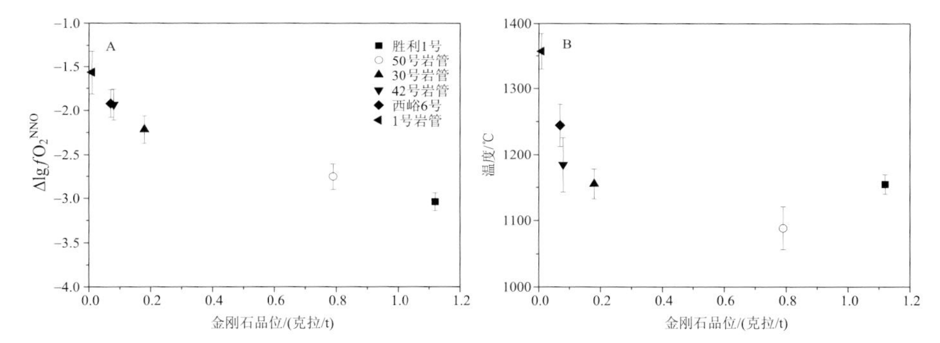

图 7-10　华北克拉通金伯利岩品位-氧逸度相关性图解（A）和温度相关性图解（B）

误差为 1SD。瓦房店和蒙阴地区金伯利岩金刚石品位分别来自于辽宁省第六地质大队和张培强（2006）

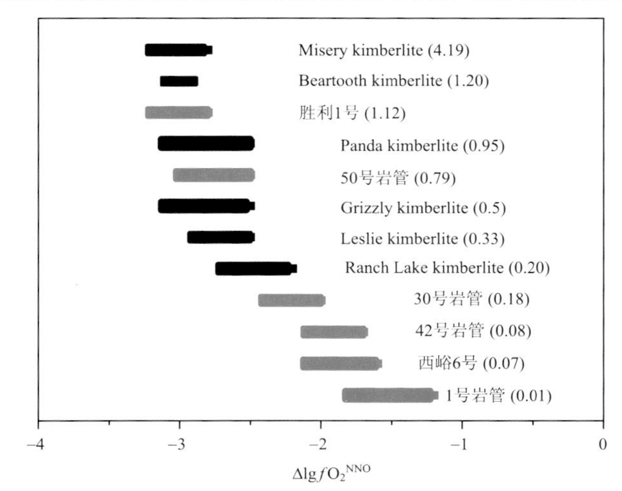

图 7-11　华北克拉通金伯利岩和世界上其他金伯利岩氧逸度比较

氧逸度估算时使用的压力值为 1GPa。Lac de Gras 地区 Misery、Beartooth、Panda、Grizzly、Leslie 和 Ranch Lake 金伯利岩品位和氧逸度来自于文献 Fedortchouk 等（2005）。括号内数字为金刚石品位，单位为克拉/t

表 7-2　华北克拉通金伯利岩温度和氧逸度估算

Sample	Ol-Sp T/℃[1]	Ol - Sp oxygen fugacity[2]			lg a_{SiO_2}[3]		Corrected[4]	
		$\Delta \lg fO_2^{FMQ}$	$\lg fO_2$	$\Delta \lg fO_2^{NNO}$	Di-Mont	En-Fo	$\Delta \lg fO_2^{FMQ}$	$\Delta \lg fO_2^{NNO}$
Sl1-3	1181	0.8	−11.1	0.4	−1.52	−0.45	−2.8	−2.4
Sl1-10	1163	0.6	−11.6	0.1	−1.55	−0.46	−3.1	−2.7
Sl1-13	1155	0.6	−11.8	0.1	−1.56	−0.47	−3.2	−2.7
Sl1-16	1154	0.7	−11.6	0.3	−1.57	−0.47	−3.0	−2.5
Sl1-22	1140	0.8	−11.8	0.4	−1.59	−0.48	−3.0	−2.5
Sl1-25	1134	0.6	−12.1	0.2	−1.60	−0.48	−3.1	−2.7
Sl1-28	1145	0.7	−11.8	0.2	−1.58	−0.47	−3.1	−2.6
Sl1-31	1151	0.7	−11.7	0.2	−1.57	−0.47	−3.1	−2.6
Sl1-34	1147	0.7	−11.8	0.2	−1.58	−0.47	−3.1	−2.7
Sl1-38	1174	0.7	−11.3	0.2	−1.53	−0.46	−3.0	−2.6
L50-1	1037	1.3	−13.4	0.9	−1.76	−0.54	−2.8	−2.4
L50-4	1079	1.2	−12.5	0.8	−1.69	−0.51	−2.7	−2.3
L50-7	1057	1.0	−13.2	0.6	−1.73	−0.53	−3.0	−2.6
L50-11	1094	1.1	−12.4	0.7	−1.67	−0.51	−2.8	−2.4
L50-14	1108	1.0	−12.1	0.6	−1.64	−0.50	−2.8	−2.4
L50-17	1139	1.3	−11.3	0.8	−1.59	−0.48	−2.5	−2.1
L50-20	1110	1.2	−11.9	0.8	−1.64	−0.50	−2.6	−2.2
L50-23	1082	1.1	−12.6	0.7	−1.69	−0.51	−2.8	−2.4
L30-1	1139	1.5	−11.1	1.1	−1.59	−0.48	−2.3	−1.8
L30-4	1151	1.6	−10.8	1.2	−1.57	−0.47	−2.1	−1.7
L30-7	1152	1.5	−10.9	1.0	−1.57	−0.47	−2.3	−1.8
L30-11	1156	1.3	−11.0	0.9	−1.56	−0.47	−2.4	−1.9
L30-13	1200	1.6	−9.9	1.2	−1.49	−0.44	−2.0	−1.5
L30-16	1128	1.4	−11.4	1.0	−1.61	−0.48	−2.4	−2.0
L30-19	1161	1.6	−10.6	1.2	−1.55	−0.47	−2.1	−1.7
L42-10	1186	1.9	−9.8	1.5	−1.51	−0.45	−1.7	−1.2
L42-12	1171	1.9	−10.2	1.4	−1.54	−0.46	−1.8	−1.4
L42-16	1231	1.5	−9.5	1.1	−1.43	−0.42	−1.9	−1.5
L42-19	1160	2.0	−10.2	1.6	−1.55	−0.47	−1.7	−1.3
L42-22	1102	1.8	−11.5	1.4	−1.65	−0.50	−2.1	−1.6
L42-25	1206	1.5	−9.9	1.1	−1.48	−0.44	−2.0	−1.6
L42-28	1242	1.5	−9.4	1.1	−1.42	−0.42	−1.9	−1.5
L42-31	1192	1.5	−10.2	1.0	−1.50	−0.45	−2.1	−1.7
L42-34	1170	1.5	−10.5	1.1	−1.54	−0.46	−2.1	−1.7
Xy6-1	1289	1.3	−8.9	0.9	−1.34	−0.39	−2.0	−1.5

续表

Sample	Ol-Sp T/℃[1]	Ol - Sp oxygen fugacity[2]			lg a_{SiO_2}[3]		Corrected[4]	
		$\Delta\lg fO_2^{FMQ}$	$\lg fO_2$	$\Delta\lg fO_2^{NNO}$	Di-Mont	En-Fo	$\Delta\lg fO_2^{FMQ}$	$\Delta\lg fO_2^{NNO}$
Xy6-3	1226	1.4	−9.7	1.0	−1.44	−0.43	−2.1	−1.6
Xy6-5	1242	1.5	−9.4	1.0	−1.42	−0.42	−2.0	−1.5
Xy6-7	1220	1.5	−9.7	1.0	−1.45	−0.43	−2.0	−1.6
Xy6-9	1260	1.4	−9.2	0.9	−1.38	−0.41	−2.0	−1.6
Xy6-11	1189	1.6	−10.1	1.2	−1.51	−0.45	−2.0	−1.5
Xy6-13	1268	1.6	−8.9	1.2	−1.37	−0.40	−1.7	−1.3
Xy6-15	1262	1.7	−8.8	1.3	−1.38	−0.40	−1.6	−1.2
L1-1	1359	1.8	−7.4	1.4	−1.22	−0.35	−1.2	−0.8
L1-12	1395	1.2	−7.5	0.8	−1.16	−0.32	−1.7	−1.3
L1-25	1347	1.5	−7.8	1.1	−1.24	−0.35	−1.6	−1.2
L1-29	1328	1.4	−8.2	1.0	−1.27	−0.36	−1.8	−1.3

注：温度和氧逸度估算是基于橄榄石-尖晶石温度计和氧逸度计，假设压力为 1GPa。

1 温度是通过 O′Neill 和 Wall（1987）、Ballhaus 等（1991）给出的橄榄石-尖晶石矿物对温度计来计算的；

2 氧逸度是假定压力为 1 GPa，通过 Ballhaus 等（1991）给出的氧逸度计来计算的；

3 透辉石-钙镁橄榄石矿物对和顽火辉石-镁橄榄石矿物对中的硅活性数据来自于 Holland 和 Powell（1998）；

4 透辉石-钙镁橄榄石矿物对硅活性校正数据来自于 Fedortchouk 和 Canil（2004）。

7.7　金伯利岩岩浆作用对金刚石熔蚀作用的影响

金伯利岩中的金刚石形成于地幔，然后被金伯利岩岩浆捕获并携带至地表（Haggerty, 1986; Meyer, 1985）。因此，金伯利岩中的金刚石品位取决于以下两个过程：金刚石深部地幔捕获过程和金伯利岩岩浆运移过程中的金刚石熔蚀过程。第一个过程取决于多个因素：地幔源区是否含金刚石，地幔源区金刚石丰度，金伯利岩岩浆是否能捕获含金刚石。该过程常通过金伯利岩捕获的地幔矿物捕虏晶来判断（indicator minerals, Carmody et al., 2014; Dawson and Stephens, 1975; Gurney, 1984; Stachel and Harris, 2008; Wyatt et al., 2004; Grütter et al., 2004）。在华北克拉通岩石圈地幔底部存在一个金刚石稳定区（或称之为金刚石窗口），该稳定区温度为 950～1200℃。本书研究的 6 个岩管金伯利岩平衡温度为 1037～1395℃（表 7-2），该温度范围和金刚石稳定区温度有重叠区域，这表明华北克拉通金伯利岩岩浆从源区向上运移时会经过金刚石稳定区，然后捕获金刚石。考虑到瓦房店和蒙阴 6 个岩管金伯利岩具有相同的侵位年龄（Zhang et al., 2010; Yang et al., 2009; 张宏福和杨岳衡, 2007; Zhu et al., 2017; Dobbs et al., 1991）、结构构造、矿物组成和化学成分（Dobbs et al., 1991; Zhang et al., 2010; 迟广成和伍月, 2014; 迟广成等, 2014a，2014b），这些金伯利岩具有相同的概率从金刚石稳定区捕获金刚石。基于以上的假设，这 6 个岩管的金刚石品位只取决于金伯利岩岩浆作用过程（fO_2、T、挥发分）（Fedortchouk and Canil, 2004; Zhu et al., 2019a）。

在本书研究中，华北克拉通 6 个岩管的金刚石品位差距较大（表 7-1）。以下将分别讨论温度（T）、氧逸度（fO_2）和挥发分对金刚石品位的影响。如图 7-10 所示，金刚石品位和岩浆氧逸度呈现极好的线性负相关关系，这表明氧逸度对金刚石品位的影响较大。该结论不仅和实验结果（氧气的增加会增加氧逸度氧化速率）（Cull and Meyer, 1986; Evans and Phaal, 1961; Sonin et al., 2000）是一致的，也和 Lac de Gras 区域金伯利岩天然样品结果是一致的（图 7-11），后者的数据来自于 Fedorchouk 等（2005）。相比较于氧逸度，温度和金刚石品位的关系显得复杂一些。整体上来说，具有高金刚石品位的金伯利岩（如胜利 1 号和 50 号岩管）具有更低的温度，而低金刚石品位的金伯利岩（如 1 号岩管）具有高的温度（图 7-10）。这表明温度的升高有助于金刚石的熔蚀作用，这和实验的结果是一致的（Kozai and Arima, 2003）。更细致地看，胜利 1 号和 30 号岩管具有不同的金刚石品位，但它们的温度是相近的，这里认为是因为不同的氧逸度控制了金刚石品位。换句话说，氧逸度比温度更能影响金刚石的品位。通过 7.5 节的讨论，胜利 1 号、50 号和 1 号岩管金伯利岩岩浆在结晶早期，均具有高的 CO_2 含量。然而胜利 1 号金伯利岩具有最高的金刚石品位，1 号岩管具有最低的金刚石品位。因此可总结出挥发分（如 CO_2）对金刚石的熔蚀作用影响是最低的。

熔蚀作用导致金刚石从八面体原生晶形向二十四面体次生晶形变化，这会极大地影响金刚石体积和品位（Fedortchouk et al., 2005; Kozai and Arima, 2003）。然而华北克拉通金伯利岩中具次生晶形的金刚石数量和金刚石品位呈现负相关关系（图 7-1 和表 7-1）。以胜利 1 号为例，该岩管具有最高的金刚石品位，然而它的原生晶形金刚石比例是最低的，次生晶形金刚石比例是最高的。相同的现象也被 Fedortchouk 等（2005）报道过。作者认为这样的现象是由以下的机制引起的：含金刚石的地幔橄榄岩被金伯利岩岩浆捕获后，会在岩浆上升的途中破碎，橄榄岩中的金刚石会暴露在岩浆中。如果金伯利岩岩浆具有高的温度和氧逸度，金刚石的熔蚀作用很强，导致金刚石从原生八面体晶形到次生二十四面体晶形转变的速率很快，二十四面体进一步被熔蚀消耗的速率也很快。这样当金伯利岩岩浆到达地表时，金刚石熔蚀作用停止，岩浆只会保存那些短时间暴露在岩浆或未暴露的金刚石晶体。这些保存下来的金刚石晶体具有原生八面体晶形。

7.8 小　　结

瓦房店 30 号岩管、42 号岩管、50 岩管、1 号岩管和蒙阴胜利 1 号、西峪 6

号岩管金伯利岩中基质尖晶石为自形-半自形，粒径 20～100 μm。这些尖晶石展现了良好的成分环带：核部成分类似于铬铁矿，中部成分类似于镁钛铬铁矿，边部成分类似于磁铁矿。成分环带中的成分环带变化表明金伯利岩中的尖晶石和橄榄石是同时结晶的，部分样品还有金云母的同时结晶。通过橄榄石-尖晶石矿物对估算的金伯利岩温度和氧逸度（假设压力为 1GPa）分别为 1037～1395℃和–2.7～–0.8 $\Delta \lg f O_2^{NNO}$。同一岩管内金伯利岩温度和氧逸度变化范围小，而不同岩管间金伯利岩温度和氧逸度差距大。温度和氧逸度对金刚石的熔蚀作用起着重要的影响，其中氧逸度影响较大，温度影响较小。随着金刚石品位的升高，金伯利岩的结晶温度和氧逸度降低。6 个岩管中金刚石具有原生八面体晶形和次生二十四面体晶形。金刚石品位低的岩管含有更低的次生晶形金刚石，这表明金刚石在该岩管中具有高的熔蚀速率。

第 8 章　金伯利岩旁岩体研究

在 30 号岩管钻孔中（ZK1131 和 ZK1202）和 42 号岩管金伯利岩周围均发现了闪长岩体（图 3-12、图 3-20、图 3-23），这些岩体侵入到金伯利岩中，为后期破矿岩体。

8.1　岩相学特征

闪长玢岩具有似斑状结构，由斜长石（78%）、角闪石（2%）、黑云母（10%）、方解石（5%）和基质（5%）组成，其中斑晶矿物有角闪石、黑云母，基质矿物有显晶质矿物斜长石和隐晶质物质（图 8-1）。角闪石呈自形-半自形，短柱状，

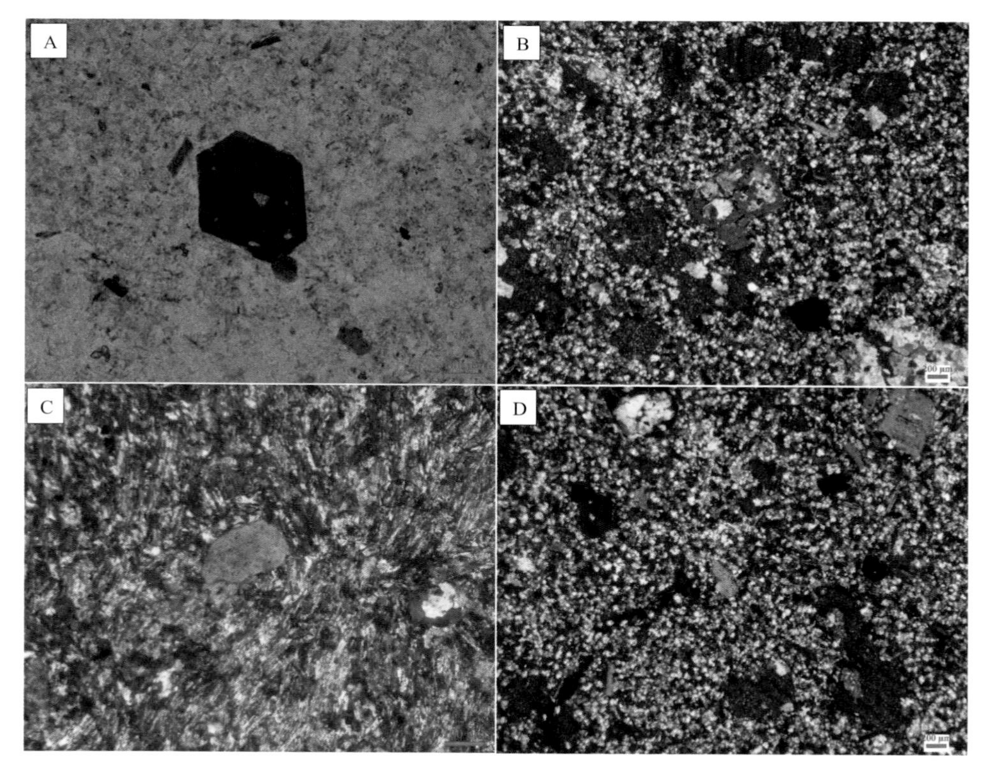

图 8-1　闪长玢岩岩相学照片

A. 角闪石斑晶；B. 黑云母斑晶；C. 长石斑晶；D. 基质

褐色，多色性（深褐色-浅黄褐色）。黑云母呈自形-半自形，片状，浅黄色-深黄色，横截面呈六边形。斜长石呈半自形-它形，正交光下显灰白色，粒径大小集中于 0.04～0.08 mm。岩石发生方解石化，可见斑晶矿物被方解石交代。

8.2　主量元素特征

在 TAS 分类图解上（图 8-2），闪长玢岩落在花岗闪长岩内，处于钙碱性岩的过渡区域。总体化学成分呈酸性，SiO_2 含量主要集中在 62.55%～65.92%，平均 64.80%；Na_2O+K_2O 含量主要集中在 1.81%～3.68%；MgO 含量主要集中在 1.51%～1.65%，平均 1.58%；CaO 含量主要集中在 1.92%～4.09%，平均 2.66%；Al_2O_3 含量主要集中在 16.14%～17.08%，平均 16.79%。LOI 含量集中在 7.7%～8.91%，平均 8.39%，这主要是因为闪长玢岩中含一定的含水矿物（角闪石、黑云母）。

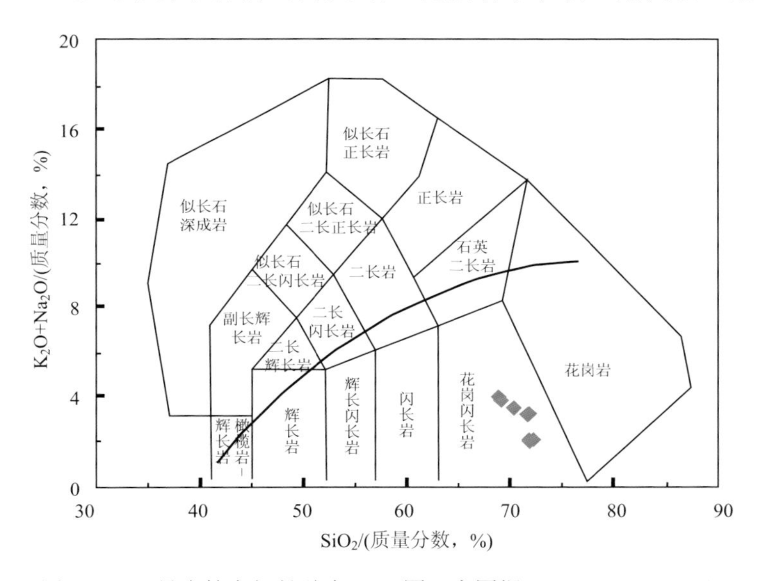

图 8-2　42 号岩管旁闪长玢岩 TAS 图（底图据 Middlemost, 1994）

8.3　年代学特征

8.3.1　30 号岩管 ZK1131 钻孔中闪长玢岩

锆石大部分为短柱状到椭圆状，锆石阴极发光（CL）图像中，部分锆石内部和边部呈现不同的明暗程度，表明锆石经历了后期的变化（可能为生长或者交代作用）。长宽比为 1∶1～2∶1，颗粒大小 30～100 μm（图 8-3）。锆石的 Th 和 U

含量变化分别为 $410\times10^{-6}\sim390175\times10^{-6}$ 和 $5551\times10^{-6}\sim1298005\times10^{-6}$，Th/U 值变化大，介于 0.03～3.63 之间，平均 0.39。一般认为岩浆锆石的 Th/U 值大于 0.4，且 Th 和 U 之间具有明显的正相关，而变质结晶锆石则小于 0.1。本次测试锆石 Th/U 变化大，部分锆石 Th/U 低，核部和边部有明显的不同，Th 和 U 之间无显著的正相关，阴极发光（CL）图像岩浆生长韵律环带结构不明显，均说明这些锆石为捕获锆石。

图 8-3　闪长玢岩锆石 CL 图（WFD508）

年龄计算结果显示，ZK1131 钻孔中闪长玢岩年龄有 3 组，分别为（165.4±8.4）Ma、1800 Ma 和 2500 Ma（图 8-4）。1800 Ma 和 2500 Ma 为锆石的基底年龄，位于 165.4～1800 Ma 之间的锆石（不一致线上的锆石）发生了铅丢失，（165.4±8.4）Ma 为闪长玢岩的结晶年龄。

8.3.2　30 号岩管 ZK1202 钻孔中闪长玢岩

锆石主要为椭圆形，长宽比为 1∶1～3∶1，颗粒大小 30～200 μm（图 8-5）。锆石的 Th 和 U 含量变化分别为 $37988\times10^{-6}\sim642768\times10^{-6}$ 和 $199581\times10^{-6}\sim3247509\times10^{-6}$，Th/U 值变化大，介于 0.20～1.05 之间，平均 0.45。本次测试的锆石内部和边部呈现不同的明暗程度，表明锆石经历了后期的变化。Th/U 值变化大，Th 和 U 之间正相关关系不明显，表明锆石为捕获锆石。

锆石 U-Pb 协和图上，年龄计算结果显示年龄有两组，分别为（166.5±5.9）Ma 和（2521.3 ± 9.0）Ma（图 8-6）。其上交点（2521.3± 9.0）Ma 为继承锆石的结晶年龄，也就是古老基底年龄，下交点（166.5±5.9）Ma 为闪长玢岩的结晶年龄。

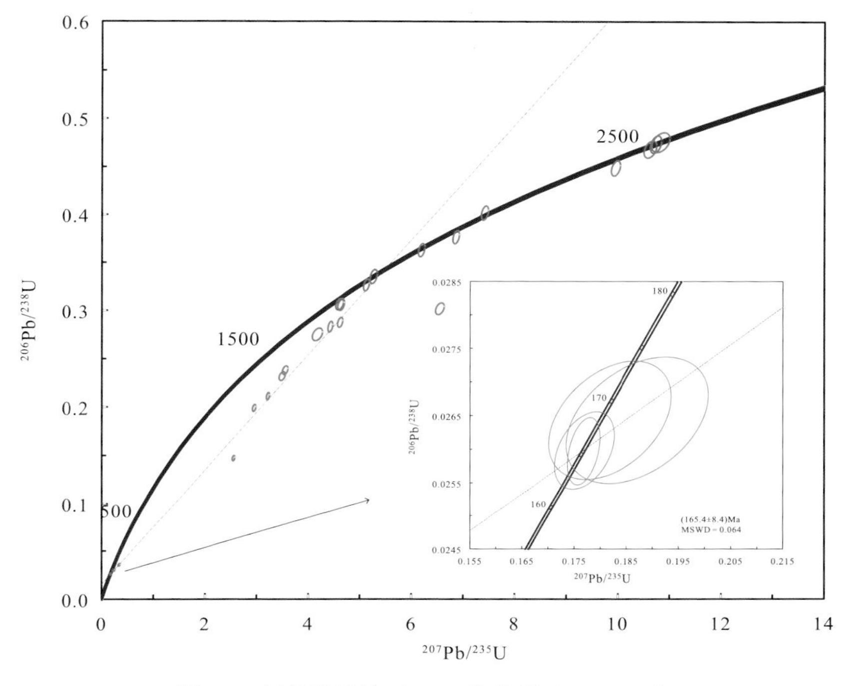

图 8-4　闪长玢岩锆石 U-Pb 协和图（WFD508）

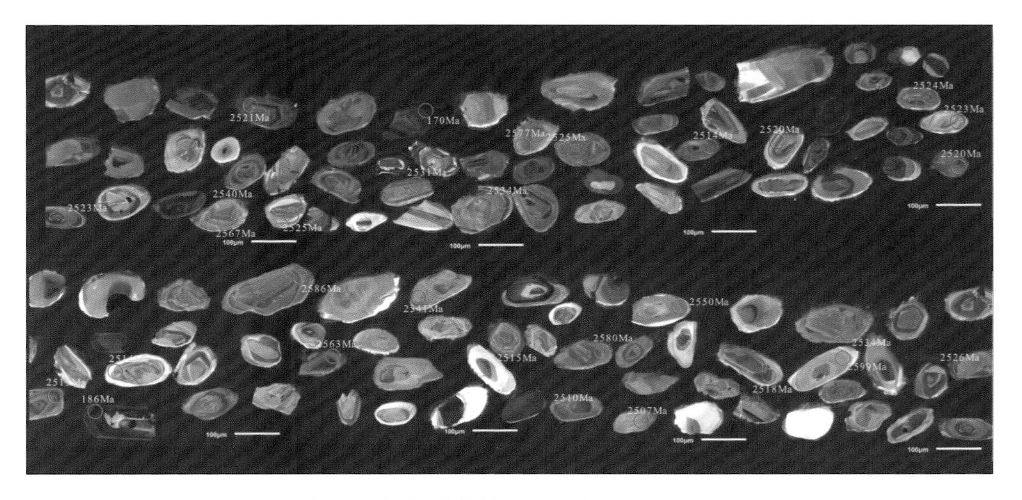

图 8-5　闪长玢岩锆石 CL 图（WFD340）

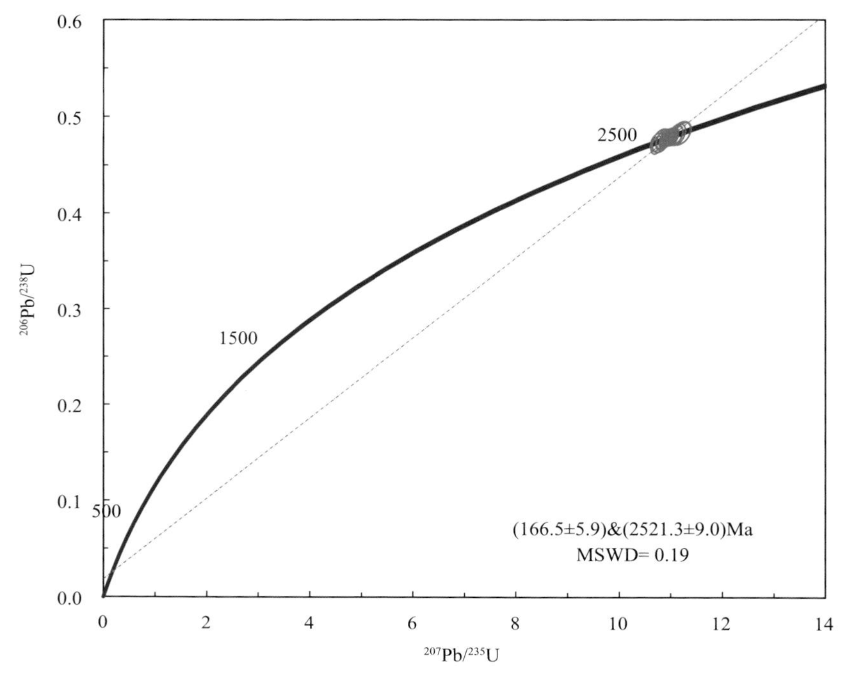

图 8-6　闪长玢岩锆石 U-Pb 协和图（WFD340）

8.3.3　42 号岩管旁闪长玢岩

锆石大部分为短柱状到长柱状，长宽比为 1∶1～3∶1，颗粒大小 50～200 μm。锆石的 Th 和 U 含量变化分别为 24187×10^{-6}～640465×10^{-6} 和 146130×10^{-6}～1119335×10^{-6}，Th/U 值介于 0.06～1.05 之间，平均 0.24，属于岩浆锆石。一般认为岩浆锆石的 Th/U 值大于 0.4，且 Th 和 U 之间具有明显的正相关；而变质结晶锆石则小于 0.1，且 Th 和 U 之间呈显著的正相关，同样表明本次测试的锆石为岩浆成因。阴极发光（CL）图像也表现出典型的岩浆生长韵律环带结构（图 8-7）。

年龄计算结果显示，42 号岩管中闪长玢岩年龄为（138.3±1.9）Ma（图 8-8）。

8.3.4　基底斜长角闪片麻岩锆石年龄

锆石大部分为短柱状到长柱状，较破碎，长宽比为 1∶1～3∶1，颗粒大小 50～200 μm（图 8-9）。锆石的 Th 和 U 含量变化分别为 7150×10^{-6}～223009×10^{-6} 和 41549×10^{-6}～484178×10^{-6}，Th/U 值介于 0.22～0.71 之间，平均 0.40，属于岩浆锆石。一般认为岩浆锆石的 Th/U 值大于 0.4，且 Th 和 U 之间具有明显的正相关；而变质结晶锆石则小于 0.1，且 Th 和 U 之间呈显著的正相关，同样表明本次测试的锆石为岩浆成因。阴极发光（CL）图像也表现出典型的岩浆生长韵律环带结构。

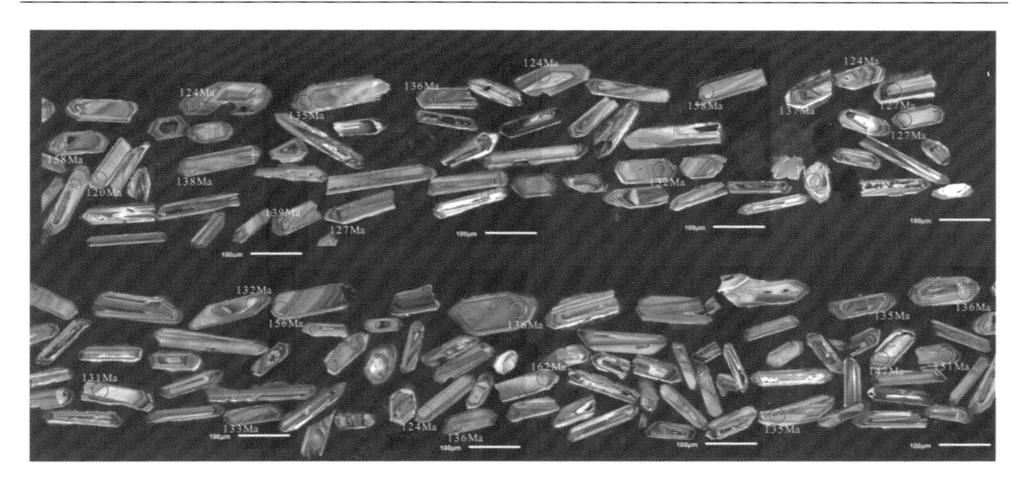

图 8-7　闪长玢岩锆石 CL 图（WFD142）

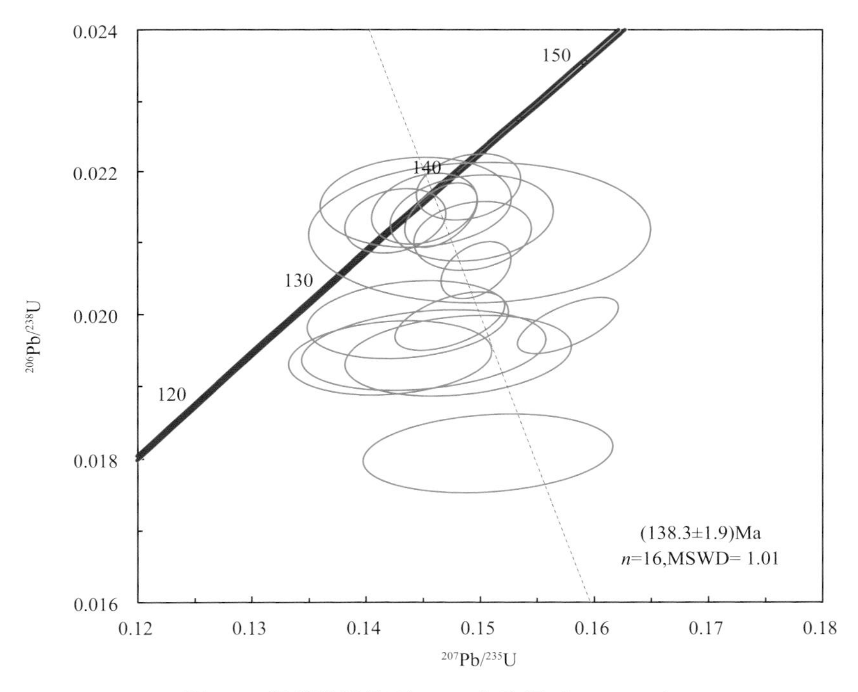

图 8-8　闪长玢岩锆石 U-Pb 协和图（WFD142）

年龄计算结果显示，斜长角闪片麻岩年龄主要为两组，为（2524 ± 49）Ma 和 1800 Ma，其中 1800 Ma 的锆石发生铅丢失（图 8-10）。

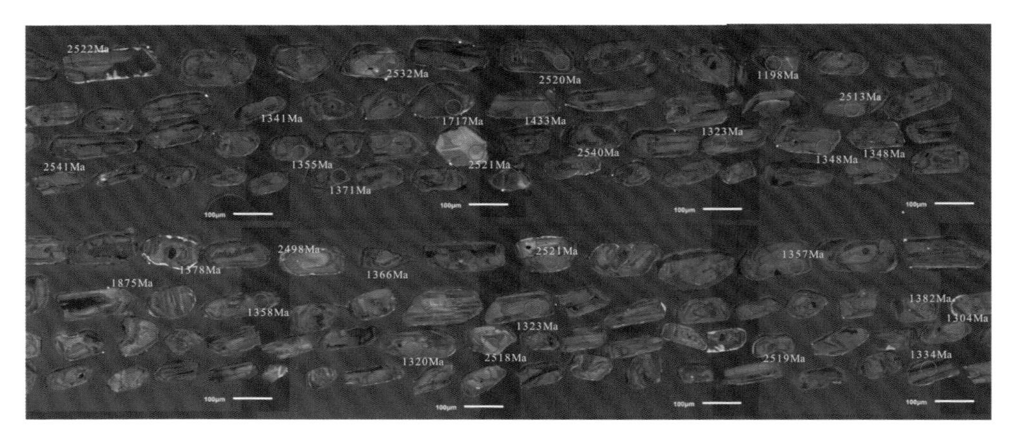

图 8-9　斜长角闪片麻岩锆石 CL 图（WFD563）

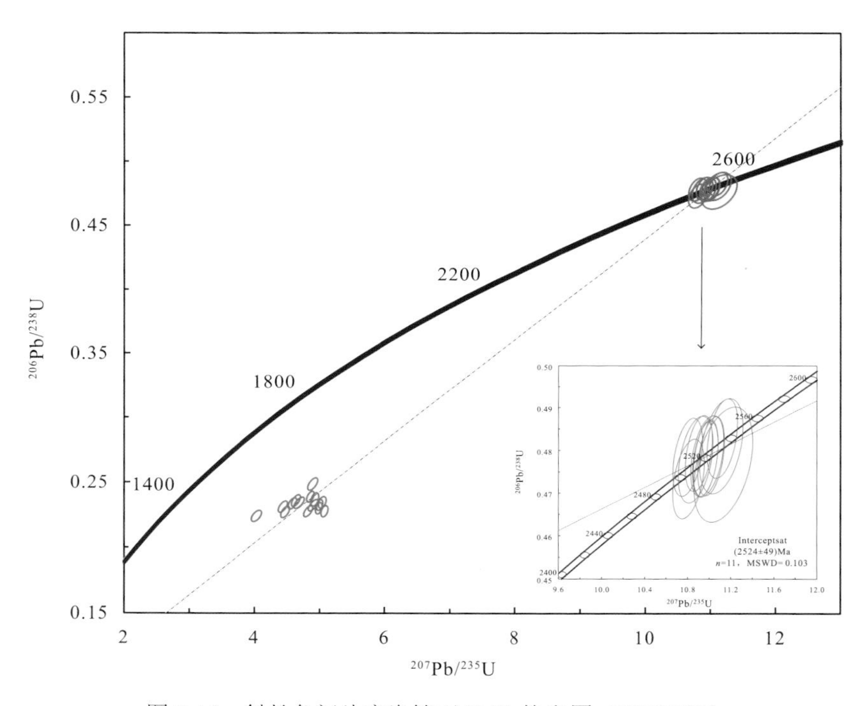

图 8-10　斜长角闪片麻岩锆石 U-Pb 协和图（WFD563）

8.4　锆石 Lu-Hf 同位素分析

Lu 与 Hf 均为难熔（highly refractory）的中等-强不相容性亲石元素。在 Hf 同位素示踪研究中，锆石是一个非常重要的矿物。锆石具有很高的 Hf 同位素体系封闭温度，甚至即使在麻粒岩相等高级变质条件下，锆石仍可保持原始的 Hf 同位素组成。锆石的理想晶体化学式为 $ZrSiO_4$，大多数锆石中含有 0.5%～2%的 Hf，锆石特殊的晶体结构使得其 Lu 含量非常低，导致锆石中的 Lu/Hf 比值很低（$^{176}Lu/^{177}Hf$ 值通常小于 0.002），因而由 Lu 衰变生成的 Hf 极少。因此，锆石的 $^{176}Hf/^{177}Hf$ 值可以代表其形成时体系的 Hf 同位素组成，从而为讨论其成因提供重要信息（Jonathan et al., 1982; Knudsen et al., 2001; Kinny and Maas, 2003）。

本书主要对 42 号岩管和 30 号岩管金伯利岩旁闪长玢岩进行了 Lu-Hf 同位素研究。

研究结果表明 42 号岩管闪长玢岩（样品号 WFD142）$^{176}Hf/^{177}Hf$ 值分布在 0.281968～0.282147，比较均一；按照 LA-ICP-MS 的单点年龄计算，$\varepsilon_{Hf}(t)$值为–19.14～–25.59，平均为–21.20；两阶段 Hf 模式年龄（T_{DM2}）变化范围为 2.39～2.78 Ga，平均年龄为 2.51 Ga（图 8-11、图 8-12）。

30 号岩管闪长玢岩（样品号 WFD508）$^{176}Hf/^{177}Hf$ 值分布在 0.281936～0.282099，比较均一；按照 LA-ICP-MS 的单点年龄计算，$\varepsilon_{Hf}(t)$值为–20.24～–25.98，平均为–22.51；两阶段 Hf 模式年龄（T_{DM2}）变化范围为 2.48～2.83 Ga，平均年龄为 2.62 Ga（图 8-11、图 8-12）。

42 号岩管和 30 号岩管金伯利岩旁闪长玢岩 Hf 同位素特征相似，其模式年龄均表明闪长玢岩是由基底岩石重新熔融形成。

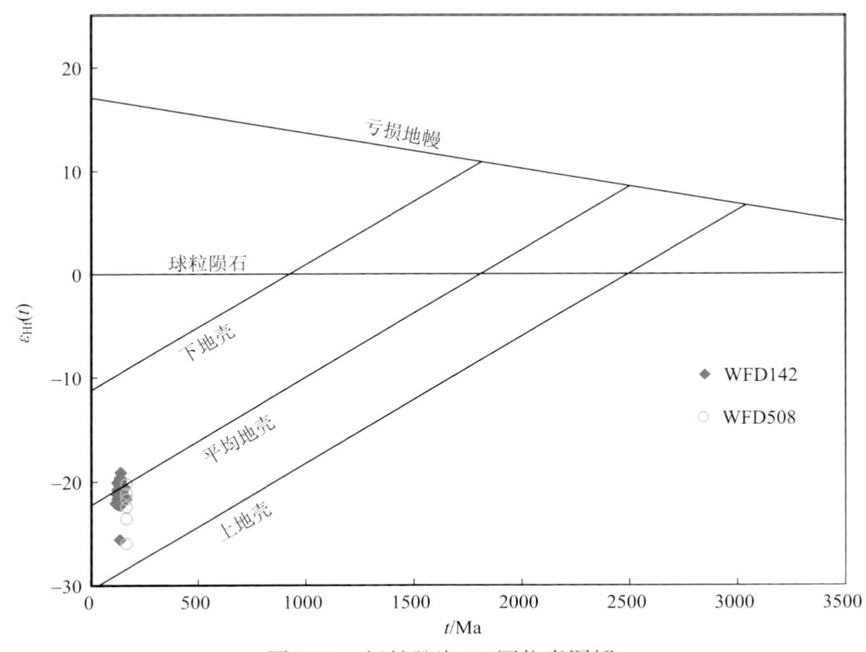

图 8-11　闪长玢岩 Hf 同位素图解

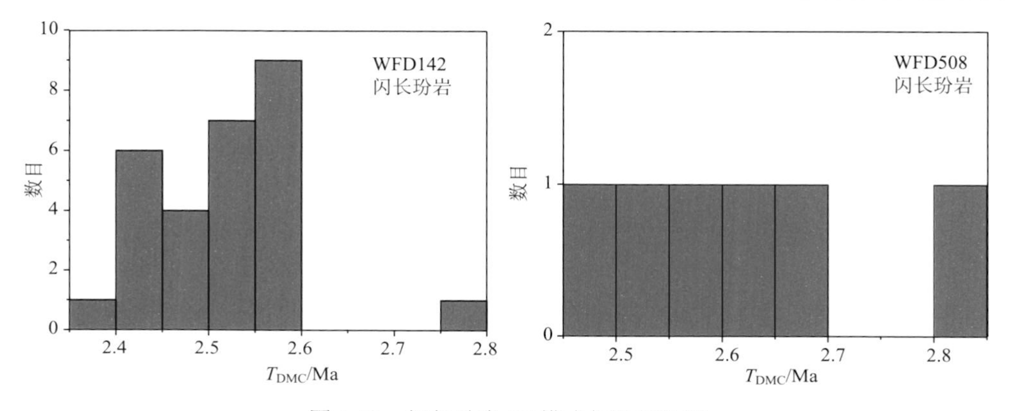

图 8-12　闪长玢岩 Hf 模式年龄频数图

8.5 小　　结

30-2 金伯利岩隐伏矿体旁 ZK1131 和 ZK1202 中闪长玢岩锆石均为短柱到椭圆状，锆石核部和边部有明显的不同，显示锆石经历后期的变化。Th/U 值较低，Th 和 U 相关关系不明显，锆石不发育岩浆生长韵律环带，这些现象表明锆石为捕获锆石。ZK1131 钻孔闪长玢岩年龄有 3 组，分别为（165.4±8.4）Ma、1800 Ma 和 2500 Ma，2500 Ma 为基底年龄，1800 Ma 为变质基底年龄，（165.4±8.4）Ma 为一期岩浆作用事件，也就是闪长玢岩的结晶年龄。

42 号金伯利岩管旁闪长玢岩中锆成为岩浆结晶锆石，其形成年龄为（138.3±1.9）Ma，比 30 号金伯利岩管旁闪长玢岩年龄要年轻，表明此地区有两期闪长玢岩岩浆事件。

斜长角闪片麻岩为该地区的古老基底岩石，其锆石年龄分为两组：为（2524±49）Ma 和 1800 Ma。与 30-2 金伯利岩隐伏矿体旁闪长玢岩中捕获锆石的结晶年龄一致。

综上，瓦房店地区中生代存在两期[（165.4±8.4）Ma 和 138 Ma]岩浆作用事件，对金刚石矿床起到破坏作用。

第 9 章　金伯利岩岩相学特征对金伯利岩含矿性的指示意义

瓦房店整装勘查区发现 3 条金伯利岩成矿带，共 112 个岩体（24 个岩管、88 条岩脉）。本书研究的 30 号、42 号和 1 号金伯利岩岩管位于 I 号成矿带，50 号金伯利岩岩管位于II号成矿带。4 个岩管中含金刚石母岩虽然均为金伯利岩，但不同岩管含矿岩体金刚石品位差距较大。50 号、30 号、42 号金伯利岩岩管为富矿岩体，平均品位依次为 1.52 ct/m^3、0.35 ct/m^3、0.15 ct/m^3；1 号金伯利岩岩管为贫矿岩体，其金伯利岩几乎不含金刚石。

按照 Haggerty（1986）金伯利岩型金刚石矿床模式，金刚石在上地幔岩石圈与软流圈的交界处，距地表 150～250 km 的深部，温度为 1150～1400 ℃，压力为 45～60 kbar 的高温、超高压的热动力条件，中等氧逸度的上地幔环境中形成。由地幔岩石部分熔融形成的金伯利岩岩浆会捕获含金刚石地幔岩，地幔岩捕虏体在金伯利岩岩浆运移过程中部分或全部崩解，金刚石和指示矿物进入到金伯利岩岩浆中。在这过程中，金伯利岩仅作为金刚石的载体岩石，金刚石不是由金伯利岩岩浆直接结晶形成。金伯利岩在捕获金刚石时会同时捕获地幔岩中的其他矿物，比如橄榄石、尖晶石和镁铝榴石等。另外，金伯利岩中的地幔岩捕虏体会部分或全部被金伯利岩同化，从而导致金伯利岩化学成分发生一定的变化，以上变化会在金伯利岩的岩石学、矿物学和地球化学特征上有所体现。金伯利岩本身岩浆作用会对金刚石产生破坏，因此富矿岩体和贫矿岩体岩浆演化的强弱也会对金伯利岩的含矿性起到一定的作用。

瓦房店 50 号、30 号、42 号和 1 号岩管中含矿岩体均为金伯利岩。金伯利岩具有斑状结构、角砾状构造。岩石中斑晶矿物主要为橄榄石和少量金云母，橄榄石斑晶的形状有两种，一种为浑圆状，另一种为六边形，斑晶大小不一，最大可达数厘米，手标本上清晰可见，小的仅有 1～2 mm，斑晶完全蚀变，蚀变为蛇纹石。基质主要由细粒的橄榄石和金云母组成，粒径不超过几十微米，基质中橄榄石完全蚀变为蛇纹石，原生金云母也大多蚀变，基质中晶形较好、干涉色鲜艳的为次生金云母。岩石副矿物有石榴子石、尖晶石、磁铁矿和钛铁矿。岩石大多有捕虏体，部分岩石富含捕虏体，捕虏体分为 3 类：围岩捕虏体、同源捕虏体和非同源捕虏体。在手标本上，同源捕虏体和非同源捕虏体都呈黑绿色，形成球状或近似球状被金伯利岩捕获，所以统称为岩球。

虽然 4 个岩管均为金伯利岩，但是其组成成分、蚀变特征和地球化学成分特征存在较大的区别，这些特征对金伯利岩含矿性均起到一定的指示意义。

9.1　金伯利岩组成成分特征比较

4 个岩管中金伯利岩的结构构造、组成类型和捕虏体类型都是一致的，不同的是矿物组成的比例、捕虏体的含量和不同类型捕虏体的比例。通过岩石矿物组成可以看出金伯利岩含矿性与以下几个特征有关：①橄榄石捕虏晶越多、粒径越大，金伯利岩含矿性越好，50 号、30 号、42 号、1 号橄榄石捕虏晶含量依次为 20%～30%、15%～20%、10%～20%和 5%～10%。②金云母含量越低，金伯利岩含矿性越好，50 号、30 号、42 号和 1 号金云母含量分别为 1%～10%、3%～15%、5%～20%、5%～25%。③非同源捕虏体含量越高，金伯利岩含矿性越好，50 号、30 号、42 号和 1 号岩管中非同源捕虏体含量分别为 1%～20%、1%～15%、1%～10%、1%～5%。

按照 Haggerty 金伯利岩型金刚石矿床成矿模式，金伯利岩在捕获金刚石时会同时捕获地幔岩。瓦房店金伯利岩岩相学特征表明，这些地幔岩捕获体在金伯利岩中部分崩解，金伯利岩既含有残余的地幔岩捕获体，也含有崩解后被部分熔蚀的橄榄石捕虏晶。由于金伯利岩中的金刚石来自于地幔岩捕获体，即非同源捕虏体，因此金伯利岩中地幔岩组分（橄榄石捕虏晶、非同源捕虏体）含量越高，金刚石含矿性越好。金伯利岩中金云母大部分是由金伯利岩岩浆作用后期的自交代作用形成，而这种流体的作用会对金刚石产生破坏，因此金云母的含量对金刚石品位起到一定的启示意义，即金云母含量高，金伯利岩含矿性低。

9.2　金伯利岩蚀变特征比较

金伯利岩普遍发生热液蚀变，蚀变程度严重，类型复杂。按照显微镜下蚀变矿物的矿物组合、结构等特征主要可分为 3 种蚀变：蛇纹石化、金云母化、碳酸盐化。相较于金云母化，蛇纹石化和碳酸盐化更为发育，在所有样品中均见蛇纹石化和碳酸盐化，部分样品中见金云母化。蚀变矿物常存在叠加情况，常见已蚀变成蛇纹石的橄榄石斑晶再次被方解石交代，或者方解石对次生金云母发生交代作用。

金云母化是金伯利岩岩浆结晶后期挥发分中的 K、Al 组分以交代的方式形成次生金云母。这一作用与原生金云母的含量有关，原生金云母含量越高，其金伯利岩岩浆 K、Al 组分含量越高，越有助于岩浆结晶后期次生金云母的交代。次生金云母的交代方式主要有 3 种：一是金云母成鳞片状集合体沿橄榄石斑晶、同源捕虏体、非同源捕虏体边缘进行交代；二是金云母成鳞片状集合体沿橄榄石斑晶裂隙进行交代；三是金云母成脉状集合体交代基质（较少见）。

金伯利岩中金云母化反映了流体对金伯利岩的交代作用，这种流体的作用会对金刚石产生破坏，因此金云母化强度对金刚石品位起到一定的启示意义，金云母化蚀变强，金伯利岩含矿性低。通过比较发现，三种蚀变中金云母化与金刚石的品位有关。富矿岩体的金云母化较弱，贫矿岩体的金云母化较强。

9.3　金伯利岩地球化学成分特征比较

Clement 等（1984）和 Woollry 等（1996）将金伯利岩分为Ⅰ型和Ⅱ型。Ⅰ型金伯利岩是一种钾质的超基性岩石，富含挥发分（主要为 CO_2）。岩石中常见捕虏体，这些捕虏体呈粗粒-细粒矿物组成的集合体产出。岩石成斑状结构，常见大斑晶镶嵌在细粒的基质中。斑晶矿物主要为橄榄石、镁钛铁矿、镁铝榴石、透辉石、金云母、顽火辉石及贫钛的铬铁矿，其中橄榄石斑晶是Ⅰ型金伯利岩的重要特征和主要组成成分。基质中含有半自形-它形橄榄石、金云母、钙钛矿、铬铁矿、磷灰石、蛇纹石以及碳酸盐矿物。岩浆活动晚期金伯利岩发生蛇纹石化和碳酸盐化，使上述原生矿物减少甚至消失。Ⅱ型金伯利岩属于一种超钾质的过碱性岩石，富含挥发分（主要为 H_2O）。斑晶矿物主要为金云母斑晶，基质中金云母结构发生变化，从普通金云母向“铁氧四面体”结构金云母转变。岩石中常见浑圆状或自形的橄榄石，但并不总是岩石的主要组成部分。基质中的原生特征副矿物有发育霓石分子环带的透辉石、端元组分为含镁铬铁矿和含钛磁铁矿的铬铁矿、富含锶和稀土元素的钙钛矿、富含锶的磷灰石、富含稀土元素的磷酸盐矿物、锰钡矿、含铌金红石和含锰钛铁矿。基质由蛇纹石、方解石、白云石、锶铈矿和碳酸盐矿物组成。岩相学和化学成分特征表明 50 号、30 号和 42 号岩管中金伯利岩管均为Ⅰ型金伯利岩，这主要因为 3 个岩管中金伯利岩具有以下特征：①富挥发分，LOI 含量高，富含含 CO_2 碳酸盐矿物和含水矿物蛇纹石、金云母；②成分含量变化大，岩石中含碳酸盐、方解石脉和硅酸岩矿物假晶；③超基性，SiO_2 含量低；④岩石为含钾-超钾性，K_2O 高，K_2O/Na_2O 比值高；⑤不等粒结构，斑晶和假晶矿物有橄榄石、金云母、含镁钛铁矿、铬铁矿，基质结晶程度高。

虽然 50 号、30 号和 42 号岩管中金伯利岩管均为Ⅰ型金伯利岩，但它们的主微量元素含量不同。由于部分样品经历过地壳混染和后期流体交代，它们的地球化学成分已经发生了改变，因此以下的讨论中排除了这部分样品。通过比较发现，富矿岩体 Al_2O_3 含量（50 号岩管中 2.13%～4.93%）比贫矿岩体 Al_2O_3 含量（1 号岩管中 3.91%～5.22%）低，富矿岩体 K_2O 含量（50 号岩管中 0.45%～0.78%）比贫矿岩体 K_2O 含量（30 号岩管中 1.29%～2.22%）低。金伯利岩中 Co 元素的分

布与 $Mg^{\#}$之间表现出不显著的正相关性，总体上富矿岩体 50 号岩管样品中 Co 含量（$65\times10^{-6}\sim107\times10^{-6}$）高于贫矿岩体 1 号岩管（$49\times10^{-6}\sim77\times10^{-6}$）。Ni 元素的分布与 $Mg^{\#}$之间表现出不显著的负相关性，富矿岩体 50 号岩管样品中 Ni 含量（$950\times10^{-6}\sim1950\times10^{-6}$）高于贫矿岩体 1 号岩管（$521\times10^{-6}\sim1129\times10^{-6}$）。Cr 元素与 $Mg^{\#}$之间具有较为显著的负相关性，50 号岩管样品中 Cr 元素含量多数集中在 1400×10^{-6}附近（$1220\times10^{-6}\sim1570\times10^{-6}$），1 号岩管样品中 Cr 元素含量多数集中在 1000×10^{-6}附近（$794\times10^{-6}\sim1340\times10^{-6}$）。富矿岩体 La、Nb、Th 含量较低。总体上来说，富矿岩体微量元素 Co、Ni、Cr 含量高，La、Nb、Th 含量较低。

金伯利岩富集轻稀土元素（LREE）和重稀土元素（HREE）。稀土配分曲线表现为相对平滑的右倾曲线，轻稀土元素含量和重稀土元素含量差异很大。富矿岩体 50 号岩管稀土总量（ΣREE）为 $332\times10^{-6}\sim667\times10^{-6}$，轻稀土元素含量（ΣLREE）为 $322\times10^{-6}\sim651\times10^{-6}$；贫矿岩体 1 号岩管稀土总量（ΣREE）为 $645\times10^{-6}\sim1291\times10^{-6}$，轻稀土元素含量（ΣLREE）为 $631\times10^{-6}\sim1268\times10^{-6}$。50 号、30 号、1 号三个岩管中，50 号岩管 ΣLREE、ΣHREE 和 ΣREE 含量最低，1 号岩管最高，30 号岩管处于二者之间。年代学结果表明瓦房店金伯利岩形成于同一时代（李秋立等, 2006; 路凤香等, 1995; 张宏福和杨岳衡, 2007），瓦房店金伯利岩均为 I 型金伯利岩，因此瓦房店金刚石可能为同一源区形成，50 号、30 号、1 号三个岩管稀土元素含量的不同应为金伯利岩浆演化造成的。

50 号、30 号和 1 号岩管金伯利岩主微量元素含量的不同是因为捕获了不同含量的地幔橄榄岩。地幔橄榄岩贫 Al_2O_3、K_2O、稀土元素和 La、Nb、Th，富 Co、Ni、Cr。因此捕获了大量地幔橄榄岩的金伯利岩岩浆中 Al_2O_3、K_2O、La、Nb、Th 和稀土元素含量低，如富矿 50 号岩管。由于金刚石和地幔橄榄岩是一起被捕获的，捕获了大量橄榄岩的金伯利岩岩浆会更富金刚石。以上主微量元素特征可以用作含矿性评价指标。

9.4　小　　结

富矿金伯利岩和贫矿金伯利岩的岩相学特征和地球化学成分会有很大的不同，这些可以作为金伯利岩含矿性的判断指标。富矿岩体中橄榄石捕虏体数量多、粒径大，金云母含量低，非同源捕虏体含量高。富矿岩体 Al_2O_3 含量低，K_2O 含量低。富矿岩体微量元素 Co、Ni、Cr 含量高，La、Nb、Th 含量较低，轻稀土元素（LREE）和重稀土元素（HREE）含量低。

第 10 章　矿体预测研究

原生金刚石的产出和分布受特定的大地构造背景控制。目前全世界发现的金刚石矿床均产在稳定的克拉通中（图 1-4），这主要是因为在稳定的克拉通下发育了巨厚而且地热梯度低的岩石圈，使其下的地幔具有相对较低的温度和较高的压力。地幔流体在这种地质环境中聚集和交代，不但为金刚石的形成提供了良好的物理、化学条件，而且可以引起地幔低比率部分熔融，从而产生富挥发分和不相容元素的金伯利岩岩浆。携带金刚石的岩浆沿着岩石圈的薄弱地带或者古老克拉通的深断裂带快速上侵形成原生金刚石矿，之后需要一个相对稳定的沉积盖层保护金刚石矿不被分化剥蚀。

瓦房店金刚石整装勘查区具备找矿突破的条件。瓦房店位于华北克拉通的辽东台隆南端，其地层为典型的二元结构（古老基底+稳定沉积盖层），区域上广泛发育超壳的深断裂带（图 2-1）。无论是构造位置、地层结构还是区域断裂都为金刚石矿的产出提供了有利条件。更重要的是，目前在瓦房店已发现了三条金伯利岩带，瓦房店已经成为我国规模最大的金刚石矿产地，占全国金刚石储量的一半以上。

目前矿产预测的方向集中在两个方面：一是区域预测，二是就矿找矿。前者是根据成矿规律，在成矿区内寻找新的矿体；后者是在已发现的矿体的深部或者周围寻找新的矿体。

通过前期研究发现，勘查区内北东东至近东西向密集构造节理带和构造破碎带十分发育，多数控制着脉状金伯利岩体的产出。脉状金伯利岩体均赋存于北东东向至近东西向构造带内；而管状金伯利岩体主要出现在北北东断裂与北东东向构造的交接部位，充分显示了区内北东东至近东西向断裂构造对岩体赋存空间的控制作用。虽然断裂构造控制了瓦房店地区金伯利岩体的形态和产出，但并不是有断裂存在的地方就一定有金伯利矿体。另外，瓦房店地区植被丰富，地表直接识别断裂存在较大的困难，利用地球物理解译得到的断裂其准确性有待验证，因此断裂是预测矿体的辅助手段，但不是根本手段。本书研究的 4 个岩管之间存在较大的差别，不是处于一个成矿系统内，即相互之间并没有联系，通过 4 个岩管典型矿床进行区域成矿预测有着很大的困难，因此本次成矿预测的方向转移到“就矿找矿”上，即在 30 号、42 号和 50 号矿体周围和深部寻找新的矿体。由于 1 号岩管金刚石品位太低，不具有工业价值，本次不对其进行成矿预测。

早期研究结果表明金伯利岩管主要有两种形态：垂直的胡萝卜型和平坦的岩

脉型（Mitchell, 1986）。20 世纪 70 年代，Dawson（1971）和 Hawthotn（1975）对这两者的关系作了大量的研究并提出了金伯利岩岩浆作用过程。他们注意到这些金伯利岩是由金伯利岩岩浆快速移动形成的，金伯利岩的具体特征可用金伯利岩模型（图 1-5）来表示：金伯利岩从上到下依次为火山口相、火山通道相和根部相。本次矿体预测主要是根据岩管形态和岩石学特征判断该岩管所处的结构相（火山口相、火山通道相和根部相），然后根据结构相判断该岩管周围或者深部有没有潜在的新矿体。

10.1　30 号岩管矿体预测

30 号岩管由 30-1 浅部岩体和 30-2 深部岩体组成。30-1 浅部岩体露头见金伯利岩侵入到青白口系泥灰岩中（图 10-1），30 号金伯利岩管为火山口相。虽然 30-1 浅部岩体未发现湖泊相沉积的外生碎屑岩和互层的凝灰岩（粗粒角砾凝灰层和薄层细粒凝灰岩层），但浅部岩体出现了凝灰质角砾岩（图 10-2），这种角砾岩有一定的层状构造，但是成层性差。角砾成分复杂，既有深源地幔岩体，也有同源岩石角砾，还有围岩角砾。岩石学特征表明 30-1 浅部岩体为火山口相。

图 10-1　30 号岩管 30-1 浅部岩体金伯利岩侵入到上部青白口系泥灰岩中

图 10-2　30 号岩管 30-1 浅部岩体中凝灰质角砾岩

30-2 深部岩体形态为胡萝卜形（图 2-10），符合火山通道相岩体形态。30-2 岩体金伯利岩主要为含岩球含围岩捕虏体金伯利岩，这种金伯利岩中含有大量的捕虏体，包括同源捕虏体、非同源捕虏体和围岩捕虏体。同源捕虏体是指早期形成的金伯利岩破碎后被金伯利岩浆捕获形成，非同源捕虏体是指岩浆从深部带来的超基性-基性的岩石碎块，围岩捕虏体是指岩浆上升过程中捕虏的围岩角砾。其岩石特征符合火山通道相岩石特征。岩管形态和岩石岩相学特征均表明 30-2 深部岩体为火山通道相。

完整的金伯利岩岩管包括火山口相、火山通道相和根部相。根据岩体形态和岩石学特征判断出 30-1 岩体为火山口相，30-2 为火山通道相，因此推测在 30-2 岩体附近存在根部相的预测矿体。30-1 和 30-2 两个岩体呈南东向分布，因此推测潜在的预测矿体、30-1 岩体和 30-2 深部岩体三个岩体呈南东向分布。30-1 浅部位于–60～100 m，30-2 深部岩体位于–960～–220 m，因此推测预测矿体深部在 1000 m 左右。结合预测矿体方向特征判断，30-2 岩体南东方向地下 1000 m 存在根部相金伯利岩体（图 10-3）。

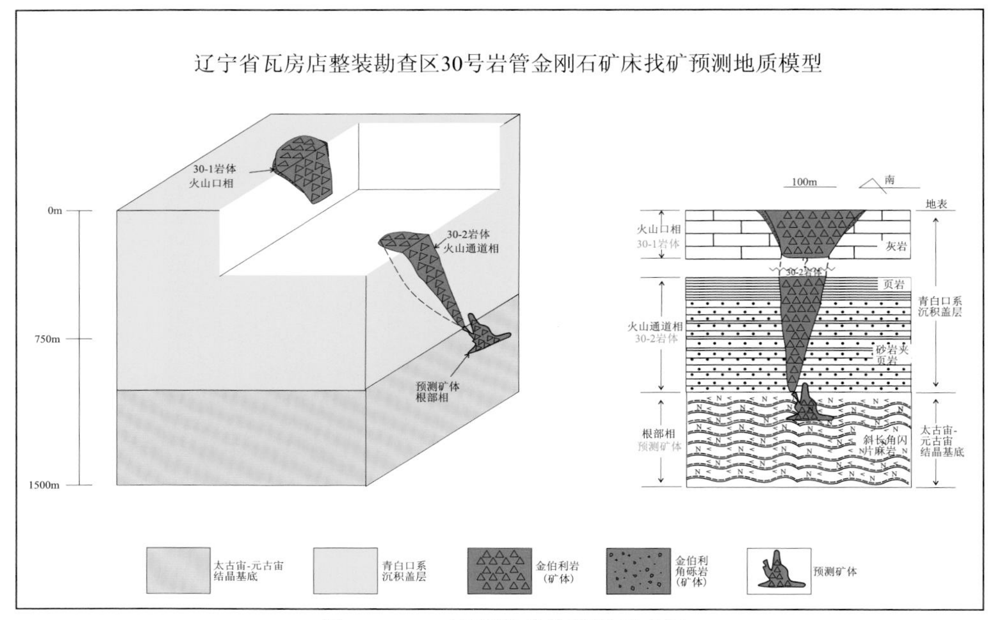

图 10-3　30 号岩管矿体预测示意图

10.2　50 号岩管矿体预测

50 号岩管的形态（图 10-4 中蓝色部分）所示，其中岩管形态是根据实际开采情况绘制的，可以看出岩管呈管状，形态不规则。岩相学观察结果（图 10-5）表明，50 号岩管金伯利岩主要为斑状金伯利岩，岩石中含非同源捕虏体（地幔岩石）和少量的围岩角砾，不含同源角砾，表明这种金伯利岩是由金伯利岩入侵形成的，而不是岩浆喷发形成的。另外该种岩石具典型的斑状结构。通过岩石学特征和岩管形态判断 50 号岩管为根部相。通过 50 号岩管剖面图（图 2-8）钻孔可以看出，50 号岩管矿体的深部没有新的矿体，这也从侧面表明 50 号岩管为根部相。由于 50 号岩管和 30 号岩管同处于瓦房店金伯利岩带，两者可能受到同样的构造作用，也就是构造使得矿体受到剪切作用，导致分离。30 号岩管的东南方向可能存在根部相的矿体，因此 50 号岩管的东南方向极有可能存在由于构造作用分离的矿体。付海涛（2019）通过收集研究大量钻孔资料和运用三维建模技术，也认为 50 号金伯利岩管的形态是被推覆构造改造过的。仲米山等（2021）对瓦房店金刚石成矿带逆冲推覆构造特征及深部找矿预测方面进行了研究，确定了逆冲方向，估算了位移量，也预测了 50 号金伯利岩管下部隐伏矿体。最新的钻孔验证了这一隐伏矿体的存在，在钻孔 ZK2008 孔深 277.52～286.92 m 处发现了 9.40 m 含金刚石金伯利岩岩心（仲米山等，2021）。

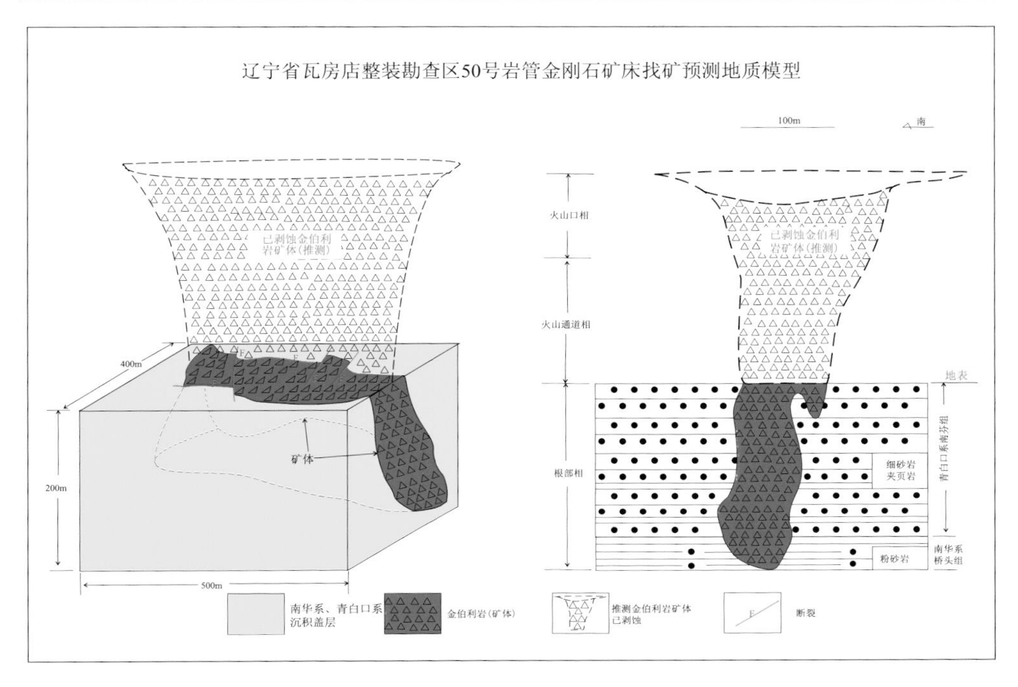

图 10-4　50 号岩管形态图

图 10-5　50 号岩管斑状金伯利岩

10.3　42 号岩管矿体预测

42 号岩管研究的样品来自于 42 岩管的地表，因此其样品不能完全代表 42 号岩管金伯利岩的特征。但从采集到的样品岩相学特征可以看出，42 号岩管金伯利岩主要为含岩球富含围岩捕虏体金伯利岩。这种金伯利岩中含有大量的捕虏体，包括同源捕虏体、非同源捕虏体和围岩捕虏体。其岩石特征符合火山通道相岩石特征。42 号岩管大部分钻孔终点都位于金伯利岩中，只有一个深部钻孔打穿了金伯利岩矿体（图 2-12），因此暂时无法了解 42 号岩管金伯利岩矿体的形态。根据以上特征，只能初步判断 42 号岩管为火山通道相，由于不清楚其岩体形态，暂时无法作下一步的矿体预测。

参 考 文 献

蔡逸涛, 陈国光, 张洁, 等. 2014. 安徽栏杆地区橄榄辉长岩地球化学特征及其与金刚石成矿的关系. 资源调查与环境, 35: 245-253.

蔡逸涛, 张洁, 施建斌, 等. 2020. 华北克拉通南缘碱性基性岩金刚石成因探讨——来自红外光谱的证据. 地质学报, 94(9): 2736-2747.

陈美华, 路凤香, 狄敬如, 等. 2000. 辽宁瓦房店金刚石的阴极发光和红外光谱分析. 科学通报, 45: 1424-1428.

迟广成, 李国武, 肖刚, 等. 2013. 辽宁瓦房店和山东蒙阴金伯利岩中铬铁矿成分特征及指示意义. 地质与资源, 22: 76-80.

迟广成, 伍月. 2014. 辽宁瓦房店金伯利岩中尖晶石族矿物种类划分及指示意义.岩矿测试, 33(3): 353-358.

迟广成, 伍月, 胡建飞. 2014a. 山东蒙阴金伯利岩中石榴石特征及种类划分. 岩石矿物学杂志, 877-884.

迟广成，伍月，胡建飞. 2014b. 山东蒙阴金伯利岩中尖晶石族矿物特征及种类划分. 矿物学报，34(3)：369-373

池际尚, 路凤香, 刘永顺, 等. 1996a. 中国原生金刚石成矿地质条件研究. 北京: 中国地质大学出版社.

池际尚, 路凤香, 赵磊. 1996b. 华北地台金伯利岩及古生代岩石圈地幔特征. 北京: 科学出版社, 310.

董振信, 周剑雄. 1980. 我国金伯利岩中铬铁矿的标型特征及其找矿意义. 地质学报, 54(4): 284-299.

付海涛. 2019. 三维建模技术在金刚石勘查中的应用——以辽宁省瓦房店地区为例. 地质通报, 38(1): 51-55.

贾晓丹. 2014. 辽宁瓦房店金伯利岩中铬尖晶石的矿物学特征及其指示意义. 北京: 中国地质大学.

康宁, 梁红燕, 李明. 2011. 辽宁省瓦房店大李屯地区金刚石隐伏矿体普查报告. 大连: 辽宁省第六地质大队, 11-12.

李秋立, 陈福坤, 王秀丽, 等. 2006. 超低本底化学流程和单颗粒云母 Rb-Sr 等时线定年. 科学通报, 3: 321-325.

路凤香. 2010. 华北克拉通古老岩石圈地幔的多次地质事件:来自金伯利岩中橄榄岩捕虏体的启示. 岩石学报, 3177-3188.

路凤香, 韩柱国, 郑建平, 等. 1991. 辽宁复县地区古生代岩石圈地幔特征. 地质科技情报, 2-20.

路凤香, 赵磊, 邓晋福, 等. 1995. 华北地台金伯利岩岩浆活动时代讨论. 岩石学报, 11: 365-374.
倪培, 朱仁智. 2020. 华北克拉通金伯利岩型金刚石矿床含矿性判别. 地质学报, 94: 2557-2573.
彭艳菊, 吕林素, 周振华. 2013.中国金刚石资源分布及开发利用现状. 宝石和宝石学杂志, 15(4): 1-7.
齐玉兴, 韩柱国. 1998. 辽宁金刚石矿找矿与勘查. 辽宁地质, 2: 111-125.
杨经绥. 2020. 大洋地幔橄榄岩-铬铁矿中的金刚石和深地幔再循环. 地质力学学报, 26: 731-741.
杨经绥, 徐向珍, 张仲明, 等. 2013. 蛇绿岩型金刚石和铬铁矿深部成因. 地球学报, 34: 643-653.
张广城, 杨国杰, 周剑雄. 1983. 我国金伯利岩中富铬镁钛铁矿的标型特征及找矿意义. 矿物岩石, 40-47.
张宏福, Menzies M A, 路凤香, 等. 2000. 华北古生代地幔岩捕虏体中石榴石和巨晶石榴石的主、微量元素. 中国科学(D 辑:地球科学): 128-134.
张宏福, 杨岳衡. 2007. 华北克拉通东部含金刚石金伯利岩的侵位年龄和 Sr-Nd-Hf 同位素地球化学特征. 岩石学报, 23: 285-294.
张俊敏, 迟广成. 2012. 辽宁瓦房店金刚石矿床中铬铁矿红外谱学特征及找矿意义. 科技创新导报: 235-236.
张培强. 2006. 山东金伯利岩岩管成因. 北京：中国地质大学, 142.
张培元. 1989. 山东、辽宁金伯利岩侵位时代为奥陶纪. 中国地质, 8: 8.
张培元. 1997. 世界金刚石矿床发现史. 中国地质, 7: 18-21.
张培元. 1998. 积极探索突破新类型金刚石原生矿床. 地质科技管理, 5: 1-8.
张培元. 1999. 论金刚石的成因和成矿作用及找矿方向. 地质科技管理, 4: 28-36.
赵建军, 李靖, 王书, 等. 2011. 辽宁瓦房店金刚石矿集区区域成矿控制条件及资源潜力预测. 地质与资源, 20: 40-44.
赵磊, 路凤香, 郑建平, 等. 1995. 金刚石中首次发现自然银和含银铁-金合金包裹体. 科学通报, 1114-1115.
郑建平. 1989. 辽东金伯利岩成因研究的某些进展. 地质科技情报, 8: 8-14.
郑建平, 路凤香. 1997. 华北地台东部金伯利岩源区反演及其不均一性探讨. 长春地质学院学报: 135-140.
郑建平, 路凤香. 1999. 胶辽半岛金伯利岩中地幔捕虏体岩石学特征：古生代岩石圈地幔及其不均一性. 岩石学报: 66-75.
郑建平, 路凤香, 成中梅, 等. 1998. 金伯利岩中石榴石辉石岩捕虏体的特征及其成因意义. 地球科学: 51-56.
郑建平, 路凤香, 叶德隆. 1989. 辽东半岛南部金伯利岩成因讨论. 辽宁地质, 321-333.
郑永飞, 吴福元. 2009. 克拉通岩石圈的生长和再造. 科学通报, 54: 1945-1949.
仲米山, 张国仁, 付海涛, 等. 2021. 辽宁瓦房店首次发现 50 号金伯利岩管深部隐伏矿体. 地质学报: 3979-3981.
朱仁智, 倪培, 马玉广, 等. 2018. 安徽栏杆地区辉绿岩型原生金刚石特征及成因初探. 南京大学学报（自然科学）, 54: 278-295.

Afanasyev A A, Melnik O, Porritt L, et al. 2014. Hydrothermal alteration of kimberlite by convective flows of external water. Contributions to Mineralogy and Petrology,168: 1-17.

Agashev A M, Ionov D A, Pokhilenko N P. et al. 2013. Metasomatism in lithospheric mantle roots: constraints from whole-rock and mineral chemical composition of deformed peridotite xenoliths from kimberlite pipe Udachnaya. Lithos, 160-161: 201-215.

Agashev A M, Nakai S i, Serov I V, et al. 2018. Geochemistry and origin of the Mirny field kimberlites, Siberia. Mineralogy and Petrology,112: 597-608.

Andersen T. 2002. Correction of common lead in U–Pb analyses that do not report ^{204}Pb. Chemical Geology, 192(1): 59-79.

Arima M. 1998. Experimental study of growth and resorption of diamond in kimberlitic melts at high pressures and temperatures. 7th International Kimberlite Conference: Extended Abstracts, 32-34.

Ashchepkov I V. 2006. Empirical garnet thermobarometer for mantle peridotites. Russian Geology and Geophysics, 47: 1071-1085.

Aulbach S, Griffin W L, O'Reilly S Y, et al. 2004. Genesis and evolution of the lithospheric mantle beneath the Buffalo Head Terrane, Alberta (Canada). Lithos, 77: 413-451.

Aulbach S, Griffin W L, Pearson N J, et al. 2013. Nature and timing of metasomatism in the stratified mantle lithosphere beneath the central Slave craton (Canada). Chemical Geology, 352:153-169.

Ballhaus C, Berry R F, Green D H. 1991. High pressure experimental calibration of the olivine-orthopyroxene-spinel oxygen geobarometer: implications for the oxidation state of the upper mantle. Contributions to Mineralogy and Petrology, 107: 27-40.

Barrett D R, Berg G W. 1975. Complementary petrographic and strotium-isotope ratio studies of South African Kimberlite. Physics and Chemistry of the Earth, 9: 619-635.

Becker M, Le Roex A P. 2006. Geochemistry of South African on-and off-craton, Group I and Group II kimberlites: petrogenesis and source region evolution. Journal of Petrology, 47: 673-703.

Becker M, Le Roex A P, Class C. 2007. Geochemistry and petrogenesis of South African transitional kimberlites located on and off the Kaapvaal Craton, South African. Journal of Geology, 110: 631-646.

Berg G W, Allsopp H L.1972. Low ^{87}Sr/^{86}Sr ratios in fresh South African kimberlites. Earth and Planetary Science Letters,16: 27-30.

Bizimis M, Salters V J, Dawson J B. 2003. The brevity of carbonatite sources in the mantle: Evidence from Hf isotopes. Contributions to Mineralogy and Petrology, 145: 281-300.

Boyd F. 1989. Compositional distinction between oceanic and cratonic lithosphere. Earth and Planetary Science Letters, 96: 15-26.

Boyd F, Pokhilenko N, Pearson D, et al. 1997. Composition of the Siberian cratonic mantle: Evidence from Udachnaya peridotite xenoliths. Contributions to Mineralogy and Petrology, 128: 228-246.

Boynton W V. 1984. Cosmochemistry of the rare earth elements: Meteorite studies. Developments in Geochemistry, 2:63-114.

Breeding C M, Shigley J E. 2009. The "type" classification system of diamonds and its importance in gemology. Gems and Gemology, 45: 96-111.

Brey G P, Bulatov V K, Girnis A V, et al. 2008. Experimental melting of carbonated peridotite at 6–10 GPa. Journal of Petrology, 49: 797-821.

Brey G P, Köhler T. 1990. Geothermobarometry in four-phase lherzolites II. New thermobarometers, and practical assessment of existing thermobarometers. Journal of Petrology, 31:1353-1378.

Briddon P R, Jones R. 1993. Theory of Impurities in Diamond//Van de Walle C G. Wide-Band- Gap Semiconductors. Amsterdam: Elsevier, 179-189.

Burgess S R, Harte B E N. 2004. Tracing lithosphere evolution through the analysis of heterogeneous G9–G10 Garnets in Peridotite Xenoliths, II: REE Chemistry. Journal of Petrology, 45: 609-633.

Bussweiler Y, Stone R S, Pearson D G, et al. 2016. The evolution of calcite-bearing kimberlites by melt-rock reaction: Evidence from polymineralic inclusions within clinopyroxene and garnet megacrysts from Lac de Gras kimberlites, Canada. Contributions to Mineralogy and Petrology, 171: 65.

Canil D. 1999. The Ni-in-garnet geothermometer: Calibration at natural abundances. Contributions to Mineralogy and Petrology, 136: 240-246.

Canil D, Scarfe C M. 1990. Phase relations in peridotite+CO_2 systems to 12 GPa: Implications for the origin of kimberlite and carbonate stability in the Earth's upper mantle. Journal of Geophysical Research: Solid Earth, 95: 15805-15816.

Canil D, Wei K. 1992. Constraints on the origin of mantle-derived low Ca garnets. Contributions to Mineralogy and Petrology, 109: 421-430.

Carlson R W, Pearson D G, James D E. 2005. Physical, chemical, and chronological characteristics of continental mantle. Reviews of Geophysics, 43.

Carmody L, Taylor L A, Thaisen K G, et al. 2014. Ilmenite as a diamond indicator mineral in the Siberian craton: a tool to predict diamond potential. Economic Geology, 109: 775-783.

Cartigny P, Boyd S R, Harris J W, et al. 1997. Nitrogen isotopes in peridotitic diamonds from Fuxian, China: the mantle signature. Terra Nova, 9:175-179.

Chalapathi Rao N V, Gibson S A, Pyle D M, et al. 2004. Petrogenesis of Proterozoic lamproites and kimberlites from the Cuddapah Basin and Dharwar Craton, Southern India. Journal of Petrology, 45: 907-948.

Chalapathi Rao N V, Lehmann B, Mainkar D, et al. 2012. Diamond-facies chrome spinel from the Tokapal kimberlite, Indrāvati basin, central India and its petrological significance. Mineralogy and Petrology, 105:121-133.

Chen Y J, Liu Z W, Ringer S P, et al. 2007. Selective oxidation synthesis of $MnCr_2O_4$ spinel nanowires from commercial stainless-steel foil. Cryst. Growth Des., 7: 2279-2281.

Chopelas A, Hofmeister A M. 1991. Vibrational spectroscopy of aluminate spinels at 1 atm. and of $MgAl_2O_4$ to over 200 kbar. Phys. Chem. Miner., 18: 279-293.

Clement C R. 1982. A Comparative Geological Study of Some Major Kimberlite Pipes in Northern

Cape and Orange Free State. Rondebosch: University of Cape Town,432.

Clement C R, Skinner E M W. 1979. A textural-genetic classification of kimberlites. Transactions of the Geological Society of South African, 88: 403-410.

Clement C R, Skinner E M W, Smith B H S. 1984. Kimberlite redefined. The Journal of Geology, 92: 223-228.

Clifford T N. 1966. Tectono-metallogenic units and metallogenic provinces of Africa. Earth and Planetary Science Letters, 1: 421-434.

Coe N, le Roex A, Gurney J, et al. 2008. Petrogenesis of the Swartruggens and Star Group II kimberlite dyke swarms, South Africa: Constraints from whole rock geochemistry. Contributions to Mineralogy and Petrology, 156: 627.

Cull F, Meyer H. 1986. Oxidation of diamond at high temperature and 1 atm total pressure with controlled oxygen fugacity. The 4th International Kimberlite Conference: Extended Abstracts, 377-379.

Currie C A, Beaumont C. 2011. Are diamond-bearing Cretaceous kimberlites related to low-angle subduction beneath western North America? Earth and Planetary Science Letters, 303:59-70.

Cynn H, Sharma S K, Cooney T F, et al. 1992. High-temperature Raman investigation of order-disorder behavior in the $MgAl_2O_4$ spinel. Phys. Rev. B, 45:500-502.

Dalton J A, Presnall D C. 1998. The continuum of primary carbonatitic–kimberlitic melt compositions in equilibrium with lherzolite: data from the system $CaO–MgO–Al_2O_3–SiO_2–CO_2$ at 6 GPa. Journal of Petrology, 39: 1953-1964.

Dasgupta R, Hirschmann M M, McDonough W F, et al. 2009. Trace element partitioning between garnet lherzolite and carbonatite at 6.6 and 8.6 GPa with applications to the geochemistry of the mantle and of mantle-derived melts. Chemical Geology, 262:57-77.

Davies R M, Griffin W L, O'Reilly S Y, et al. 2004. Mineral inclusions and geochemical characteristics of microdiamonds from the DO27, A154, A21, A418, DO18, DD17 and Ranch Lake kimberlites at Lac de Gras, Slave Craton, Canada. Lithos, 77(1-4): 39-55.

Dawson J B. 1971. Advances in kimberlite geology. Earth-Science Reviews, 7: 187-214.

Dawson J B. 1980. Kimberlites and Their Xenoliths. Berlin: Springer-Verlag, 252.

Dawson J B. 1989. Geographic and Time Distribution of Kimberlites and Lamproites: Relationships to Tectonic Processes// Ross J, et al. Kimberlites and Related Rocks: Their Composition, Occurrence, Origin and Emplacement. Sydney: Blackwell Scientific Publications, 323-342.

Dawson J B, Stephens W E. 1975. Statistical classification of garnets from kimberlite and associated xenoliths. The Journal of Geology, 83:589-607.

Dobbs P, Duncan D, Hu S, et al. 1991. The geology of the Mengyin kimberlites, Shandong, China. The 5th International Kimberlite Conference: Extended Abstracts.

Doucet L S, Ionov D A, Golovin A V. 2013. The origin of coarse garnet peridotites in cratonic lithosphere: new data on xenoliths from the Udachnaya kimberlite, central Siberia. Contributions to Mineralogy and Petrology, 165: 1225-1242.

Droop G. 1987. A general equation for estimating Fe^{3+} concentrations in ferromagnesian silicates and oxides from microprobe analyses, using stoichiometric criteria. Mineralogical magazine, 51: 431-435.

Eckstrand O R, Sinclair W D, Thorpe R I. 1995. Geology of Canadian Mineral Deposit Types. Geological Society of America, 8: 640.

Evans T, Harris J W. 1986. Nitrogen Aggregation, Inclusion Equilibration Temperatures and the Age of Diamonds//Ross J. Kimberlites and Related Rocks. 2nd. Carlton: Blackwell Science Publicaton, 1001-1006.

Evans T, Phaal C. 1961. The kinetics of the diamond-oxygen reaction. Conference on Carbon, 147-153.

Evans T, Qi Z.1982. The kinetics of the aggregation of nitrogen atoms in diamond. Proceedings of the Royal Society of London Series A, 381: 159-178.

Fan W M, Zhang H F, Baker J, et al. 2000. On and off the North China Craton: Where is the Archaean keel? Journal of Petrology, 41: 933-950.

Fedortchouk Y. 2015. Diamond resorption features as a new method for examining conditions of kimberlite emplacement. Contribution to Mineralogy and Petrology, 170: 36.

Fedortchouk Y. 2019. A new approach to understanding diamond surface features based on a review of experimental and natural diamond studies. Earth-Science Reviews, 193: 45-65.

Fedortchouk Y, Canil D. 2004. Intensive variables in kimberlite magmas, Lac de Gras, Canada and implications for diamond survival. Journal of Petrology, 45: 1725-1745.

Fedortchouk Y, Canil D, Carlson J A. 2005. Dissolution forms in Lac de Gras diamonds and their relationship to the temperature and redox state of kimberlite magma. Contributions to Mineralogy and Petrology, 150: 54-69.

Fedortchouk Y, Canil D, Semenets E. 2007. Mechanisms of diamond oxidation and their bearing on the fluid composition in kimberlite magmas. American Mineralogist, 92: 1200-1212.

Foley S F, Yaxley G M, Rosenthal A, et al. 2009. The composition of near-solidus melts of peridotite in the presence of CO_2 and H_2O between 40 and 60 kbar. Lithos, 112: 274-283.

Giuliani A, Pearson D G. 2019. Kimberlites: From deep earth to diamond mines. Elements, 15: 377-380.

Giuliani A, Pearson D G, Soltys A, et al. 2020. Kimberlite genesis from a common carbonate-rich primary melt modified by lithospheric mantle assimilation. Science Advances, 6: eaaz0424.

Giuliani A, Phillips D, Kamenetsky V S, et al. 2014. Petrogenesis of mantle polymict breccias: Insights into mantle processes coeval with kimberlite magmatism. Journal of Petrology, 55: 831-858.

Giuliani A, Phillips D, Kamenetsky V S, et al. 2016. Constraints on kimberlite ascent mechanisms revealed by phlogopite compositions in kimberlites and mantle xenoliths. Lithos, 240-243: 189-201.

Giuliani A, Soltys A, Phillips D, et al. 2017. The final stages of kimberlite petrogenesis: Petrography, mineral chemistry, melt inclusions and Sr-C-O isotope geochemistry of the Bultfontein kimberlite (Kimberley, South Africa). Chemical Geology, 455: 342-356.

Gorshkov A, Bershov L, Ryabchikov I, et al. 1997. Inclusions of native metals and other minerals in diamond from kimberlite pipe 50, Liaoning, China. Geochemistry International, 35: 695-703.

Green H W, Gueguen Y. 1974. Origin of kimberlite pipes by diapiric upwelling in the upper mantle. Nature, 249: 617-620.

Grégoire M, Bell D, Le Roex A. 2003. Garnet lherzolites from the Kaapvaal Craton (South Africa): Trace element evidence for a metasomatic history. Journal of Petrology, 44: 629-657.

Griffin W L, Andi Z, O′ Reilly S Y, et al. 1998. Phanerozoic evolution of the lithosphere beneath the Sino-Korean craton. Mantle dynamics and plate interactions in East Asia, 27: 107-126.

Griffin W L, Cousens D, Ryan C G, et al. 1989. Ni in chrome pyrope garnets: a new geothermometer. Contributions to Mineralogy and Petrology, 103: 199-202.

Griffin W L, Fisher N I, Friedman J, et al. 1999. Cr-Pyrope Garnets in the lithospheric mantle. I. Compositional systematics and relations to tectonic setting. Journal of Petrology, 40: 679-704.

Griffin W L, O′ Reilly S Y, Abe N, et al. 2003. The origin and evolution of Archean lithospheric mantle. Precambrian Research, 127:19-41.

Griffin W L, Ryan C G. 1995. Trace elements in indicator minerals: Area selection and target evaluation in diamond exploration. Journal of geochemical Exploration, 53: 311-337.

Griffin W L, Ryan C G, Gurney J J, et al. 1994. Chromite macrocrysts in kimberlites and lamproites: Geochemistry and origin. Proceedings of the Fifth International Kimberlite Conference. Araxa: CPRM Special Publication 1B, 366-377.

Griffin W L, Sobolev N V, Ryan C G, et al. 1993. Trace elements in garnets and chromites: Diamond formation in the Siberian lithosphere. Lithos, 29: 235-256.

Grütter H S, Gurney J J, Menzies A H, et al. 2004. An updated classification scheme for mantle-derived garnet, for use by diamond explorers. Lithos, 77: 841-857.

Gudfinnson G H, Presnall D C. 2005. Continuous gradations among primary carbonatitic, kimberlitic, melilititic, basaltic, picritic, and komatiitic melts in equilibrium with garnet lherzolite at 3–8 GPa. Journal of Petrology, 46: 1645-1659.

Gurney J J. 1984. A Correlation Between Garnets and Diamonds in Kimberlites//Glover J E, Harris P G. Kimberlite Occurrence and Origin: A Basis for Conceptual Models in Exploration Perth: University of Western Australia, 8: 143-166.

Gurney J J, Helmstaedt H H, Le Roex A P, et al. 2005. Diamonds: Crustal distribution and formation processes in time and space and an integrated deposit model. Economic Geology, 100:143-177.

Gurney J J, Helmstaedt H H, Richardson S H, et al. 2010. Diamonds through time. Economic Geology, 105: 689-712.

Gurney J J, Hildebrand P R, Carlson J A, et al. 2004. The morphological characteristics of diamonds from the Ekati property, Northwest Territories, Canada. Lithos, 77: 21-38.

Gurney J J P, Zweistra P. 1995. The interpretation of the major element compositions of mantle minerals in diamond exploration. Journal of Geochemical Exploration, 53: 293-309.

Haggerty S E. 1975. The chemistry and genesis of opaque minerals in kimberlites. Physics and Chemistry of the Earth, 9: 295-307.

Haggerty S E. 1986. Diamond genesis in a multiply-constrained model. Nature, 320: 34-38.

Haggerty S E. 1994. Superkimberlites: A geodynamic diamond window to the Earth's core. Earth and Planetary Science Letters, 122: 57-69.

Hamilton R, Rock N M S. 1990. Geochemistry, mineralogy and petrology of a new find of ultramafic lamprophyres from Bulljah Pool, Nabberu Basin, Yilgarn Craton, Western Australia. Lithos, 24: 275-290.

Hardman M F, Pearson D G, Stachel T, et al. 2018. Statistical approaches to the discrimination of crust-and mantle-derived low-Cr garnet–Major-element-based methods and their application in diamond exploration. Journal of Geochemical Exploration,186: 24-35.

Harris M, Le Roex A, Class C. 2004. Geochemistry of the Uintjiesberg kimberlite, South Africa: Petrogenesis of an off-craton, group I, kimberlite. Lithos, 74: 149-165.

Harris J, Vance E. 1974. Studies of the reaction between diamond and heated kimberlite. Contributions to Mineralogy and Petrology, 47: 237-244.

Hart S R, Davis K E. 1978. Nickel partitioning between olivine and silicate melt. Earth and Planetary Science Letters, 40: 203-219.

Hawthorne J B. 1975. Model of a Kimberlite Pipe//Ahrens L H, Dawson J B, Duncan A R, et al. Physics and Chemistry of the Earth. Pergamon, 1-15.

Heaman L M. 1989. The nature of the subcontinental mantle from Sr-Nd-Pb isotopic studies on kimberlitic perovskite. Earth and Planetary Science Letters, 92: 323-334.

Herzberg C, O′ Hara M J. 2002. Plume-associated ultramafic magmas of Phanerozoic Age. Journal of Petrology, 43: 1857-1883.

Hill E, Wood B J, Blundy J D. 2000. The effect of Ca-Tschermaks component on trace element partitioning between clinopyroxene and silicate melt. Lithos, 53: 203-215.

Holland T, Powell R. 1998. An internally consistent thermodynamic data set for phases of petrological interest. Journal of metamorphic Geology, 16(3): 309-343.

Holloway J R.1998. Graphite-melt equilibria during mantle melting: constraints on CO_2 in MORB magmas and the carbon content of the mantle. Chemical Geology, 147: 89-97.

Howarth G H, Barry P H, Pernet-Fisher J F, et al. 2014. Superplume metasomatism: Evidence from Siberian mantle xenoliths. Lithos,184-187: 209-224.

Hunt L, Stachel T, McCandless T E, et al. 2012. Diamonds and their mineral inclusions from the Renard kimberlites in Quebec. Lithos, 142: 267-284.

Irvine T.1965. Chromian spinel as a petrogenetic indicator: Part 1. Theory. Canadian Journal of Earth Sciences, 2: 648-672.

Jelsma H, Barnett W, Richards S, et al. 2009. Tectonic setting of kimberlites. Lithos, 112: 155-165.

Kamenetsky V S, Golovin A V, Maas R, et al. 2014. Towards a new model for kimberlite petrogenesis:

Evidence from unaltered kimberlites and mantle minerals. Earth-Science Reviews,139:145-167.

Kaminsky F V, Sablukov S M, Belousova E A, et al. 2010. Kimberlitic sources of super-deep diamonds in the Juina area, Mato Grosso State, Brazil. Lithos, 114: 16-29.

Kaminsky F V, Wirth R. 2011. Iron carbide inclusions in lower-mantle diamond from Juina, Brazil. The Canadian Mineralogist, 49(2): 555-572.

Kaminsky F, Zakharchenko O, Davies R, et al. 2001. Superdeep diamonds from the Juina area, Mato Grosso State, Brazil. Contr. Mineral. and Petrol., 140:734-753.

Kargin A V, Sazonova L V, Nosova A A, et al. 2016. Composition of garnet and clinopyroxene in peridotite xenoliths from the Grib kimberlite pipe, Arkhangelsk diamond province, Russia: Evidence for mantle metasomatism associated with kimberlite melts. Lithos, 262: 442-455.

Khokhryakov A F, Pal′ Yanov Y N. 2007. The evolution of diamond morphology in the process of dissolution: Experimental data. American Mineralogist, 92: 909-917.

Kinny P, Maas R. 2003. Lu-Hf and Sm-Nd isotope systems in zircon. Reviews in Mineralogy and Geochemistry, 53(1): 327 -376.

Kjarsgaard B A, Heaman L M, Sarkar C, et al. 2017. The North America mid-Cretaceous kimberlite corridor: Wet, edge-driven decompression melting of an OIB-type deep mantle source. Geochemistry, Geophysics, Geosystems, 18: 2727-2747.

Kjarsgaard B A, Pearson D G, Tappe S, et al. 2009. Geochemistry of hypabyssal kimberlites from Lac de Gras, Canada: Comparisons to a global database and applications to the parent magma problem. Lithos,112: 236-248.

Knudsen L, Griffin W, Hartz E, et al. 2001. In-situ hafnium and lead isotope analyses of detrital zircons from the Devonian sedimentary basin of NE Greenland. a record of repeated crustal reworking. Contributions to Miner-alogy and Petrology, 141(1): 83-94.

Kopylova M G, Matveev S, Raudsepp M. 2007. Searching for parental kimberlite melt. Geochimica et Cosmochimica Acta, 71: 3616-3629.

Kozai Y, Arima M. 2003. Diamond dissolution in kimberlite and lamproite melts at deep crustal conditions. 8th International Kimberlite Conference: Extended Abstracts.

Kozai Y, Arima M. 2005. Experimental study on diamond dissolution in kimberlitic and lamproitic melts at 1300～1420℃ and 1 GPa with controlled oxygen partial pressure. American Mineralogist, 90: 1759-1766.

Le Roex A P, Bell D R, Davis P. 2003. Petrogenesis of group I kimberlites from Kimberley, South Africa: Evidence from bulk-rock geochemistry. Journal of Petrology, 44: 2261-2286.

Lenaz D, Lughi V. 2013. Raman study of $MgCr_2O_4$–$Fe^{2+}Cr_2O_4$ and $MgCr_2O_4$–$MgFe^{3+}_2O_4$ synthetic series: the effects of Fe^{2+} and Fe^{3+} on Raman shifts. Phys. Chem. Miner., 40: 491-498.

Leung I, Guo W X, Friedman I, et al. 1990. Natural occurrence of silicon-carbide in a diamondiferous kimberlite from Fuxian. Nature, 346:352-354.

Lewis H C. 1887. On a diamantiferous peridotite and the genesis of the diamond. Geological Magazine, 4: 22-24.

Li Q L, Chen F K, Wang X L, et al. 2005. Ultra-low procedural blank and the single-grain mica Rb-Sr isochron dating. Chinese Science Bulletin, 50: 2861-2865.

Li Q L, Wu F Y, Li X H, et al. 2011. Precisely dating Paleozoic kimberlites in the North China Craton and Hf isotopic constraints on the evolution of the subcontinental lithospheric mantle. Lithos, 126:127-134.

Li Z Y, Zheng J P, Zeng Q L, et al. 2014. Magnetic mineralogy of pyroxenite xenoliths from Hannuoba basalts, northern North China Craton: Implications for magnetism in the continental lower crust. Journal of Geophysical Research-Solid Earth, 119: 806-821.

Liu C H, Zhao G C, Sun M, et al. 2011. U-Pb and Hf isotopic study of detrital zircons from the Hutuo group in the Trans-North China Orogen and tectonic implications. Gondwana Research, 20:106-121.

Liu D Y, Nutman A P, Compston W, et al. 1992. Remnants of ≥3800 Ma crust in the Chinese part of the Sino-Korean craton. Geology, 20: 339-342.

Liu Y S, Hu Z C, Gao S, et al. 2008. In situ analysis of major and trace elements of anhydrous minerals by LA-ICP-MS without applying an internal standard. Chemical Geology, 257: 34-43.

Lu F X, Chen M H, Di J R, et al. 2001. Nitrogen distribution in diamonds from the kimberlite pipe No.50 at Fuxian in eastern China: A CL and FTIR study. Physics and Chemistry of the Earth Part a-Solid Earth and Geodesy, 26: 773-780.

Ludwig K. 2001. Isoplot/Ex 2.49, a Geochronological Toolkit for Microsoft Excel: Berkeley Geochronology Center, Berkeley, CA. Special Publication.

Luo Y, Sun M, Zhao G C, et al. 2004. LA-ICP-MS U-Pb zircon ages of the Liaohe Group in the Eastern Block of the North China Craton: constraints on the evolution of the Jiao-Liao-Ji Belt. Precambrian Research, 134: 349-371.

MacGregor I. 1964. The reaction 4 enstatite+ spinel= forsterite+ pyrope. Carnegie Inst Wash Ybk, 63: 156-157.

Mainwood A. 1979. Substitutional impurities in diamond. Journal of Physics C: Solid State Physics,12: 2543-2549.

Malezieux J M, Piriou B. 1988. Relationshp between chemical compostion and vibrational behavior in synthtic and natural spinels investigated by Raman microspectrometry. Bulletin De Mineralogie, 111: 649-669.

Malkovets V G, Griffin W L, O'Reilly S Y, et al. 2007. Diamond, subcalcic garnet, and mantle metasomatism: kimberlite sampling patterns define the link. Geology, 35: 339-342.

Mannard G. 1968.The surface expression of kimberlite pipes. Proc. Geol. Assoc. Canada,19: 15-21.

Masaitis V L. 1998. Popigai crater: Origin and distribution of diamond-bearing impactites. Meteoritics & Planetary Science, 33(2): 349-359.

Massonne H J. 1998. A new occurrence of microdiamonds in quartzofeldspathic rocks of the Saxonian Erzgebirge, Germany, and their metamorphic evolution. International Kimberlite Conference: Extended Abstracts, 7:552-554.

McCarty K, Boehme D. 1989. A Raman study of the systems $Fe_{3-x}Cr_xO4$ and $Fe_{2-x}Cr_xO_3$. J. Solid State Chem., 79: 19-27.

McDonough W F, Sun S S. 1995. The composition of the earth. Chemical geology, 120:223-253.

Mendelssohn M, Milledge H. 1995. Morphological characteristics of diamond populations in relation to temperature-dependent growth and dissolution rates. International Geology Review, 37: 285-312.

Meng Q R, Zhang G W. 1999. Timing of collision of the North and South China blocks: Controversy and reconciliation. Geology, 27:123-126.

Menzies A H. 2001. A detailed investigation into diamond bearing xenoliths from Newlands kimberlite, South Africa. Unpublished Ph.D. thesis, Cape Town, S.A., University of Cape Town, 225.

Menzies M A, Fan W M, Zhang M. 1993. Palaeozoic and Cenozoic lithoprobes and the loss of >120km of Archaean lithosphere, Sino-Korean craton, China. Geological Society, London: Special Publications, 76: 71-81.

Menzies M A, Xu Y. 1998. Geodynamics of the North China craton//Flower M F J, Chung S L, Lo C H, et al. Mantle dynamics and plate interactions in East Asia. Washington D C: American Geophysical Union, 155-165.

Menzies M, Xu Y G, Zhang H F, et al. 2007. Integration of geology, geophysics and geochemistry: A key to understanding the North China Craton. Lithos, 96: 1-21.

Meyer H O A. 1985. Genesis of diamond: A mantle saga. Am. Miner., 70: 344-355.

Middlemost E. 1994. Naming materials in the magma/igneous rock system. Earth-Science Reviews, 37(3-4):215-224.

Miller C E, Kopylova M, Smith E. 2014. Mineral inclusions in fibrous diamonds: constraints on cratonic mantle refertilization and diamond formation. Mineralogy and Petrology, 108(3): 317-331.

Minin V A, Prugov V P, Podgornykh N M, et al. 2011. Composition of chromites from kimberlites of the Botuobinskaya pipe in Yakutia. Geology of Ore Deposits, 53: 626-638.

Mitchell R H. 1979. The alleged kimberlite-carbonatite relationship: Additional contrary mineralogical evidence. American Journal of Science, 279:570-589.

Mitchell R H. 1986. Kimberlites: Mineralogy, Geochemistry and Petrology. New York: Plenum Press, 442.

Mitchell R H.1995. Kimberlites, Orangeites, and Related Rocks. New York: Plenum Press,1-90.

Mitchell R H. 2008. Petrology of hypabyssal kimberlites: Relevance to primary magma compositions. Journal of Volcanology and Geothermal Research, 174: 1-8.

Mitchell R H, Clarke D B. 1976. Oxide and sulphide mineralogy of the Peuyuk kimberlite, Somerset Island, NWT, Canada. Contributions to Mineralogy and Petrology, 56: 157-172.

Moore R O, Gurney J J. 1985. Pyroxene solid solution in garnets included in diamond. Nature, 318(6046): 553-555.

Naidoo P, Stiefenhofer J, Field M, et al. 2004. Recent advances in the geology of Koffiefontein Mine, Free State Province, South Africa. Lithos, 76:161-182.

Navon O. 1998. Diamond formation in the Earth's mantle. International Kimberlite Conference: Extended Abstracts, 618-621.

Navon O. 1999. Diamond Formation in the Earth' s Mantle// Gurney J J, Gurney J L, Pascoe M D, et al. Proceedings of the 7th International Kimberlite Conference: Cape Town, Red Roof Design, 58-604.

Nickel K G, Green D H. 1985. Empirical geothermobarometry for garnet peridotites and implications for the nature of the lithosphere, kimberlites and diamonds. Earth and Planetary Science Letters, 73: 158-170.

Nielsen T F D, Sand K K. 2008. The Majuagaa kimberlite dike, Maniitsoq region, West Greenland: Constraints on an Mg-rich silicocarbonatitic melt composition from groundmass mineralogy and bulk compositions. The Canadian Mineralogist, 46:1043-1061.

Nixon P H. 1995. A review of mantle xenoliths and their role in diamond exploration. Journal of Geodynamics, 20:305-329.

O'Neill H S C, Wall V. 1987. The Olivine—Orthopyroxene—Spinel oxygen geobarometer, the nickel precipitation curve, and the oxygen fugacity of the Earth's Upper Mantle. Journal of Petrology, 28:1169-1191.

O' Reilly S Y, Griffin W L. 2006. Imaging global chemical and thermal heterogeneity in the subcontinental lithospheric mantle with garnets and xenoliths: Geophysical implications. Tectonophysics, 416: 289-309.

Pal' yanov Y N, Khokhryakov A, Borzdov Y M, et al. 1995. Diamond morphology in growth and dissolution processes. International Kimberlite Conference: Extended Abstracts, 415-417.

Pasteris J D. 1980. Opaque oxide phase of the De Beers pipr kimberlite (Kimberley, South Africa) and their petrologic significance. New Haven, CT: Yale University, 463.

Pasteris J D. 1983. Spinel zonation in the De Beers kimberlite, South Africa: Possible role of phlogopite. The Canadian Mineralogist, 21: 41-58.

Pasteris J D.1984. Kimberlites: Complex mantle melts. Annual Review of Earth and Planetary Sciences,12:133-153.

Patchett J P, Kouvo O, Hedge C E, et al. 1982. Evolution of continental crust and mantle heterogeneity: Evidence from Hf isotopes. Contributions to Mineralogy and Petrology, 78(3): 279-297.

Pearson D G, Carlson R W, Shirey S B, et al. 1995. Stabilisation of Archaean lithospheric mantle: A Re-Os isotope study of peridotite xenoliths from the Kaapvaal craton. Earth and Planetary Science Letters, 134: 341-357.

Pearson D G, Shirey S B, Harris J W, et al. 1998. Sulphide inclusions in diamonds from the Koffiefontein kimberlite, S Africa: constraints on diamond ages and mantle Re-Os systematics. Earth and Planetary Science Letters, 160(3-4): 311-326.

Peng P, Bleeker W, Ernst R E, et al. 2011. U–Pb baddeleyite ages, distribution and geochemistry of 925Ma mafic dykes and 900Ma sills in the North China craton: Evidence for a Neoproterozoic mantle plume. Lithos, 127: 210-221.

Pokhilenko N P, Sobolev N V, Kuligin S S, et al. 1999. Peculiarities of distribution of pyroxenite paragenesis garnets in Yakutian kimberlites and some aspects of the evolution of the Siberian craton lithospheric mantle// Gurney J J, Gurney J L, Pascoe M D, et al. Proceedings of the 7th International Kimberlite Conference, Vol. 2. Cape Town: Red Roof Design, 689-698.

Price S E, Russell J K, Kopylova M G. 2000. Primitive magma from the Jericho pipe, N.W.T., Canada: Constraints on primary kimberlite melt chemistry. Journal of Petrology, 41:789-808.

Princivalle F, De Min A, Lenaz D, et al. 2014. Ultramafic xenoliths from Damaping (Hannuoba region, NE-China): Petrogenetic implications from crystal chemistry of pyroxenes, olivine and Cr-spinel and trace element content of clinopyroxene. Lithos, 188: 3-14.

Pu W, Gao J F, Zhao K D, et al. 2005. Separation Method of Rb-Sr, Sm-Nd Using DCTA and HIBA. Journal of Nanjing University (Natural Sciences), 4: 016.

Ringwood A E, Kesson S E, Hibberson W, et al. 1992. Origin of kimberlites and related magmas. Earth and Planetary Science Letters, 113: 521-538.

Robinson D N. 1979. Surface textures and other features of diamonds. University of Cape Town, 221.

Robinson D N, Scott J A, Van Niekerk K, et al. 1989. The sequence of events reflected in the diamonds of some southern African kimberlites. Kimberlites and Related Rocks, 2: 990-1000.

Roeder P L, Schulze D J. 2008. Crystallization of groundmass spinel in kimberlite. Journal of Petrology, 49:1473-1495.

Rudnick R L, Gao S, Ling W L, et al. 2004. Petrology and geochemistry of spinel peridotite xenoliths from Hannuoba and Qixia, North China craton. Lithos, 77: 609-637.

Russell J K, Porritt L A, Lavallée Y, et al. 2012. Kimberlite ascent by assimilation-fuelled buoyancy. Nature, 481: 352-356.

Ryan C G, Griffin W L, Pearson N J. 1996. Garnet geotherms: Pressure-temperature data from Cr-pyrope garnet xenocrysts in volcanic rocks. J. Geophys. Res.-Solid Earth, 101: 5611-5625.

Schulze D J. 2001. Origins of chromian and aluminous spinel macrocrysts from kimberlites in southern Africa. The Canadian Mineralogist, 39: 361-376.

Schulze D J. 2003. A classification scheme for mantle-derived garnets in kimberlite: A tool for investigating the mantle and exploring for diamonds. Lithos, 1: 195-213.

Sengor A M C, Natalin B A, Burtman V S. 1993. Evolution of the Altaid tectonic collage and Palaeozoic crustal growth in Eurasia. Nature, 364: 299-307.

Sharma A, Kumar A, Pankaj P, et al. 2019. Petrology and Sr-Nd isotope systematics of the Ahobil kimberlite (Pipe-16) from the Wajrakarur field, Eastern Dharwar craton, Southern India. Geoscience Frontiers, 10:1167-1186.

Sharygin I S, Litasov K D, Shatskiy A, et al. 2015. Melting phase relations of the Udachnaya-East Group-I kimberlite at 3.0–6.5 GPa: experimental evidence for alkali-carbonatite composition of primary kimberlite melts and implications for mantle plumes. Gondwana Research, 28:1391-1414.

Shchukina E V, Agashev A M, Kostrovitsky S I, et al. 2015. Metasomatic processes in the lithospheric mantle beneath the V. Grib kimberlite pipe (Arkhangelsk diamondiferous province, Russia). Russian Geology and Geophysics, 56: 1701-1716.

Shchukina E V, Agashev A M, Pokhilenko N P. 2016. Metasomatic origin of garnet xenocrysts from the V. Grib kimberlite pipe, Arkhangelsk region, NW Russia. Geoscience Frontiers, 8: 641-651.

Shee S R, Bristow J W, Bell D R, et al. 1989. The Petrology of Kimberlites, Related Rocks and Associated Mantle Xenoliths from the Kuruman Province, South Africa//Ross J, et al. Kimberlites and Related Rocks: Their Composition, Occurrence, Origin and Emplacement. Sydney: Blackwell Scientific Publications, 60-82.

Shimizu N, Sobolev N. 1995. Young peridotitic diamonds from the Mir kimberlite pipe. Nature, 375: 394.

Shirey S B, Cartigny P, Frost D J, et al. 2013. Diamonds and the Geology of Mantle Carbon//Hazen R M, Jones A P, Baross J A. Carbon in Earth. Chantilly: Mineralogical Soc Amer, 355-421.

Smit K V, Shirey S B, Hauri E H, et al. 2019. Sulfur isotopes in diamonds reveal differences in continent construction. Science, 364(6438): 383-385.

Smit K V, Shirey S B, Richardson S H, et al. 2010. Re–Os isotopic composition of peridotitic sulphide inclusions in diamonds from Ellendale, Australia: Age constraints on kimberley cratonic lithosphere. Geochimica et Cosmochimica Acta, 74(11): 3292-3306.

Smith C B. 1983. Pb, Sr and Nd isotopic evidence for sources of southern African Cretaceous kimberlites. Nature, 304: 51-54.

Sobolev N V. 1974. Deep-seated Inclusions in Kimberlites and the Problem of the Upper Mantle Composition. Novosibirsk: Nauka Publishing House.

Sobolev N V, Lavrent'ev Y G, Pokhilenko N P, et al. 1973. Chrome-rich garnets from the kimberlites of yakutia and their parageneses. Contributions to Mineralogy and Petrology, 40: 39-52.

Sobolev N V, Shatsky V S. 1990. Diamond inclusions in garnets from metamorphic rocks: A new environment for diamond formation. Nature, 343: 742-746.

Soltys A, Giuliani A, Phillips D. 2018. A new approach to reconstructing the composition and evolution of kimberlite melts: A case study of the archetypal Bultfontein kimberlite (Kimberley, South Africa). Lithos, 304-307:1-15.

Song B, Nutman A P, Liu D Y, et al. 1996. 3800 to 2500 Ma crustal evolution in the Anshan area of Liaoning Province, northeastern China. Precambrian Res., 78:79-94.

Sonin V, Pokhilenko L, Pokhilenko N, et al. 2000. Diamond oxidation rate as related to oxygen fugacity. Geology of Ore Deposits, 42: 496-502.

Sonin V, Afanas'ev V, Zhimulev E, et al. 2002. Genetic aspects of the diamond morphology. Geology of Ore Deposits, 44: 291-299.

Stachel T, Aulbach S, Brey G P, et al. 2004. The trace element composition of silicate inclusions in diamonds: A review. Lithos, 77: 1-19.

Stachel T, Brey G P, Harris J W. 2005. Inclusions in sublithospheric diamonds: Glimpses of deep Earth. Elements, 1: 73-78.

Stachel T, Harris J W. 2008. The origin of cratonic diamonds — Constraints from mineral inclusions. Ore Geology Reviews, 34: 5-32.

Stachel T, Harris J W. 2009. Formation of diamond in the Earth's mantle. Journal of Physics: Condensed Matter, 21:364206.

Stachel T, Luth R. 2015. Diamond formation—Where, when and how? Lithos, 220: 200-220.

Stachel T, Viljoen K S, Brey G, et al. 1998. Metasomatic processes in lherzolitic and harzburgitic domains of diamondiferous lithospheric mantle: REE in garnets from xenoliths and inclusions in diamonds. Earth and Planetary Science Letters, 159: 1-12.

Stamm N, Schmidt M W, Szymanowski D, et al. 2018. Primary petrology, mineralogy and age of the Letšeng-la-Terae kimberlite (Lesotho, Southern Africa) and parental magmas of Group-I kimberlites. Contributions to Mineralogy and Petrology,173: 76.

Sun S S, McDonough W F. 1989. Chemical and isotopic systematics of oceanic basalts: implications for mantle composition and processes. Geological Society, London: Special Publications, 313-345.

Tappe S, Brand N B, Stracke A, et al. 2017. Plates or plumes in the origin of kimberlites: U/Pb perovskite and Sr-Nd-Hf-Os-C-O isotope constraints from the Superior craton (Canada). Chemical Geology, 455: 57-83.

Taylor W R. 1998. An experimental test of some geothermometer and geobarometer formulations for upper mantle peridotites with application to the thermobarometry of fertile lherzolite and garnet websterite. N. Jb. Mineral. (Abh.) 172: 381-408.

Taylor W R, Canil D, Judith Milledge H. 1996. Kinetics of Ib to IaA nitrogen aggregation in diamond. Geochimica et Cosmochimica Acta, 60: 4725-4733.

Taylor W R, Jaques A L, Ridd M. 1990. Nitrogen-defect aggregation characteristics of some Australasian diamonds: time-temperature constraints on the source regions of pipe and alluvial diamonds. American Mineralogist, 75(11-12): 1290-1310.

Viljoen K S, Harris J W, Ivanic T, et al. 2014. Trace element chemistry of peridotitic garnets in diamonds from the Premier (Cullinan) and Finsch kimberlites, South Africa: Contrasting styles of mantle metasomatism. Lithos, 208:1-15.

Wagner P A. 1914. The diamond fields of Southern Africa. Nature, 93:527-527.

Walter M J. 1998. Melting of garnet peridotite and the origin of komatiite and depleted lithosphere. Journal of Petrology, 39: 29-60.

Wang W Y. 1998. Formation of diamond with mineral inclusions of "mixed" eclogite and peridotite paragenesis. Earth and Planetary Science Letters,160: 831-843.

Wang W Y, Gasparik T. 2001. Metasomatic clinopyroxene inclusions in diamonds from the Liaoning province, China. Geochimica et Cosmochimica Acta, 65: 611-620.

Wang W Y, Takahashi E, Sueno S. 1998. Geochemical properties of lithospheric mantle beneath the Sino-Korea craton; evidence from garnet xenocrysts and diamond inclusions. Physics of the Earth and Planetary Interiors, 107: 249-260.

Wang W Y, Sueno S, Takahashi E, et al. 2000. Enrichment processes at the base of the Archean lithospheric mantle: observations from trace element characteristics of pyropic garnet inclusions in diamonds. Contributions to Mineralogy and Petrology, 139: 720-733.

Wang Z, O'Neill H S C, Lazor P, et al. 2002a. High pressure Raman spectroscopic study of spinel $MgCr_2O_4$. J. Phys. Chem. Solids, 63: 2057-2061.

Wang Z W, Lazor P, Saxena S K, et al. 2002b. High-pressure Raman spectroscopic study of spinel ($ZnCr_2O_4$). J. Solid State Chem, 165:165-170.

Wang Z W, Saxena S K. 2001. Raman spectroscopic study on pressure-induced amorphization in nanocrystalline anatase (TiO_2). Solid State Commun, 118: 75-78.

Wicks F, Whittaker E. 1977. Serpentine textures and serpentinization. The Canadian Mineralogist, 15: 459-488.

Wilson L, Head I J W. 2007. An integrated model of kimberlite ascent and eruption. Nature, 447: 53-57.

Woolley A R, Bergman S C, Edgar A D, et al. 1996, Classification of lamprophyres, lamproites, kimberlites, and the kalsilitic, melilitic, and leucitic rocks. Canadian Mineralogist, 34:175-186.

Wyatt B A, Baumgartner M, Anckar E, et al. 2004. Compositional classification of "kimberlitic" and "non-kimberlitic" ilmenite. Lithos, 77: 819-840.

Wyllie P J. 1987. Discussion of recent papers on carbonated peridotite, bearing on mantle metasomatism and magmatism. Earth and Planetary Science Letters, 82:391-397.

Xiao Y, Zhang H F, Fan W M, et al. 2010. Evolution of lithospheric mantle beneath the Tan-Lu fault zone, eastern North China Craton: Evidence from petrology and geochemistry of peridotite xenoliths. Lithos, 117: 229-246.

Xu S T, Okay A I, Yuan J S, et al. 1992. Diamond from the Dabie Shan metamorphic rocks and its implication for tectonic setting. Science, 256: 80.

Yang Y H, Wu F Y, Wilde S A, et al. 2009. In situ perovskite Sr–Nd isotopic constraints on the petrogenesis of the Ordovician Mengyin kimberlites in the North China Craton. Chemical Geology, 264: 24-42.

Yin Z W, Lu F X, Chen M H, et al. 2005. Ages and environments of formation of diamonds in Mengyin County, Shandong Province. Earth science frontiers, 12: 614-621.

Zhang H F, Goldstein S L, Zhou X H, et al. 2008. Evolution of subcontinental lithospheric mantle beneath eastern China: Re–Os isotopic evidence from mantle xenoliths in Paleozoic kimberlites and Mesozoic basalts. Contr. Mineral. and Petrol, 155: 271-293.

Zhang H F, Menzies M A, Lu F X, et al. 2000. Major and trace element studies on garnets from Palaeozoic kimberlite-borne mantle xenoliths and megacrysts from the North China craton. Science in China Series D-Earth Sciences, 43:423-430.

Zhang H F, Sun M. 2002. Geochemistry of Mesozoic Basalts and Mafic Dikes, Southeastern North China Craton, and Tectonic Implications. International Geology Review, 44: 370-382.

Zhang H F, Zhou M F, Sun M, et al. 2010. The origin of Mengyin and Fuxian diamondiferous kimberlites from the North China Craton: Implication for Palaeozoic subducted oceanic slab–mantle interaction. Journal of Asian Earth Sciences, 37: 425-437.

Zhao D G. 1998. Kimberlite, Diamond and Mantle Xenolith From Northwest Territories, Canada and North China. Michigan:University of Michigan.

Zhao D G, Zhang Y X, Essene E J. 2015. Electron probe microanalysis and microscopy: Principles and applications in characterization of mineral inclusions in chromite from diamond deposit. Ore Geology Reviews, 65:733-748.

Zhao G C, Sun M, Wilde S A, et al. 2005. Late Archean to Paleoproterozoic evolution of the North China Craton: Key issues revisited. Precambrian Research, 136: 177-202.

Zhao G C, Wilde S A, Cawood P A, et al. 2002. Shrimp U-Pb zircon ages of the fuping complex: Implications for late archean to paleoproterozoic accretion and assembly of the North China Craton. American Journal of Science, 302: 191-226.

Zhao G C, Zhai M G. 2013. Lithotectonic elements of Precambrian basement in the North China Craton: review and tectonic implications. Gondwana Research, 23:1207-1240.

Zheng J P, Griffin W L, O′Reilly S Y, et al. 2006. Mineral chemistry of peridotites from Paleozoic, Mesozoic and Cenozoic Lithosphere: Constraints on mantle evolution beneath Eastern China. Journal of Petrology, 47: 2233-2256.

Zheng J P, Griffin W L, O′Reilly S Y, et al. 2007. Mechanism and timing of lithospheric modification and replacement beneath the eastern North China Craton: Peridotitic xenoliths from the 100 Ma Fuxin basalts and a regional synthesis. Geochimica et Cosmochimica Acta, 71: 5203-5225.

Zheng J P, O'Reilly S Y, Griffin W L, et al. 2004. Nature and evolution of Mesozoic-Cenozoic lithospheric mantle beneath the Cathaysia block, SE China. Lithos, 74: 41-65.

Zhu R Z, Ni P, Ding J Y, et al. 2017. Petrography, chemical composition, and Raman spectra of chrome spinel: Constraints on the diamond potential of the No. 30 pipe kimberlite in Wafangdian, North China Craton. Ore Geology Reviews, 91: 896-905.

Zhu R Z, Ni P, Ding J Y, et al. 2019a. Geochemistry of magmatic and xenocrystic spinel in the No.30 kimberlite pipe (Liaoning Province, North China Craton): Constraints on Diamond Potential. Minerals, 9: 382.

Zhu R Z, Ni P, Ding J Y, et al. 2019b. Metasomatic processes in the lithospheric mantle beneath the No. 30 kimberlite (Wafangdian Region, North China Craton). The Canadian Mineralogist, 57: 499-517.

Zhu R Z, Ni P, Wang G G, et al. 2019c. Geochronology, geochemistry and petrogenesis of the Laozhaishan dolerite sills in the southeastern margin of the North China Craton and their geological implication. Gondwana Research, 67: 131-146.

Zhu R Z, Ni P, Wang G G, et al. 2022. Temperature and oxygen state of kimberlite magma from the North

China Craton and their implication for diamond survival. Mineralium Deposita, 57: 301-318.
Ziberna L, Nimis P, Zanetti A, et al. 2013. Metasomatic processes in the central Siberian cratonic mantle: evidence from garnet xenocrysts from the Zagadochnaya kimberlite. Journal of Petrology, 54: 2379-2409.

附录I　实验测试方法

1. 全岩主微量元素测试

全岩主量元素测试是在南京大学现代分析中心通过 X 射线荧光光谱法完成的。测试过程大概如下：将0.5 g样品与11 g硼酸锂熔剂（1∶1∶1=$Li_2B_4O_7$∶$LiBO_2$∶LiBr）均匀混合，将混合均匀的粉末置入铂金坩埚中，在马弗炉中高温（1050～1100℃）加热熔融。将产生的熔体倒入模具中制备成扁平的熔融玻璃圆盘，然后用 X 射线荧光光谱法对熔融玻璃进行分析。烧失量（LOI）是将 2 g 样品加热到1000℃之后并保持 10 h，通过前后重量差得到的。主量元素的分析精度和准确度一般优于±1%。

全岩微量元素测试是在南京大学内生金属矿床成矿机制研究国家重点实验室完成的。样品消解流程大概如下：①将样品放入烘箱中 2 h 以上，去除样品中的吸附水；②用电子秤称取 100 mg 样品，然后放入 Teflon 溶样罐中；③向溶样罐中加入高纯硝酸和氢氟酸，然后放入电热板上高温蒸干；④在上述溶样罐中继续加入高纯硝酸和高纯氢氟酸，盖好盖后，放入钢套密封，在烘箱中放置大约 2 d；⑤待溶样完全冷却后，从钢套中取出溶样罐并放在电热板上蒸干，然后加入高纯硝酸蒸干，再加入高纯硝酸，密封，等待样品溶解；⑥等样品完全冷却后，将获得的液体加入 PET 瓶中，然后加入内标溶液和去离子水，盖好盖后密封，等待上机测试。微量元素是用 Finnigan Element II ICP-MS 测试的。大多数微量元素的准确度和精确度均优于±10%。

2. 全岩 Sr-Nd 同位素测试

全岩 Sr-Nd 同位素在南京大学内生金属矿床成矿机制研究国家重点实验室完成。样品的分离消解流程详见 Pu 等（2005）。大致过程如下：准确称取（200±10）mg 样品放入 15 mL Teflon 闷罐中，加入 2～3 mL 纯化 HF-$HClO_4$ 溶样，并在电热板上 120℃加热，蒸干溶液；加入 1 mL 纯化的 $HClO_4$，蒸干后加入 2 mL 6N HCl，拧紧盖子后加热 12 h，随后冷却至室温；将溶液进行离心处理后，利用载有 Bio-Rad 50WX8 离子交换树脂的离子交换柱，加 2.5N HCl 提取出 Sr 元素的盐酸溶液，再加 6N HCl 提取出稀土元素的盐酸溶液，用 Teflon 闷罐接收溶液，然后将其放置于电热板上蒸干溶液；将装有 Sr 元素的闷罐收起以备测试，向装有稀土元素的闷罐加入 0.26N HCl，放置 30 min；将溶液置入 Nd 元素离子交换柱中，利用 0.26N 的 HCl 分离出含有 Nd 的盐酸溶液；利用电热板将含有 Nd 元素的盐酸溶液蒸干，以备测试。Sr-Nd 中的 Sr 同位素组成测试在 Finnigan Triton TI thermal ionization mass spectrometer（TIMS）上完成，Nd 同位素组成采用 Thermo Scientific Neptune Plus 多接收等离子质谱仪（MC-ICP-MS）测定，用 $^{86}Sr/^{88}Sr= 0.1194$ 进行 Sr 同位素分馏校正，用 $^{146}Nd/^{144}Nd=0.7219$ 进行 Nd 同位素分馏校正。实验室对 Sr 标样 NIST SRM-987 的测定结果为 $^{86}Sr/^{88}Sr =0.710245\pm0.000009$（$2\sigma$, n=68），Nd 标样 JNdi-1 的测定结果为 $^{143}Nd/^{144}Nd =0.512096\pm0.000008$（$2\sigma$, n=18）。

3. 电子探针测试

矿物成分电子探针的分析是在南京大学内生金属矿床成矿机制研究国家重点实验室和自然资源部第二海洋研究所自然资源部海底科学重点实验室完成。将探针片进行喷碳处理，再利用日本电子 JXA-8100（Jeol JXA-8100）型电子探针显微分析仪进行分析。分析过程使用以下仪器参数：15 kV 加速电压、束斑电流 20 nA 和 30 s 积分时间。分析石榴子石、尖晶石、辉石、橄榄石等不含水矿物时电子束斑半径为 1 μm，分析金云母等含水矿物时电子束斑半径为 5～10 μm。金云母中的%（OH）含量无法由电子探针直接分析获得，这里使用所有元素归一化 100% 计算补偿值。本次测试中使用一系列天然和人工合成矿物标样作为外标，包括全国微束分析标准化技术委员会研制的微束分析系列国家标样和美国 SPI 标样，所有测试点数据的精确度误差小于 1%。石榴子石、橄榄石晶体化学式以 24 个氧原子为基础计算，尖晶石晶体化学式以 8 个氧原子为基础计算，辉石晶体化学式以 22 个氧原子为基础计算。

4. LA-ICP-MS 矿物微量元素分析

石榴子石、橄榄石、辉石和尖晶石的微量元素测试是在南京聚谱检测科技有限公司完成的。采用矿物微区原位 LA-ICP-MS 分析，分析所用仪器为 Agilent 7700a 型 ICP-MS。激光束斑直径为 40 μm。USGS 标样（BHVO-2G, BIR-1G, GSE-1G, 和 NIST610）作为标样，采用多外标、无内标法对元素含量进行定年计算。测试过程中，信号频率为 6 Hz。为了使仪器达到最优工作状态，在正式测试前，用 NIST612 进行仪器调试。正式测试过程中，背景采集时间为 20 s，样品剥蚀采集时间为 40 s，系统清洗时间为 20 s，测试分析时间为 80 s。测试完成后，采用 ICPMSDataCal 程序处理离线数据（Liu et al., 2008）。对于硅酸岩矿物，以 Si 为内标进行校正。对于氧化物矿物，以 Fe 为内标进行校正。样品分析的误差在 6%以内。

5. 激光拉曼分析

激光拉曼分析是在南京大学内生金属矿床成矿机制研究国家重点实验室激光

拉曼室完成的。实验测试使用仪器为英国 Renishaw 公司生产的 RM-2000 型激光拉曼探针仪。实验仪器参数如下：Ar+激光器，波长为 514 nm，光谱计数时间为 30 s，在 100～4000 cm^{-1} 全波段一次取峰，激光束斑大小为 1 μm，光谱分辨率 2 cm^{-1}。

6. 锆石 LA-ICPMS U-Pb 定年

锆石分选采用重砂方法完成，首先将约 3 kg 岩石样品破碎至 80～100 目，再经重砂淘选和电磁选，分选出无磁性重矿物样品，在立体显微镜下随机挑选出锆石颗粒。然后将分选出的锆石颗粒粘在双面胶上，并沿直线排列整齐，用混合有固化剂的环氧树脂胶结。待环氧树脂固化后，抛光至锆石颗粒中心露出，制成样品靶。对制成样品靶后的锆石样品，首先在显微镜下进行透射光和反射光的观察和照相，分析锆石晶形、包裹体、裂缝等外观特征。然后对靶上锆石进行阴极发光（CL）分析，并为锆石 U-Pb 定年选择合适的点位。根据阴极发光照射结果，选择典型的岩浆锆石进行锆石 U-Pb 测年分析，锆石 U-Pb 年龄测定在南京大学内生金属矿床成矿机制研究国家重点实验室完成，采用 Agilent 7500a 型 ICP-MS，激光剥蚀系统为 New Wave UP213。采用 He 气作为剥蚀物质载气，通过直径 3 mm 的 PVC 管将剥蚀物质传送到 ICP-MS，并在进入 ICP-MS 之前与 Ar 气混合，形成混合气体。仪器工作参数为：Ar 气流量 1 L/min，He 气流量 0.9～1.2 L/min。剥蚀系统激光波长 213 nm，激光脉冲频率 5 Hz，剥蚀孔径 18 μm，剥蚀时间 60 s，背景测量时间 40 s，脉冲能量为 10～20 J/cm^2，^{206}Pb、^{207}Pb、^{208}Pb、^{232}Th、^{238}U 的测试时间依次为 15、30、10、10、15 ms。应用锆石标样 GJ-1 进行同位素分馏校正，GJ-1 锆石标样的测试值为（601±1.2）Ma；ICP-MS 的分析数据通过即时分析软件 GLITTER 计算获得同位素比值、年龄和误差，普通铅校龄样品采用 Andersen（2002）的方法进行，校正后的结果用 Isoplot 程序（ver. 2.49; Ludwig, 2001）完成年龄计算和协和图的绘制。每个分析点的 Th、U 含量通过与标样 GJ-1 的平均计数率比较获得，本 GJ-1 的 Th、U 含量分别为 8×10^{-6} 和 330×10^{-6}。

附录II　原始数据（部分）

表1 瓦房店I型深成金伯利岩全岩主微量元素分析

岩管	30 号岩管						42 号岩管						1 号岩管		
样品号	L30-1	L30-2	L30-3	L30-4	L30-5	L30-6	L42-1	L42-2	L42-3	L42-4	L42-5	L42-6	L1-1	L1-2	L1-3
结构	aph	aph	aph	macro	aph	aph	aph	aph	macro	macro	macro	macro	macro	macro	aph
主量元素															
SiO_2	29.33	34.61	34.12	35.43	34.45	29.10	35.42	34.72	37.18	36.58	35.97	36.10	31.12	30.55	29.88
TiO_2	1.23	1.45	1.51	1.40	1.42	1.14	2.03	1.95	2.19	2.05	2.06	2.21	1.30	1.27	1.38
Al_2O_3	4.67	5.15	4.64	4.62	4.75	4.46	4.78	4.90	4.63	4.94	4.40	4.38	4.81	4.51	3.91
Fe_2O_3	11.23	10.05	10.73	10.33	9.83	9.55	7.14	7.31	7.62	8.65	8.77	9.23	9.61	9.91	12.64
MnO	0.13	0.16	0.14	0.13	0.13	0.14	0.17	0.18	0.25	0.26	0.25	0.20	0.34	0.33	0.11
MgO	25.91	27.49	28.20	27.38	28.20	25.98	28.37	28.10	31.42	31.23	31.51	29.31	30.43	30.66	27.64
CaO	7.54	6.14	5.72	4.46	5.81	8.79	5.40	6.14	2.32	1.68	2.23	2.73	7.08	7.49	6.76
K_2O	1.89	2.13	2.12	2.91	1.26	2.15	0.92	1.01	0.83	0.72	0.85	2.23	1.70	1.52	1.38
Na_2O	0.38	0.33	0.39	0.39	0.38	0.35	0.24	0.25	0.32	0.27	0.33	0.28	0.34	0.34	0.38
P_2O_5	0.87	0.47	0.76	0.32	0.46	0.51	0.72	0.81	0.95	0.78	0.75	1.09	1.05	0.61	1.37
SO_3	0.02	0.04	0.08	0.07	0.06	0.10	0.02	0.03	0.17	0.03	0.01	0.02	0.18	0.11	0.03
Cr_2O_3	0.25	0.21	0.21	0.20	0.21	0.21	0.19	0.18	0.20	0.18	0.18	0.19	0.21	0.19	0.18
LOI	16.33	11.75	10.95	11.38	12.99	17.15	14.42	13.74	12.39	12.44	12.47	11.86	12.04	11.82	14.32
SUM	99.78	99.98	99.57	99.02	99.95	99.63	99.82	99.32	100.47	99.81	99.77	99.83	100.21	99.31	99.98
$Mg^{\#}$	81.9	84.3	83.7	83.9	84.9	84.2	88.6	88.3	89.0	87.6	87.6	86.2	86.1	85.8	81.1
C.I.	1.16	1.26	1.21	1.22	1.29	1.12	1.34	1.32	1.27	1.28	1.23	1.21	1.07	1.05	1.12

续表

岩管	30 号岩管						42 号岩管						1 号岩管		
样品号	L30-1	L30-2	L30-3	L30-4	L30-5	L30-6	L42-1	L42-2	L42-3	L42-4	L42-5	L42-6	L1-1	L1-2	L1-3
结构	aph	aph	aph	macro	aph	aph	aph	aph	macro	macro	macro	macro	macro	macro	aph
微量元素															
Zr	252	176	251	281	343	282	345	338	365	359	346	357	329	218	294
Nb	300	173	288	192	198	320	171	160	181	165	172	175	306	207	321
Y	15.6	15.0	18.2	13.5	13.9	16.6	19.9	19.5	19.1	21.8	20.0	18.0	16.1	12.7	17.7
Rb	127	375	273	259	276	152	57	60	50	43	51	128	133	170	97
Ba	3160	4500	3310	3130	3260	4660	793	896	669	525	691	1825	4170	2180	2250
Sr	780	393	419	414	591	1015	273	262	344	285	248	647	665	441	915
Co	54	63	69	72	69	69	64	77	41	39	42	39	64	77	49
Cr	1100	1030	1130	1090	1080	1060	900	869	942	928	962	999	1340	1293	1040
Ni	584	740	829	855	821	880	695	739	875	679	689	777	1129	1021	521
V	110	76	107	78	100	100	265	305	219	245	250	289	65	130	60
Sc	17	20	19	18	19	12	17	17	18	18	18	17	25	25	25
Th	64	32	48	36	35	66	22.8	22.4	23.8	23.4	22.1	24	68	33	65
U	6.7	2.94	5.9	4.4	4.4	9.4	4.6	4.6	5.1	4.9	4.8	5.1	5.3	5.1	9.8
Pb	36	33	56	39	33	47	60	34	32	38	52	116	33	28	59
Ta	17.9	12.2	17.6	13.8	13.7	18.8	10.6	10.6	11.8	10.9	10.9	11.7	18.3	12.5	17.1
Hf	6.0	4.1	5.7	6.1	7.4	6.2	8.0	8.2	8.9	8.5	8.0	9.3	7.1	4.6	7.1
La	256	176	297	196	209	307	92	102	138	161	200	87	218	193	352
Ce	485	304	485	331	345	579	228	245	292	300	371	229	388	319	595
Pr	46	27.9	44	30	31	54	26.8	28.8	31	32	35	27.6	37	28.1	54

续表

岩管	30 号岩管						42 号岩管						1 号岩管		
样品号	L30-1	L30-2	L30-3	L30-4	L30-5	L30-6	L42-1	L42-2	L42-3	L42-4	L42-5	L42-6	L1-1	L1-2	L1-3
结构	aph	aph	aph	macro	aph	aph	aph	aph	macro	macro	macro	macro	macro	macro	aph
Nd	140	87	128	92	91	165	96	101	102	104	115	96	115	82	161
Sm	15.2	10.6	14.7	10.5	10.6	19.8	14.2	14.4	14.0	14.4	14.7	14.1	13.8	9.2	17.6
Eu	4.6	2.55	3.8	3.1	3.0	5.4	2.91	2.87	4.7	4.0	4.0	3.9	3.2	2.71	4.4
Gd	8.3	6.4	8.4	6.4	6.2	9.7	8.4	8.8	8.6	8.9	8.7	9.0	7.9	5.3	9.4
Tb	0.86	0.70	0.93	0.70	0.69	0.98	0.89	0.90	0.92	0.98	0.96	0.95	0.89	0.60	0.99
Dy	3.9	3.4	4.5	3.4	3.2	4.5	4.3	4.3	4.4	4.7	4.4	4.5	4.0	2.90	4.5
Ho	0.57	0.55	0.68	0.56	0.49	0.67	0.71	0.71	0.75	0.79	0.73	0.75	0.64	0.48	0.67
Er	1.29	1.33	1.75	1.33	1.26	1.55	1.69	1.79	1.66	1.86	1.72	1.76	1.49	1.11	1.56
Tm	0.16	0.16	0.21	0.17	0.16	0.19	0.22	0.23	0.21	0.24	0.22	0.22	0.19	0.15	0.19
Yb	0.84	0.86	1.22	0.93	0.91	1.07	1.27	1.38	1.24	1.37	1.28	1.23	1.16	0.79	1.01
Lu	0.11	0.12	0.16	0.14	0.13	0.14	0.19	0.21	0.17	0.20	0.19	0.18	0.17	0.12	0.14
La/Nb	0.85	1.01	1.03	1.02	1.06	0.96	0.54	0.63	0.76	0.98	1.16	0.50	0.71	0.93	1.10
La/Th	3.99	5.42	6.16	5.46	5.92	4.63	4.05	4.53	5.80	6.86	9.03	3.63	3.21	5.85	5.46
Ba/Nb	10.53	26.01	11.49	16.30	16.46	14.56	4.64	5.60	3.70	3.19	4.03	10.46	13.63	10.53	7.01
Th/Nb	0.21	0.19	0.17	0.19	0.18	0.21	0.13	0.14	0.13	0.14	0.13	0.14	0.22	0.16	0.20
Nb/Th	4.68	5.34	5.98	5.36	5.61	4.83	7.50	7.14	7.61	7.03	7.76	7.27	4.50	6.29	4.98
Ce/Pb	13.47	9.21	8.66	8.49	10.45	12.32	3.80	7.21	9.13	7.89	7.13	1.97	11.76	11.39	10.08
Nb/U	45.11	58.84	48.98	44.14	45.00	33.90	37.42	34.93	35.49	33.92	36.03	34.35	58.29	40.99	32.72
Nb/Th	4.68	5.34	5.98	5.36	5.61	4.83	7.50	7.14	7.61	7.03	7.76	7.27	4.50	6.29	4.98

续表

岩管	1 号岩管							50 号岩管						原始岩浆
样品号	L1-4	L1-5	L1-6	L1-7	L1-8	L1-9	L1-10	L50-1	L50-2	L50-3	L50-4	L50-5	L50-6	
结构	aph	aph	aph	aph	aph	aph	aph	aph	macro	macro	macro	macro	macro	
主量元素														
SiO_2	27.70	29.99	30.86	30.62	29.51	29.56	29.73	33.68	34.74	32.19	30.67	32.66	29.86	33.59
TiO_2	1.37	1.35	1.25	1.22	1.27	1.20	1.32	1.43	1.28	1.24	1.39	1.22	1.35	1.77
Al_2O_3	4.18	5.19	4.75	4.69	4.83	4.63	5.22	1.87	2.13	2.66	2.61	2.70	4.93	4.91
Fe_2O_3	10.77	10.99	11.03	10.81	10.33	10.70	10.14	11.35	8.84	8.66	10.13	10.12	10.09	9.31
MnO	0.20	0.22	0.23	0.27	0.27	0.27	0.22	0.20	0.24	0.34	0.20	0.33	0.33	0.24
MgO	23.95	28.40	29.12	28.72	29.55	28.19	29.66	28.28	32.88	30.75	30.20	31.45	29.73	29.91
CaO	11.78	9.34	5.97	7.95	6.73	7.80	6.56	5.28	3.91	5.89	6.13	5.41	6.83	5.83
K_2O	1.40	2.22	1.34	1.38	1.42	1.29	1.62	0.69	0.65	0.45	0.54	0.70	0.78	1.53
Na_2O	0.32	0.31	0.30	0.28	0.29	0.27	0.34	0.30	0.35	0.31	0.29	0.30	0.29	0.32
P_2O_5	1.22	0.26	0.30	0.64	0.44	0.62	0.87	0.94	0.73	0.32	0.09	0.57	0.42	0.61
SO_3	0.01	0.09	0.02	0.09	0.01	0.06	0.08	0.08	0.08	0.05	0.04	0.00	0.06	0.13
Cr_2O_3	0.18	0.24	0.21	0.19	0.28	0.19	0.22	0.37	0.31	0.31	0.39	0.29	0.32	0.22
LOI	16.85	10.82	14.02	12.67	14.56	15.54	13.59	15.02	13.57	16.61	17.79	15.02	14.12	11.61
SUM	99.92	99.42	99.40	99.53	99.49	100.32	99.57	99.49	99.71	99.78	100.47	100.77	99.11	99.95
$Mg^{\#}$	81.3	83.5	83.8	83.9	84.9	83.8	85.2	83.0	87.9	87.4	85.4	85.9	85.2	86.3
C.I.	1.20	1.08	1.13	1.13	1.07	1.12	1.07	1.21	1.09	1.11	1.07	1.09	1.12	1.18

续表

岩管	1 号岩管							50 号岩管						原始岩浆
样品号	L1-4	L1-5	L1-6	L1-7	L1-8	L1-9	L1-10	L50-1	L50-2	L50-3	L50-4	L50-5	L50-6	
结构	aph	aph	aph	aph	aph	aph	aph	aph	macro	macro	macro	macro	macro	
微量元素														
Zr	275	267	259	312	336	291	147	296	272	241	291	251	281	316
Nb	254	309	280	295	346	295	234	168	163	139	167	139	155	245
Y	19.9	17.6	17.9	17.5	23.1	16.3	13.5	8.6	8.1	6.8	9.5	10.0	11.1	18.4
Rb	166	182	95	106	128	87	177	67	61	38	39	49	51	116
Ba	4190	3890	1200	3660	3040	2460	3040	3630	2400	962	342	1365	1250	2280
Sr	966	339	759	1050	371	926	498	576	445	257	194	417	380	342
Co	55	71	50	60	56	58	71	88	107	98	73	68	65	56
Cr	794	1230	1120	986	1270	1020	1090	1790	1570	1480	1450	1510	1220	1086
Ni	597	720	801	670	933	846	936	1440	1590	1400	1290	1430	950	797.5
V	71	65	58	70	125	85	130	115	100	29	30	35	30	142
Sc	23	23	24	26	26	26	26	16	14	14	16	15	15	20.5
Th	60	75	68	57	68	58	34	22.3	19.8	19.85	23.1	21.2	23.4	50
U	9.1	8.4	10.8	9.8	8.9	9.4	5.1	4.0	4.0	3.3	3.7	3.9	4.5	6.8
Pb	63	44	48	47	46	55	33	42	14	19	17	22	16	38
Ta	16.9	20.5	18.0	15.6	18.7	15.0	14.3	10.2	9.2	9.0	11.2	9.3	10.5	16.2
Hf	6.9	6.8	6.5	7.0	7.2	6.3	2.9	6.3	5.7	5.6	6.9	6.1	6.9	7.9
La	356	367	341	327	268	337	229	101	87	104	146	150	177	253
Ce	604	645	599	560	474	550	386	194	160	195	279	282	327	469
Pr	55	60	55	49	44	49	35	19.1	16.0	19.8	29.2	27.5	31	45

续表

岩管	1号岩管							50号岩管						原始岩浆
样品号	L1-4	L1-5	L1-6	L1-7	L1-8	L1-9	L1-10	L50-1	L50-2	L50-3	L50-4	L50-5	L50-6	
结构	aph	aph	aph	aph	aph	aph	aph	aph	macro	macro	macro	macro	macro	
Nd	160	178	162	146	132	141	101	61	52	64	94	90	103	140
Sm	18.4	17.9	17.6	16.3	17.6	15.3	11.6	8.0	6.9	8.4	11.5	11.1	13.1	15.9
Eu	5.0	5.2	4.8	4.2	4.8	3.9	3.4	2.03	1.87	2.36	3.0	2.82	3.1	4.9
Gd	10.2	9.1	9.2	8.7	10.9	7.9	6.6	4.4	4.0	4.4	6.2	6.0	7.1	8.8
Tb	1.06	0.95	0.93	0.88	1.15	0.83	0.71	0.48	0.44	0.48	0.63	0.60	0.63	0.94
Dy	4.8	4.3	4.3	4.2	5.2	3.9	3.3	2.22	2.03	2.02	2.73	2.72	3.0	4.3
Ho	0.76	0.64	0.67	0.66	0.82	0.59	0.52	0.33	0.31	0.29	0.39	0.40	0.46	0.70
Er	1.68	1.45	1.45	1.54	1.81	1.31	1.19	0.69	0.69	0.60	0.80	0.82	0.96	1.56
Tm	0.21	0.18	0.17	0.19	0.23	0.16	0.15	0.08	0.08	0.07	0.09	0.10	0.10	0.20
Yb	1.19	1.01	0.97	1.07	1.20	0.91	0.81	0.43	0.41	0.35	0.45	0.52	0.50	1.13
Lu	0.17	0.14	0.13	0.15	0.17	0.12	0.11	0.06	0.05	0.04	0.06	0.06	0.06	0.16
La/Nb	1.40	1.19	1.22	1.11	0.77	1.14	0.98	0.60	0.53	0.75	0.87	1.08	1.14	1.03
La/Th	5.93	4.87	5.02	5.75	3.94	5.84	6.74	4.53	4.39	5.21	6.30	7.08	7.56	5.10
Ba/Nb	16.50	12.59	4.29	12.41	8.79	8.34	12.99	21.61	14.72	6.95	2.05	9.86	8.06	9.30
Th/Nb	0.24	0.24	0.24	0.19	0.20	0.20	0.15	0.13	0.12	0.14	0.14	0.15	0.15	0.20
Nb/Th	4.23	4.10	4.12	5.18	5.09	5.11	6.88	7.53	8.23	6.98	7.23	6.53	6.62	4.94
Ce/Pb	9.59	14.66	12.48	11.91	10.30	10.00	11.70	4.62	11.43	10.26	16.41	12.82	20.44	12.33
Nb/U	27.82	36.61	25.93	30.01	38.83	31.28	45.88	41.90	41.27	42.35	45.38	35.79	34.83	36.19
Nb/Th	4.23	4.10	4.12	5.18	5.09	5.11	6.88	7.53	8.23	6.98	7.23	6.53	6.62	4.94

注：主量元素单位为%，微量元素数值均$\times10^{-6}$。

表 2 瓦房店金伯利岩 Sr-Nd 同位素特征

		Rb (×10^{-6})	Sr (×10^{-6})	$^{87}Rb/^{86}Sr$	$^{87}Sr/^{86}Sr$	2s	$^{87}Sr_t/^{86}Sr_t$	Sm (×10^{-6})	Nd (×10^{-6})	$^{147}Sm/^{144}Nd$	$^{143}Nd/^{144}Nd$	2s	$^{143}Nd/^{144}Nd_t$	$\varepsilon_{Nd}(t)$	T_{DM1} /Ma	$f_{Sm/Nd}$
30 号岩管	L30-1	127	780	0.4691	0.707195	0.000005	0.70399	15.25	140	0.0661	0.512146	0.000003	0.51194	−1.59	1036	−0.66
	L30-2	375	393	2.7626	0.715871	0.000005	0.69698	10.55	87	0.0732	0.512054	0.000003	0.51182	−3.83	1188	−0.63
	L30-3	273	419	1.8865	0.716917	0.000004	0.70401	14.65	128	0.0692	0.512078	0.000006	0.51186	−3.10	1130	−0.65
	L30-4	259	414	1.8112	0.715917	0.000008	0.70353	10.5	92	0.0693	0.512090	0.000010	0.51187	−2.89	1119	−0.65
	L30-5	276	591	1.3520	0.715201	0.000004	0.70596	10.55	91	0.0697	0.512059	0.000005	0.51184	−3.51	1154	−0.65
	L30-6	152	1015	0.4318	0.706837	0.000007	0.70388	19.8	165	0.0725	0.512131	0.000004	0.51190	−2.27	1099	−0.63
42 号岩管	L42-1	57	273	0.6008	0.708010	0.000003	0.70390	14.2	96	0.0891	0.512145	0.000004	0.51186	−3.03	1229	−0.55
	L42-2	60	262	0.6628	0.712139	0.000003	0.70761	14.35	101	0.0858	0.512132	0.000004	0.51186	−3.07	1212	−0.56
	L42-3	50	344	0.4172	0.710163	0.000004	0.70731	13.95	102	0.0830	0.512127	0.000003	0.51187	−3.00	1193	−0.58
	L42-4	43	285	0.4397	0.711509	0.000003	0.70850	14.35	104	0.0834	0.512161	0.000002	0.51190	−2.36	1156	−0.58
	L42-5	51	248	0.5973	0.708171	0.000003	0.70409	14.7	115	0.0772	0.512134	0.000004	0.51189	−2.52	1135	−0.61
	L42-6	128	647	0.5700	0.706406	0.000004	0.70251	14.05	96	0.0884	0.512151	0.000003	0.51187	−2.86	1214	−0.55
1 号岩管	L1-1	133	665	0.5786	0.707896	0.000004	0.70394	13.75	115	0.0726	0.512150	0.000004	0.51192	−1.90	1079	−0.63
	L1-2	170	441	1.1155	0.711199	0.000003	0.70357	9.24	82	0.0678	0.512121	0.000004	0.51191	−2.19	1075	−0.66
	L1-3	97	915	0.3063	0.706204	0.000005	0.70411	17.6	161	0.0663	0.512133	0.000004	0.51192	−1.86	1051	−0.66
	L1-4	136	966	0.4057	0.706847	0.000007	0.70407	18.4	160	0.0695	0.512108	0.000005	0.51189	−2.54	1101	−0.65

续表

		Rb (×10⁻⁶)	Sr (×10⁻⁶)	^{87}Rb/^{86}Sr	^{87}Sr/^{86}Sr	2s	^{87}Sr$_t$/^{86}Sr$_t$	Sm (×10⁻⁶)	Nd (×10⁻⁶)	^{147}Sm/^{144}Nd	^{143}Nd/^{144}Nd	2s	^{143}Nd/^{144}Nd$_t$	$\varepsilon_{Nd}(t)$	T_{DM1} /Ma	$f_{Sm/Nd}$
1号岩管	L1-5	162	339	1.3789	0.713232	0.000004	0.70380	17.85	178	0.0606	0.512096	0.000003	0.51191	−2.23	1049	−0.69
	L1-6	95	759	0.3621	0.706866	0.000004	0.70439	17.55	162	0.0655	0.512131	0.000004	0.51192	−1.85	1048	−0.67
	L1-7	106	1050	0.2906	0.706213	0.000004	0.70422	16.25	146	0.0672	0.512116	0.000003	0.51190	−2.25	1076	−0.66
	L1-8	128	371	0.9946	0.712101	0.000004	0.70530	17.55	132	0.0806	0.512155	0.000003	0.51190	−2.31	1140	−0.59
	L1-9	87	926	0.2705	0.706086	0.000007	0.70424	15.25	141	0.0653	0.512117	0.000003	0.51191	−2.12	1061	−0.67
	L1-10	177	498	1.0285	0.711201	0.000008	0.70417	11.6	101	0.0694	0.512088	0.000003	0.51187	−2.93	1122	−0.65
50号岩管	L50-1	67	576	0.3367	0.714471	0.000003	0.71217	7.99	61	0.0794	0.512172	0.000003	0.51192	−1.90	1110	−0.60
	L50-2	61	445	0.3985	0.707939	0.000004	0.70521	6.85	52	0.0796	0.512168	0.000003	0.51192	−1.99	1115	−0.60
	L50-3	38	257	0.4323	0.708196	0.000004	0.70524	8.41	64	0.0791	0.512161	0.000004	0.51191	−2.09	1119	−0.60
	L50-4	39	194	0.5861	0.708779	0.000003	0.70477	11.5	92	0.0754	0.512159	0.000004	0.51192	−1.92	1093	−0.62
	L50-5	49	417	0.3399	0.707079	0.000004	0.70475	11.1	90	0.0749	0.512149	0.000003	0.51191	−2.07	1099	−0.62
	L50-6	51	380	0.3875	0.707750	0.000004	0.70510	13.05	103	0.0766	0.512182	0.000004	0.51194	−1.53	1076	−0.61

表3 瓦房店30号岩管铬铁矿主量成分

主量成分	L30-1	L30-2	L30-3	L30-4	L30-5	L30-6	L30-7	L30-8	L30-9	L30-10	L30-11	L30-12	L30-13	L30-14	L30-15	L30-16	L30-17
TiO_2/%	0.69	0.56	1.19	0.29	0.10	0.39	0.56	2.40	1.17	0.95	0.39	2.63	0.04	0.39	2.75	2.73	2.75
Al_2O_3/%	7.86	5.46	5.63	6.08	7.07	8.64	9.51	6.60	11.00	4.97	18.05	7.40	6.15	15.97	4.20	4.30	4.18
Cr_2O_3/%	58.05	63.90	62.68	63.25	64.79	61.83	59.91	58.20	49.66	63.90	44.18	56.66	65.07	48.07	60.55	61.47	60.61
Fe_2O_3/%	4.72	4.58	3.83	5.09	3.96	2.22	3.50	4.96	9.36	4.45	12.58	5.28	3.23	9.60	5.22	4.49	5.05
FeO/%	20.15	12.21	14.71	12.76	12.19	14.02	14.81	14.87	19.61	12.85	12.68	14.21	13.45	12.57	13.91	14.54	13.99
MnO /%	0.46	0.34	0.47	0.33	0.33	0.39	0.38	0.38	0.35	0.36	0.35	0.39	0.37	0.30	0.36	0.38	0.35
MgO/%	8.88	13.93	12.52	13.62	14.04	12.77	12.52	13.13	9.83	13.61	12.37	13.92	12.78	14.93	14.04	13.77	14.08
Total/%	100.80	100.98	101.03	101.43	102.47	100.25	101.19	100.53	100.98	101.07	100.59	100.49	101.09	101.84	101.03	101.67	101.00
Cations per 4 oxygen atoms																	
Ti	0.017	0.014	0.029	0.007	0.002	0.009	0.014	0.059	0.029	0.023	0.009	0.064	0.001	0.009	0.068	0.067	0.068
Cr	1.535	1.647	1.628	1.624	1.635	1.593	1.528	1.506	1.287	1.652	1.088	1.455	1.682	1.172	1.568	1.585	1.570
Fe^{3+}	0.119	0.112	0.095	0.124	0.095	0.054	0.085	0.122	0.231	0.109	0.295	0.129	0.080	0.223	0.129	0.110	0.124
Al	0.310	0.210	0.218	0.232	0.266	0.332	0.361	0.255	0.425	0.191	0.663	0.283	0.237	0.581	0.162	0.165	0.161
Fe^{2+}	0.564	0.333	0.404	0.346	0.325	0.382	0.399	0.407	0.538	0.351	0.330	0.386	0.368	0.324	0.381	0.396	0.383
Mn	0.013	0.009	0.013	0.009	0.009	0.011	0.010	0.010	0.010	0.010	0.009	0.011	0.010	0.008	0.010	0.010	0.010
Mg	0.443	0.677	0.613	0.659	0.668	0.620	0.602	0.641	0.480	0.663	0.574	0.674	0.623	0.686	0.685	0.669	0.688
Total	3	3	3	3	3	3	3	3	3	3	3	3	3	3	3	3	3
$Fe^{2+}/(Fe^{2+}+Fe^{3+})$	0.83	0.75	0.81	0.74	0.77	0.88	0.82	0.77	0.70	0.76	0.53	0.75	0.82	0.59	0.75	0.78	0.75
Cr/(Cr+Al)	0.83	0.89	0.88	0.87	0.86	0.83	0.81	0.86	0.75	0.90	0.62	0.84	0.88	0.67	0.91	0.91	0.91
$Fe^{2+}/(Fe^{2+}+Mg)$	0.56	0.33	0.40	0.34	0.33	0.38	0.40	0.39	0.53	0.35	0.37	0.36	0.37	0.32	0.36	0.37	0.36
$Fe^{3+}/(Fe^{3+}+Al+Cr)$	0.06	0.06	0.05	0.06	0.05	0.03	0.04	0.06	0.12	0.06	0.14	0.07	0.04	0.11	0.07	0.06	0.07

续表

主量成分	L30-18	L30-19	L30-20	L30-21	L30-22	L30-23	L30-24	L30-25	L30-26	L30-27	L30-28	L30-29	L30-30	L30-31	L30-32	L30-33	L30-34
TiO_2/%	0.25	0.49	0.72	0.16	0.68	0.23	0.16	0.12	0.54	1.07	0.13	0.06	0.60	0.45	0.22	3.28	4.18
Al_2O_3/%	6.16	15.33	15.36	9.11	11.87	7.09	6.82	10.47	7.44	16.26	6.74	5.56	7.93	18.76	22.40	13.68	12.03
Cr_2O_3/%	63.09	49.29	51.78	62.13	51.31	63.26	62.58	60.72	62.58	44.97	65.20	64.25	60.58	45.21	42.64	45.85	47.91
Fe_2O_3/%	5.32	8.51	5.25	3.24	9.55	3.62	4.98	2.79	3.71	10.31	3.04	4.47	4.56	8.83	8.20	9.46	7.76
FeO/%	13.59	15.36	16.67	12.94	17.15	14.38	14.19	13.96	13.06	16.05	12.33	12.04	13.08	15.44	15.76	13.86	13.06
MnO/%	0.35	0.42	0.39	0.31	0.40	0.35	0.35	0.35	0.36	0.31	0.29	0.35	0.34	0.35	0.31	0.38	0.35
MgO/%	12.95	12.78	12.15	13.65	11.59	12.50	12.57	13.04	13.51	12.95	13.95	13.74	13.56	13.29	13.51	15.33	16.68
Total/%	101.72	102.19	102.33	101.53	102.54	101.42	101.62	101.45	101.19	101.92	101.68	100.46	100.66	102.34	103.03	101.84	101.96
Cations per 4 oxygen atoms																	
Ti	0.006	0.011	0.017	0.004	0.016	0.006	0.004	0.003	0.013	0.025	0.003	0.001	0.015	0.010	0.005	0.076	0.097
Cr	1.621	1.216	1.280	1.571	1.292	1.627	1.609	1.533	1.600	1.108	1.660	1.666	1.553	1.096	1.011	1.125	1.173
Fe^{3+}	0.130	0.200	0.124	0.078	0.229	0.089	0.122	0.067	0.090	0.242	0.074	0.110	0.111	0.204	0.185	0.221	0.181
Al	0.236	0.564	0.566	0.343	0.446	0.272	0.261	0.394	0.283	0.597	0.256	0.215	0.303	0.678	0.792	0.500	0.439
Fe^{2+}	0.369	0.401	0.436	0.346	0.457	0.391	0.386	0.373	0.353	0.418	0.332	0.330	0.355	0.396	0.395	0.360	0.338
Mn	0.010	0.011	0.010	0.008	0.011	0.010	0.010	0.010	0.010	0.008	0.008	0.010	0.009	0.009	0.008	0.010	0.009
Mg	0.628	0.595	0.566	0.651	0.550	0.606	0.609	0.621	0.651	0.602	0.670	0.672	0.656	0.608	0.604	0.709	0.770
Total	3	3	3	3	3	3	3	3	3	3	3	3	3	3	3	1	3
$Fe^{2+}/(Fe^{2+}+Fe^{3+})$	0.74	0.67	0.78	0.82	0.67	0.82	0.76	0.85	0.80	0.63	0.82	0.75	0.76	0.66	0.68	0.62	0.65
Cr/(Cr+Al)	0.87	0.68	0.69	0.82	0.74	0.86	0.86	0.80	0.85	0.65	0.87	0.89	0.84	0.62	0.56	0.69	0.73
$Fe^{2+}/(Fe^{2+}+Mg)$	0.37	0.40	0.43	0.35	0.45	0.39	0.39	0.38	0.35	0.41	0.33	0.33	0.35	0.39	0.40	0.34	0.31
$Fe^{3+}/(Fe^{3+}+Al+Cr)$	0.07	0.10	0.06	0.04	0.12	0.04	0.06	0.03	0.05	0.12	0.04	0.06	0.06	0.10	0.09	0.12	0.10

续表

主量成分	L30-35	L30-36	L30-37	L30-38	L30-39	L30-40	L30-41	L30-42	L30-43	L30-44	L30-45	L30-46	L30-47	L30-48	L30-49	L30-50	L30-51
TiO_2/%	0.17	0.41	0.82	0.72	0.61	0.42	0.45	2.04	0.70	0.13	0.02	1.43	0.07	0.45	0.86	1.11	0.35
Al_2O_3/%	9.02	3.86	12.36	11.49	4.86	14.83	5.03	4.85	8.73	5.60	7.53	10.24	6.77	12.70	4.31	7.22	6.28
Cr_2O_3/%	59.77	66.56	52.94	51.67	64.54	49.66	64.73	60.37	56.24	65.18	62.74	55.12	64.48	52.72	57.06	57.34	62.87
Fe_2O_3/%	3.41	3.60	5.79	7.74	4.57	7.69	4.13	5.31	6.06	3.50	3.03	6.23	3.56	6.73	9.54	5.98	4.72
FeO/%	12.58	13.57	15.40	17.56	12.16	17.74	13.37	12.33	18.17	11.79	14.65	13.35	11.67	18.34	18.29	18.00	13.14
MnO/%	0.43	0.42	0.42	0.41	0.37	0.38	0.36	0.37	0.47	0.34	0.39	0.37	0.31	0.41	0.46	0.41	0.34
MgO/%	13.19	12.70	12.35	10.90	13.90	11.22	12.91	14.26	10.21	13.94	11.97	14.25	14.19	10.76	9.70	10.37	13.30
Total/%	98.57	101.12	100.10	100.50	101.00	101.95	100.97	99.52	100.56	100.49	100.33	101.00	101.05	102.12	100.22	100.43	100.99
Cations per 4 oxygen atoms																	
Ti	0.004	0.010	0.020	0.018	0.015	0.010	0.011	0.051	0.017	0.003	0.001	0.034	0.002	0.011	0.022	0.028	0.008
Cr	1.556	1.738	1.350	1.332	1.667	1.243	1.682	1.577	1.472	1.686	1.632	1.390	1.648	1.334	1.536	1.511	1.621
Fe^{3+}	0.084	0.089	0.140	0.190	0.112	0.183	0.102	0.132	0.151	0.086	0.075	0.149	0.087	0.162	0.244	0.150	0.116
Al	0.350	0.150	0.470	0.442	0.187	0.554	0.195	0.189	0.340	0.216	0.292	0.385	0.258	0.479	0.173	0.283	0.242
Fe^{2+}	0.346	0.375	0.415	0.479	0.332	0.470	0.367	0.340	0.503	0.323	0.403	0.356	0.315	0.491	0.521	0.502	0.359
Mn	0.012	0.012	0.012	0.011	0.010	0.010	0.010	0.010	0.013	0.009	0.011	0.010	0.009	0.011	0.013	0.011	0.009
Mg	0.648	0.625	0.594	0.530	0.677	0.530	0.633	0.702	0.504	0.680	0.587	0.678	0.684	0.514	0.492	0.515	0.647
Total	3	3	3	3	3	3	3	3	3	3	3	3	3	3	3	3	3
$Fe^{2+}/(Fe^{2+}+Fe^{3+})$	0.80	0.81	0.75	0.72	0.75	0.72	0.78	0.72	0.77	0.79	0.84	0.70	0.78	0.75	0.68	0.77	0.76
Cr/(Cr+Al)	0.82	0.92	0.74	0.75	0.90	0.69	0.90	0.89	0.81	0.89	0.85	0.78	0.86	0.74	0.90	0.84	0.87
$Fe^{2+}/(Fe^{2+}+Mg)$	0.35	0.37	0.41	0.47	0.33	0.47	0.37	0.33	0.50	0.32	0.41	0.34	0.32	0.49	0.51	0.49	0.36
$Fe^{3+}/(Fe^{3+}+Al+Cr)$	0.04	0.05	0.07	0.10	0.06	0.09	0.05	0.07	0.08	0.04	0.04	0.08	0.04	0.08	0.13	0.08	0.06

表 4　瓦房店 30 号岩管铬铁矿（两层成分环带）主量成分

主量成分	L30-2		L30-18		L30-22		L30-34		L30-36		L30-38	
	core	rim	core	rim	core	rim	core	rim	core	rim	core	rim
TiO_2/%	0.56	7.08	0.25	0.31	0.68	5.81	4.18	0.26	0.41	0.13	0.72	5.96
Cr_2O_3/%	63.90	2.04	63.09	1.68	51.31	15.03	47.91	1.38	66.56	3.10	51.67	10.85
Al_2O_3/%	5.46	0.98	6.16	0.04	11.87	0.50	12.03	0.02	3.86	0.00	11.49	0.49
Fe_2O_3/%	4.58	51.91	5.32	65.18	9.55	43.76	7.76	65.43	3.60	62.03	7.74	43.26
FeO/%	12.21	31.12	13.59	31.50	17.15	34.53	13.06	31.60	13.57	31.61	17.56	33.24
MgO/%	13.93	3.28	12.95	0.75	11.59	0.07	16.68	0.23	12.70	0.25	10.90	0.12
MnO/%	0.34	0.19	0.35	0.03	0.40	2.56	0.35	0.09	0.42	0.13	0.41	2.11
Total/%	100.98	96.61	101.72	99.49	102.54	102.26	101.96	99.00	101.12	97.24	100.50	96.03
Cations per 4 oxygen atoms												
Ti	0.014	0.204	0.006	0.009	0.016	0.162	0.097	0.008	0.010	0.004	0.018	0.177
Cr	1.647	0.062	1.621	0.051	1.292	0.440	1.173	0.042	1.738	0.097	1.332	0.339
Fe^{3+}	0.112	1.496	0.130	1.894	0.229	1.220	0.181	1.917	0.089	1.852	0.190	1.286
Al	0.210	0.044	0.236	0.002	0.446	0.022	0.439	0.001	0.150	0.000	0.442	0.023
Fe^{2+}	0.333	0.996	0.369	1.017	0.457	1.070	0.338	1.029	0.375	1.049	0.479	1.098
Mn	0.009	0.006	0.010	0.001	0.011	0.080	0.009	0.003	0.012	0.004	0.011	0.070
Mg	0.677	0.187	0.628	0.043	0.550	0.004	0.770	0.013	0.625	0.015	0.530	0.007
Total	3	3	3	3	3	3	3	3	3	3	3	3
Cr/(Cr+Al)	0.89	0.58	0.87	0.96	0.74	0.95	0.73	0.98	0.92	1.00	0.75	0.94
$Fe^{2+}/(Fe^{2+}+Mg)$	0.33	0.84	0.37	0.96	0.45	1.00	0.31	0.99	0.37	0.99	0.47	0.99
$Mg/(Mg+Fe^{2+})$	0.67	0.16	0.63	0.04	0.55	0.00	0.69	0.01	0.63	0.01	0.53	0.01
$Fe^{3+}/(Fe^{3+}+Al+Cr)$	0.06	0.93	0.07	0.97	0.12	0.73	0.10	0.98	0.05	0.95	0.10	0.78

表 5 瓦房店 30 号岩管铬铁矿（三层成分环带）主量成分

主量成分	L30-3			L30-6			L30-12			L30-17			L30-20			L30-31			L30-32		
	core	middle	rim	core	middle	rim	core	middle	rim	core	middle	rim	core	middle	rim	core	middle	rim	core	middle	rim
TiO_2/%	1.19	3.07	3.39	0.39	3.55	1.47	2.63	0.41	3.31	2.75	3.25	0.36	0.72	2.57	5.86	0.45	3.88	0.39	0.22	2.98	4.81
Cr_2O_3/%	62.68	59.24	3.06	61.83	59.17	2.58	56.66	43.83	2.07	60.61	49.21	2.10	51.78	53.99	6.28	45.21	45.72	1.62	42.64	45.30	9.46
Al_2O_3/%	5.63	2.05	5.28	8.64	2.84	0.04	7.40	18.45	0.11	4.18	12.08	0.05	15.36	8.88	0.59	18.76	11.03	0.06	22.40	14.44	0.31
Fe_2O_3/%	3.83	8.27	53.63	2.22	5.75	63.59	5.28	9.96	60.20	5.05	8.47	65.83	5.25	5.85	50.83	8.83	11.08	63.69	8.20	8.79	51.25
FeO/%	14.71	15.42	31.10	14.02	16.51	32.32	14.21	16.70	33.03	13.99	13.44	30.52	16.67	15.82	35.81	15.44	16.58	32.46	15.76	16.02	32.71
MgO/%	12.52	12.62	1.89	12.77	12.42	0.00	13.92	12.21	0.36	14.08	15.71	0.19	12.15	12.83	0.13	13.29	13.49	0.28	13.51	13.79	0.96
MnO/%	0.47	0.53	0.76	0.39	0.51	0.43	0.39	0.38	0.54	0.35	0.39	0.09	0.39	0.46	0.74	0.35	0.47	0.10	0.31	0.35	1.57
Total/%	101.03	101.21	99.10	100.25	100.75	100.42	100.49	101.94	99.61	101.00	102.55	99.13	102.33	100.40	100.24	102.34	102.23	98.60	103.03	101.68	101.07
Cations per 4 oxygen atoms																					
Ti	0.029	0.077	0.094	0.009	0.089	0.042	0.064	0.010	0.096	0.068	0.076	0.010	0.017	0.063	0.174	0.010	0.092	0.011	0.005	0.070	0.135
Cr	1.628	1.561	0.090	1.593	1.562	0.078	1.455	1.075	0.063	1.570	1.205	0.064	1.280	1.389	0.196	1.096	1.144	0.050	1.011	1.120	0.280
Fe^{3+}	0.095	0.207	1.494	0.054	0.144	1.832	0.129	0.232	1.739	0.124	0.197	1.918	0.124	0.143	1.451	0.204	0.264	1.877	0.185	0.207	1.442
Al	0.218	0.080	0.230	0.332	0.112	0.002	0.283	0.674	0.005	0.161	0.441	0.002	0.566	0.340	0.028	0.678	0.411	0.003	0.792	0.532	0.014
Fe^{2+}	0.404	0.430	0.963	0.382	0.461	1.035	0.386	0.433	1.060	0.383	0.348	0.988	0.436	0.430	1.136	0.396	0.439	1.063	0.395	0.419	1.023
Mn	0.013	0.015	0.024	0.011	0.014	0.014	0.011	0.010	0.018	0.010	0.010	0.003	0.010	0.013	0.025	0.009	0.013	0.003	0.008	0.009	0.050
Mg	0.613	0.627	0.104	0.620	0.618	0.000	0.674	0.565	0.020	0.688	0.725	0.011	0.566	0.622	0.008	0.608	0.636	0.016	0.604	0.643	0.054
Total	3	3	3	3	3	3	3	3	3	3	3	3	3	3	3	3	3	3	3	3	3
Cr/(Cr+Al)	0.88	0.95	0.28	0.83	0.93	0.98	0.84	0.61	0.93	0.91	0.73	0.97	0.69	0.80	0.88	0.88	0.74	0.95	0.56	0.68	0.95
$Fe^{2+}/(Fe^{2+}+Mg)$	0.40	0.41	0.90	0.38	0.43	1.00	0.36	0.43	0.98	0.36	0.32	0.99	0.43	0.41	0.99	0.39	0.41	0.99	0.40	0.39	0.95
$Mg/(Mg+Fe^{2+})$	0.60	0.59	0.10	0.62	0.57	0.00	0.64	0.57	0.02	0.64	0.68	0.01	0.57	0.59	0.01	0.61	0.59	0.01	0.60	0.61	0.05
$Fe^{3+}/(Fe^{3+}+Al+Cr)$	0.05	0.11	0.82	0.03	0.08	0.96	0.07	0.12	0.96	0.07	0.11	0.97	0.06	0.08	0.87	0.10	0.15	0.97	0.09	0.11	0.83

表 6　瓦房店 30 号岩管铬铁矿捕虏晶微量元素和平衡温度

元素	L30-01	L30-02	L30-03	L30-04	L30-05	L30-06	L30-07	L30-08	L30-09	L30-10	L30-11	L30-12	L30-13	L30-14	L30-15	L30-16	L30-17
Zn	1047	452	662	453	571	657	910	850	803	482	698	677	609	358	375	363	359
Ga	85.6	22.7	20.1	40.9	17.3	12.1	52.5	25.9	75.1	27.9	37.8	46.5	24.5	27.4	26.5	27.0	39.2
Rb	0.13	0.14	0.18	0.11	0.09	0.15	0.14	0.10	0.13	0.16	0.16	0.08	0.02	0.12	0.19	0.11	0.10
Zr	0.23	0.83	6.13	1.44	0.36	1.12	1.97	0.17	0.15	1.80	0.51	0.16	0.24	5.35	5.31	5.44	3.09
Nb	2.74	1.22	2.43	2.06	1.57	0.30	1.87	0.07	0.62	1.59	0.12	0.38	1.00	2.39	2.26	2.18	2.07
Ni	696	957	994	1147	788	843	731	668	1327	977	1490	1373	750	1432	1437	1425	1821
T_{Zn}/℃	828	1177	995	1176	1059	998	874	898	919	1143	973	986	1031	1316	1286	1307	1316
元素	L30-18	L30-19	L30-20	L30-21	L30-22	L30-23	L30-24	L30-25	L30-26	L30-27	L30-28	L30-29	L30-30	L30-31	L30-32	L30-33	L30-34
Zn	551	610	751	764	723	648	595	729	611	588	478	416	479	655	806	411	320
Ga	15.4	41.5	62.7	29.1	101.5	61.0	38.1	13.8	10.1	51.4	17.2	20.8	26.3	35.5	38.3	65.9	88.0
Rb	0.05	0.12	0.09	0.14	0.93	0.13	0.16	0.17	0.09	0.15	0.03	0.09	0.13	0.11	0.16	0.10	0.04
Zr	4.02	0.11	0.07	0.20	1.32	0.28	1.62	2.36	9.31	1.41	0.41	2.74	2.35	3.25	2.55	4.82	10.39
Nb	1.19	0.65	0.07	0.49	3.39	0.71	2.16	1.37	2.32	1.38	1.00	1.38	1.04	1.37	1.46	2.95	3.83
Ni	957	1435	978	702	1494	832	927	778	858	1491	808	955	1024	1563	1361	2041	2306
T_{Zn}/℃	1077	1030	944	938	959	1004	1041	956	1029	1047	1147	1224	1146	1000	918	1231	1394
元素	L30-35	L30-36	L30-37	L30-38	L30-39	L30-40	L30-41	L30-42	L30-43	L30-44	L30-45	L30-46	L30-47	L30-48	L30-49	L30-50	L30-51
Zn	660	655	815	695	478	815	520	419	903	452	751	397	484	736	809	793	524
Ga	6.4	7.4	53.3	79.0	29.0	46.0	29.7	15.1	49.6	13.1	18.6	85.5	17.0	87.8	23.3	39.3	29.6
Rb	0.13	0.20	0.16	0.08	0.12	0.08	0.02	0.07	0.11	0.06	0.13	0.05	0.03	0.11	0.11	0.18	0.09
Zr	1.30	11.27	5.37	0.35	2.08	0.08	0.28	4.56	0.94	0.36	0.70	5.93	0.95	0.05	10.66	2.68	2.16
Nb	0.35	3.21	5.05	3.99	1.80	0.21	1.36	2.38	1.64	0.63	3.25	3.33	1.15	0.10	2.13	7.07	1.82
Ni	846	922	1059	1048	981	1317	931	1308	976	838	701	1451	858	1089	1064	1075	888
T_{Zn}/℃	996	999	913	975	1147	914	1105	1220	877	1177	944	1251	1141	952	916	924	1100

注：平衡温度是基于尖晶石 Zn 温度计（Ryan et al., 1996）计算的；微量元素值均$\times10^{-6}$。

表7　瓦房店30号岩管石榴子石捕虏晶主量成分

成分/%	L30-1	L30-2	L30-3	L30-4	L30-5	L30-6	L30-7	L30-8	L30-9	L30-10	L30-11	L30-12	L30-13
SiO_2	40.73	40.43	40.93	40.50	40.59	40.58	40.68	40.78	40.60	40.50	41.09	41.02	38.29
TiO_2	0.03	0.02	0.11	0.10	0.01	0.29	0.14	0.05	0.81	0.82	0.01	0.06	0.07
Al_2O_3	17.47	16.34	15.16	15.97	17.10	16.26	14.59	15.96	15.84	16.35	17.87	17.88	20.89
Cr_2O_3	7.73	9.05	10.94	9.24	7.96	8.56	9.77	8.90	7.53	7.09	6.16	6.91	0.02
FeO	6.41	6.39	4.78	6.20	5.96	5.55	6.28	6.21	6.70	6.86	5.95	5.85	25.93
MnO	0.40	0.38	0.26	0.37	0.24	0.30	0.35	0.24	0.25	0.33	0.28	0.26	0.77
MgO	22.42	20.82	25.52	22.95	22.47	21.61	22.41	23.84	21.80	21.43	22.65	21.88	7.32
CaO	4.35	6.18	1.50	3.64	4.22	6.05	4.52	2.70	5.88	5.73	5.33	5.84	6.44
ZnO	0.02	0.02	0.06	0.06	na	na	na	0.06	0.05	0.01	na	0.04	na
NiO	0.03	0.05	0.09	0.03	na	0.02	0.03	na	na	0.03	0.07	na	0.04
K_2O	na	na	0.01	0.01	na	na	na	na	na	na	na	0.01	na
Na_2O	0.01	0.03	0.04	na	na	0.05	0.05	0.01	0.04	0.04	0.02	na	0.01
Total	99.60	99.70	99.39	99.06	98.55	99.26	99.01	98.74	99.49	99.19	99.41	99.75	99.78

成分/%	L30-14	L30-15	L30-16	L30-17	L30-18	L30-19	L30-20	L30-21	L30-22	L30-23	L30-24	L30-25
SiO_2	41.39	41.53	37.47	38.87	40.16	41.09	40.83	40.54	39.96	42.01	37.44	37.68
TiO_2	0.01	0.29	0.16	0.01	0.07	0.10	0.04	0.23	0.13	0.01	0.02	0.12
Al_2O_3	17.64	17.48	20.56	21.65	15.80	17.71	15.82	17.14	15.78	19.37	21.10	20.56
Cr_2O_3	6.57	6.61	0.03	0.12	9.92	6.33	8.34	7.97	9.56	5.92	0.03	0.01
FeO	5.65	5.90	25.79	23.95	6.70	6.21	6.17	6.29	5.91	6.16	32.53	25.95
MnO	0.20	0.26	1.06	0.38	0.35	0.26	0.32	0.32	0.33	0.25	1.15	1.33
MgO	22.36	23.04	6.13	10.80	19.93	22.00	21.13	21.04	21.22	25.27	6.19	6.34
CaO	5.42	5.18	7.07	3.26	6.74	5.94	6.56	5.83	6.14	1.64	0.59	7.37
ZnO	0.08	0.03	na	0.04	0.11	na	0.04	0.03	na	na	na	0.07
NiO	0.02	0.05	0.06	0.04	0.02	0.06	0.02	na	0.04	na	na	0.03
K_2O	na	0.02	na	0.01	na	na	0.01	na	na	na	na	na
Na_2O	0.02	0.05	0.04	0.02	0.02	na	0.01	0.02	0.02	0.01	0.02	0.01
Total	99.37	100.43	98.35	99.14	99.83	99.70	99.29	99.41	99.10	100.64	99.05	99.47

na：无数据。

表 8　瓦房店 30 号岩管石榴子石捕虏晶微量成分

元素 ($\times10^{-6}$)	L30-1	L30-2	L30-3	L30-4	L30-5	L30-6	L30-7	L30-8	L30-9	L30-10	L30-11	L30-12	L30-13
Ni	54.5	67.0	85.9	56.6	63.8	100	108	87.3	138	139	113	106	0.25
Zn	9.97	10.0	9.43	10.0	10.6	9.98	12.1	10.5	14.0	14.7	12.9	14.0	81.5
Rb	b.d.l	b.d.l	b.d.l	b.d.l	0.04	b.d.l	b.d.l	b.d.l	b.d.l	b.d.l	b.d.l	b.d.l	b.d.l
Sr	2.26	1.64	3.02	1.85	0.87	1.65	1.51	1.03	1.48	1.48	0.92	0.96	0.01
Y	0.53	0.75	1.15	1.48	0.81	4.75	1.71	0.89	11.2	11.1	0.94	0.87	78.2
Zr	1.51	5.53	11.7	5.53	3.85	81.6	14.2	5.67	159	150	2.15	5.22	14.9
Nb	0.19	0.33	0.36	0.40	0.70	0.69	0.91	0.27	0.85	0.79	0.59	0.75	b.d.l
Ba	b.d.l	b.d.l	b.d.l	b.b.l	b.d.l	b.d.l	b.d.l	0.07	b.d.l	0.02	b.d.l	0.03	b.d.l
La	0.12	0.29	0.25	0.08	0.06	0.27	0.24	0.11	0.25	0.23	0.11	0.11	b.d.l
Ce	1.49	2.54	1.42	1.02	0.85	2.11	1.66	0.90	1.81	1.63	0.91	0.84	0.09
Pr	0.36	0.67	0.26	0.47	0.30	0.55	0.35	0.28	0.49	0.46	0.19	0.23	0.07
Nd	1.66	3.58	1.61	3.33	2.50	4.30	2.03	2.41	4.00	3.42	1.37	1.79	1.30
Sm	0.19	0.92	0.43	1.00	0.67	1.70	0.46	0.41	1.91	1.80	0.35	0.67	3.09
Eu	0.03	0.26	0.10	0.29	0.19	0.52	0.14	0.18	0.87	0.78	0.08	0.19	1.64
Gd	0.05	0.38	0.28	0.63	0.37	1.71	0.33	0.33	2.68	2.40	0.18	0.37	8.93
Tb	0.01	0.04	0.03	0.05	0.05	0.21	0.06	0.04	0.46	0.43	0.02	0.04	1.85
Dy	0.05	0.22	0.23	0.26	0.19	0.99	0.36	0.14	2.48	2.47	0.09	0.12	13.2
Ho	0.02	0.03	0.05	0.05	0.03	0.17	0.06	0.03	0.43	0.42	0.03	0.03	2.76
Er	0.12	0.07	0.09	0.18	0.08	0.52	0.22	0.11	1.06	1.05	0.16	0.13	8.14
Tm	0.03	0.01	0.02	0.04	0.02	0.07	0.03	0.02	0.14	0.15	0.06	0.03	1.20
Yb	0.28	0.25	0.13	0.26	0.29	0.56	0.36	0.26	0.97	1.05	0.49	0.36	8.40
Lu	0.08	0.07	0.04	0.07	0.08	0.11	0.07	0.07	0.14	0.17	0.14	0.07	1.25
Hf	0.04	0.11	0.23	0.13	0.03	1.50	0.39	0.14	3.30	2.94	0.03	0.13	0.15
Ta	0.01	0.02	0.02	0.04	0.07	0.08	0.11	0.03	0.09	0.06	0.07	0.07	b.d.l
Th	0.03	0.06	0.04	0.01	0.01	0.07	0.10	0.03	0.08	0.10	0.06	0.06	b.d.l
U	0.02	0.05	0.02	0.01	0.03	0.07	0.05	0.03	0.10	0.08	0.05	0.04	b.d.l

b.d.l：低于检测线。

续表

元素 ($\times 10^{-6}$)	L30-14	L30-15	L30-16	L30-17	L30-18	L30-19	L30-20	L30-21	L30-22	L30-23	L30-24	L30-25
Ni	114	137	0.11	0.23	51.8	141	124	56.1	71.2	62.5	1.37	0.17
Zn	12.6	13.7	84.4	378	10.4	14.4	13.5	11.9	11.5	12.0	61.2	80.7
Rb	b.d.l	b.d.l	b.d.l	b.d.l	b.d.l	b.d.l	0.04	b.d.l	b.d.l	b.d.l	0.03	b.d.l
Sr	0.85	1.59	0.03	0.02	0.18	1.42	1.57	0.49	0.90	4.51	0.01	0.02
Y	0.88	5.80	84.0	212	1.01	1.22	1.51	8.61	3.29	0.54	76.3	73.8
Zr	0.98	45.7	14.6	154	1.76	29.3	22.9	32.7	8.89	3.33	12.2	10.9
Nb	0.59	0.46	b.d.l	b.d.l	0.28	0.74	1.18	0.49	1.01	0.08	b.d.l	b.d.l
Ba	0.01	b.d.l	b.d.l	b.d.l	b.d.l	b.d.l	0.03	0.02	b.d.l	b.d.l	b.d.l	b.d.l
La	0.12	0.20	b.d.l	0.02	0.02	0.18	0.29	0.07	0.12	0.03	b.d.l	0.01
Ce	0.88	1.56	0.13	0.04	0.25	1.55	2.18	0.54	1.03	0.70	b.d.l	0.10
Pr	0.17	0.36	0.14	0.06	0.07	0.41	0.57	0.15	0.25	0.26	b.d.l	0.09
Nd	1.02	3.25	2.49	5.58	0.57	3.93	3.86	1.30	1.89	1.84	0.03	1.72
Sm	0.20	1.58	3.76	10.84	0.14	1.53	1.47	0.86	0.65	0.52	0.12	3.27
Eu	0.07	0.50	1.93	0.81	0.05	0.42	0.46	0.42	0.22	0.16	0.06	1.97
Gd	0.10	1.19	8.94	17.90	0.14	0.61	0.92	1.47	0.81	0.37	2.33	8.67
Tb	0.01	0.18	1.90	3.89	0.04	0.04	0.07	0.26	0.12	0.03	1.08	1.88
Dy	0.08	1.21	13.67	31.50	0.16	0.19	0.33	1.72	0.70	0.14	12.0	12.7
Ho	0.02	0.22	3.18	8.30	0.04	0.04	0.06	0.30	0.12	0.02	3.41	2.73
Er	0.16	0.54	9.30	26.90	0.11	0.17	0.17	0.65	0.26	0.07	11.54	7.47
Tm	0.03	0.07	1.41	4.48	0.02	0.05	0.03	0.09	0.05	0.03	1.84	1.11
Yb	0.56	0.62	9.94	33.46	0.24	0.46	0.33	0.56	0.30	0.31	14.19	8.09
Lu	0.12	0.11	1.50	5.15	0.06	0.10	0.07	0.07	0.07	0.08	2.16	1.28
Hf	0.02	0.74	0.15	2.60	0.03	0.46	0.41	0.69	0.15	0.06	0.21	0.10
Ta	0.06	0.04	b.d.l	b.d.l	0.02	0.07	0.12	0.06	0.11	b.d.l	b.d.l	b.d.l
Th	0.06	0.06	b.d.l	b.d.l	0.02	0.04	0.10	0.02	0.04	b.d.l	b.d.l	b.d.l
U	0.05	0.05	b.d.l	b.d.l	b.d.l	0.05	0.09	0.06	0.05	b.d.l	b.d.l	b.d.l

表 9　30 号岩管镁铝榴石捕虏晶平衡温度和压力

样品号	Paragenesis	Ni(10^{-6})	T_{Ni}/℃	P/GPa
L30-1	Harzburgitic	54.5	1118	5.1
L30-2	Lherzolitic	67.0	1165	5.5
L30-3	Harzburgitic	85.9	1226	6.1
L30-4	Harzburgitic	56.6	1126	5.2
L30-5	Harzburgitic	63.8	1154	5.4
L30-6	Lherzolitic	100	1267	6.5
L30-7	Harzburgitic	108	1288	6.7
L30-8	Harzburgitic	87.3	1230	6.1
L30-9	Lherzolitic	138	1359	7.3
L30-10	Lherzolitic	139	1360	7.3
L30-11	Lherzolitic	113	1299	6.8
L30-12	Lherzolitic	106	1282	6.6
L30-14	Lherzolitic	114	1301	6.8
L30-15	Lherzolitic	137	1357	7.3
L30-18	Lherzolitic	51.8	1107	5.0
L30-19	Lherzolitic	141	1365	7.4
L30-20	Lherzolitic	124	1327	7.1
L30-21	Lherzolitic	56.1	1124	5.2
L30-22	Lherzolitic	71.2	1179	5.6
L30-23	Harzburgitic	62.5	1149	5.4

注：平衡温度是基于石榴子石 Ni 温度计（Canil, 1999）；压力是基于 40 mW/m^2 地温梯度（Griffin et al., 1998; Menzies et al., 2007; Wang et al., 1998）。

表 10 华北克拉通蒙阴胜利 1 号岩管（Sl1）、西峪 6 号岩管（Xy6），瓦房店 50 号岩管（L50）、30 号岩管（L30）、42 号岩管（L42）和 1 号岩管（L1）金伯利岩中基质尖晶石主量成分

成分	Sl1-1	Sl1-2	Sl1-3	Sl1-4	Sl1-5	Sl1-6	Sl1-7	Sl1-8	Sl1-9	Sl1-10	Sl1-11	Sl1-12	Sl1-13	Sl1-14	Sl1-15	Sl1-16
Zone	Sp b	Sp c	Sp a	Sp b	Sp b	Sp c	Sp b	Sp c	Sp d	Sp a	Sp b	Sp c	Sp a	Sp b	Sp d	Sp a
SiO_2/%	0.08	0.09	0.13	0.07	0.11	0.13	0.09	0.09	0.52	0.12	0.09	0.07	0.15	0.08	0.85	0.14
Na_2O/%	—	0.07	0.03	—	—	0.12	0.05	0.06	0.02	0.02	0.00	0.06	0.02	0.02	0.00	0.02
K_2O/%	0.01	0.00	0.01	—	0.00	—	0.00	—	—	—	0.00	0.00	0.01	0.01	—	—
Cr_2O_3/%	55.98	24.58	50.02	56.32	40.10	23.33	39.53	22.97	0.06	50.13	54.09	23.30	50.41	53.58	4.91	49.57
Al_2O_3/%	4.24	6.25	9.10	4.02	5.88	6.81	6.80	6.66	—	9.01	5.67	6.66	9.06	3.96	0.87	9.89
MgO/%	13.12	0.06	14.23	13.23	14.83	0.10	14.77	0.12	0.02	14.19	13.50	0.10	14.03	14.22	0.47	14.26
CaO/%	0.16	0.21	0.14	0.16	0.17	0.22	0.18	0.25	1.48	0.18	0.21	0.41	0.24	0.41	0.62	0.15
MnO/%	0.34	10.52	0.31	0.38	0.56	9.08	0.49	10.41	0.04	0.24	0.25	10.15	0.28	0.47	1.83	0.29
Fe_2O_3/%	5.15	10.68	6.24	5.64	10.77	9.94	10.47	10.04	67.25	5.29	6.04	12.10	5.36	9.02	51.34	6.03
FeO/%	15.95	33.57	14.60	15.14	17.73	35.10	17.88	34.07	29.99	15.35	15.42	33.10	15.12	13.18	32.94	14.99
TiO_2/%	4.48	13.40	4.21	4.02	9.39	13.87	9.43	14.08	0.30	4.84	4.26	12.86	4.49	4.12	4.69	4.31
NiO/%	0.11	0.13	0.12	0.06	0.14	0.12	0.12	0.14	—	0.20	0.15	—	0.20	0.09	0.04	0.19
Total/%	99.62	99.56	99.13	99.03	99.69	98.76	99.82	98.89	99.45	99.56	99.69	98.80	99.37	99.16	98.54	99.83
Si	0.003	0.003	0.004	0.002	0.004	0.005	0.003	0.003	0.020	0.004	0.003	0.002	0.005	0.003	0.033	0.004
Na	0.000	0.005	0.002	0.000	0.000	0.008	0.003	0.004	0.002	0.001	0.000	0.004	0.001	0.002	0.000	0.001
K	0.000	0.000	0.000	0.000	0.000	0.000	0.000	0.000	0.000	0.000	0.000	0.000	0.000	0.000	0.000	0.000
Cr	1.475	0.706	1.286	1.492	1.038	0.673	1.018	0.663	0.002	1.284	1.412	0.673	1.295	1.409	0.148	1.262
Al	0.166	0.268	0.349	0.159	0.227	0.293	0.261	0.287	0.000	0.344	0.221	0.287	0.347	0.155	0.039	0.375
Mg	0.652	0.003	0.690	0.661	0.724	0.006	0.717	0.006	0.001	0.685	0.664	0.005	0.680	0.705	0.027	0.685
Ca	0.006	0.008	0.005	0.006	0.006	0.009	0.006	0.010	0.061	0.006	0.007	0.016	0.008	0.015	0.025	0.005
Mn	0.009	0.324	0.008	0.011	0.016	0.281	0.014	0.322	0.001	0.007	0.007	0.314	0.008	0.013	0.059	0.008

续表

成分	Sl1-1	Sl1-2	Sl1-3	Sl1-4	Sl1-5	Sl1-6	Sl1-7	Sl1-8	Sl1-9	Sl1-10	Sl1-11	Sl1-12	Sl1-13	Sl1-14	Sl1-15	Sl1-16
Fe^{3+}	0.129	0.292	0.153	0.142	0.265	0.273	0.257	0.276	1.942	0.129	0.150	0.333	0.131	0.226	1.478	0.146
Fe^{2+}	0.444	1.020	0.397	0.424	0.486	1.070	0.487	1.040	0.963	0.416	0.426	1.012	0.411	0.367	1.054	0.404
Ti	0.112	0.366	0.103	0.101	0.231	0.380	0.231	0.386	0.009	0.118	0.106	0.353	0.110	0.103	0.135	0.104
Ni	0.003	0.004	0.003	0.002	0.004	0.003	0.003	0.004	0.000	0.005	0.004	0.000	0.005	0.002	0.001	0.005
Total	3.00	3.00	3.00	3.00	3.00	3.00	3.00	3.00	3.00	3.00	3.00	3.00	3.00	3.00	3.00	3.00
Cr/(Cr+Al)	0.90	0.72	0.79	0.90	0.82	0.70	0.80	0.70	1.00	0.79	0.86	0.70	0.79	0.90	0.79	0.77
$Fe^{2+}/(Fe^{2+}+Mg)$	0.41	1.00	0.37	0.39	0.40	0.99	0.40	0.99	1.00	0.38	0.39	0.99	0.38	0.34	0.97	0.37
$Mg/(Mg+Fe^{2+})$	0.59	0.00	0.63	0.61	0.60	0.01	0.60	0.01	0.00	0.62	0.61	0.01	0.62	0.66	0.03	0.63
$Fe^{3+}/(Fe^{3+}+Al+Cr)$	0.07	0.23	0.09	0.08	0.17	0.22	0.17	0.23	1.00	0.07	0.08	0.26	0.07	0.13	0.89	0.08
$Al/(Cr+Al+Fe^{3+})$	0.09	0.21	0.20	0.09	0.15	0.24	0.17	0.23	0.00	0.20	0.12	0.22	0.20	0.09	0.02	0.21
$Cr/(Cr+Al+Fe^{3+})$	0.83	0.56	0.72	0.83	0.68	0.54	0.66	0.54	0.00	0.73	0.79	0.52	0.73	0.79	0.09	0.71
$Fe^{3+}/(Fe^{3+}+Fe^{2+})$	0.23	0.22	0.28	0.25	0.35	0.20	0.35	0.21	0.67	0.24	0.26	0.25	0.24	0.38	0.58	0.27
成分	Sl1-17	Sl1-18	Sl1-19	Sl1-20	Sl1-21	Sl1-22	Sl1-23	Sl1-24	Sl1-25	Sl1-26	Sl1-27	Sl1-28	Sl1-29	Sl1-30	Sl1-31	Sl1-32
Zone	Sp b	Sp c	Sp b	Sp c	Sp d	Sp a	Sp b	Sp c	Sp a	Sp b	Sp c	Sp a	Sp b	Sp d	Sp a	Sp b
SiO_2/%	0.04	0.10	0.05	0.03	0.62	0.14	0.07	0.11	0.13	0.04	0.04	0.19	0.07	0.07	0.14	0.06
Na_2O/%	0.03	0.04	0.00	0.07	0.01	0.03	—	0.06	0.00	—	0.04	0.05	—	—	—	0.01
K_2O/%	0.01	0.00	0.00	—	—	0.00	0.01	0.01	0.00	0.01	—	0.03	—	—	0.01	—
Cr_2O_3/%	51.21	18.72	55.14	24.56	0.27	49.80	56.29	25.82	49.60	45.88	19.70	49.77	49.68	0.49	50.00	55.36
Al_2O_3/%	4.36	5.60	3.72	6.25	—	9.43	4.32	6.03	9.52	5.28	5.67	9.71	4.34	0.00	9.64	4.35
MgO/%	13.62	0.08	13.27	0.07	0.06	13.86	12.63	0.35	13.99	14.82	0.02	14.09	13.77	0.03	14.11	13.31
CaO/%	0.29	0.46	0.41	0.29	0.71	0.32	0.38	0.50	0.20	0.24	0.91	0.30	0.58	0.59	0.41	0.31
MnO/%	0.43	9.07	0.44	10.76	—	0.34	0.44	10.17	0.33	0.40	10.43	0.31	0.39	0.01	0.28	0.39
Fe_2O_3/%	8.04	12.62	6.75	11.17	66.66	6.20	5.49	11.75	5.52	10.05	13.56	5.72	9.13	68.25	5.73	6.56

续表

成分	Sl1-17	Sl1-18	Sl1-19	Sl1-20	Sl1-21	Sl1-22	Sl1-23	Sl1-24	Sl1-25	Sl1-26	Sl1-27	Sl1-28	Sl1-29	Sl1-30	Sl1-31	Sl1-32
FeO/%	15.91	37.09	15.29	32.86	30.79	15.14	16.13	32.02	15.53	15.87	33.36	15.21	15.60	30.42	15.02	14.90
TiO_2/%	5.74	15.91	4.51	13.13	0.17	4.29	4.09	12.24	4.63	7.27	14.48	4.52	5.87	0.07	4.39	4.07
NiO/%	0.08	0.10	0.00	0.08	0.01	0.26	0.04	0.09	0.20	0.05	0.17	0.11	0.10	—	0.21	0.19
Total/%	99.75	99.79	99.57	99.28	99.29	99.82	99.88	99.11	99.64	99.92	98.37	99.98	99.50	99.92	99.93	99.52
Si	0.001	0.004	0.002	0.001	0.024	0.005	0.002	0.004	0.004	0.001	0.001	0.006	0.002	0.003	0.005	0.002
Na	0.002	0.003	0.000	0.005	0.001	0.002	0.000	0.004	0.000	0.000	0.003	0.003	0.000	0.000	0.000	0.001
K	0.001	0.000	0.000	0.000	0.000	0.000	0.000	0.000	0.000	0.000	0.000	0.001	0.000	0.000	0.001	0.000
Cr	1.343	0.539	1.455	0.708	0.008	1.273	1.483	0.744	1.269	1.188	0.574	1.266	1.304	0.015	1.274	1.457
Al	0.170	0.240	0.146	0.269	0.000	0.359	0.170	0.259	0.363	0.204	0.246	0.368	0.170	0.000	0.366	0.171
Mg	0.674	0.004	0.660	0.004	0.003	0.668	0.628	0.019	0.675	0.724	0.001	0.676	0.682	0.002	0.678	0.661
Ca	0.010	0.018	0.015	0.011	0.029	0.011	0.013	0.019	0.007	0.009	0.036	0.010	0.021	0.024	0.014	0.011
Mn	0.012	0.280	0.012	0.332	0.000	0.009	0.012	0.314	0.009	0.011	0.326	0.008	0.011	0.000	0.008	0.011
Fe^{3+}	0.201	0.346	0.170	0.306	1.935	0.151	0.138	0.322	0.134	0.248	0.376	0.139	0.228	1.975	0.139	0.164
Fe^{2+}	0.441	1.129	0.427	1.002	0.994	0.410	0.449	0.976	0.420	0.435	1.029	0.409	0.433	0.978	0.405	0.415
Ti	0.143	0.435	0.113	0.360	0.005	0.104	0.103	0.335	0.113	0.179	0.402	0.109	0.147	0.002	0.106	0.102
Ni	0.002	0.003	0.000	0.002	0.000	0.007	0.001	0.003	0.005	0.001	0.005	0.003	0.003	0.000	0.005	0.005
Total	3.00	3.00	3.00	3.00	3.00	3.00	3.00	3.00	3.00	3.00	3.00	3.00	3.00	3.00	3.00	3.00
Cr/(Cr+Al)	0.89	0.69	0.91	0.72	1.00	0.78	0.90	0.74	0.78	0.85	0.70	0.77	0.88	0.99	0.78	0.90
$Fe^{2+}/(Fe^{2+}+Mg)$	0.40	1.00	0.39	1.00	1.00	0.38	0.42	0.98	0.38	0.38	1.00	0.38	0.39	1.00	0.37	0.39
$Mg/(Mg+Fe^{2+})$	0.60	0.00	0.61	0.00	0.00	0.62	0.58	0.02	0.62	0.62	0.00	0.62	0.61	0.00	0.63	0.61
$Fe^{3+}/(Fe^{3+}+Al+Cr)$	0.12	0.31	0.10	0.24	1.00	0.08	0.08	0.24	0.08	0.15	0.31	0.08	0.13	0.99	0.08	0.09
$Al/(Cr+Al+Fe^{3+})$	0.10	0.21	0.08	0.21	0.00	0.20	0.09	0.20	0.21	0.12	0.21	0.21	0.10	0.00	0.21	0.10
$Cr/(Cr+Al+Fe^{3+})$	0.78	0.48	0.82	0.55	0.00	0.71	0.83	0.56	0.72	0.72	0.48	0.71	0.77	0.01	0.72	0.81
$Fe^{3+}/(Fe^{3+}+Fe^{2+})$	0.31	0.23	0.28	0.23	0.66	0.27	0.23	0.25	0.24	0.36	0.27	0.25	0.35	0.67	0.26	0.28

续表

成分	Sl1-33	Sl1-34	Sl1-35	Sl1-36	Sl1-37	Sl1-38	Sl1-39	Sl1-40	L50-1	L50-2	L50-3	L50-4	L50-5	L50-6	L50-7	L50-8
Zone	Sp c	Sp a	Sp b	Sp c	Sp d	Sp a	Sp b	Sp c	Sp e	Sp f	Sp g	Sp e	Sp e	Sp g	Sp e	Sp f
SiO_2/%	0.18	0.16	0.06	0.07	0.46	0.16	0.06	0.10	0.45	0.05	0.05	0.24	0.11	0.27	0.14	0.05
Na_2O/%	0.09	0.02	0.02	0.07	—	0.02	0.08	0.05	—	0.00	0.02	0.05	—	0.07	0.08	0.02
K_2O/%	—	0.01	0.00	—	0.00	—	—	—	0.09	0.01	—	0.03	0.01	0.02	0.01	0.01
Cr_2O_3/%	20.20	50.41	56.32	21.35	0.08	48.77	52.15	22.09	53.15	23.80	0.42	51.78	55.71	6.58	55.03	32.64
Al_2O_3/%	6.51	9.03	4.98	6.15	0.00	10.10	4.39	7.15	6.51	7.94	0.03	8.26	5.76	0.28	7.14	8.92
MgO/%	0.09	14.01	13.17	0.06	0.04	14.50	14.64	0.10	11.36	8.87	1.56	12.67	10.04	0.12	12.39	9.94
CaO/%	0.33	0.19	0.29	0.62	1.30	0.21	0.34	0.53	1.40	0.42	0.46	0.23	0.34	0.47	0.14	0.15
MnO/%	9.85	0.34	0.39	11.39	0.05	0.25	0.46	10.90	0.51	0.70	0.62	0.49	0.51	0.35	0.46	0.43
Fe_2O_3/%	12.21	5.65	5.54	10.61	67.56	5.70	9.06	11.74	8.43	29.54	59.57	8.30	7.04	52.72	7.33	20.51
FeO/%	35.01	15.39	15.61	33.69	29.90	14.85	14.18	33.08	14.85	22.30	31.19	14.83	18.79	34.22	15.37	21.79
TiO_2/%	14.55	4.54	4.13	15.14	0.09	4.69	5.41	13.54	1.84	5.13	4.59	2.34	2.21	4.61	2.19	5.19
NiO/%	0.15	0.16	0.21	0.07	—	0.23	0.04	0.08	0.04	0.06	0.11	0.13	0.11	0.10	0.02	0.10
Total/%	99.16	99.91	100.71	99.21	99.48	99.46	100.83	99.34	98.58	98.81	98.61	99.35	100.62	99.81	100.29	99.75
Si	0.006	0.005	0.002	0.002	0.018	0.005	0.002	0.004	0.015	0.002	0.002	0.008	0.004	0.010	0.005	0.002
Na	0.006	0.001	0.001	0.005	0.000	0.001	0.005	0.004	0.000	0.000	0.001	0.003	0.000	0.005	0.005	0.001
K	0.000	0.000	0.000	0.000	0.000	0.000	0.000	0.000	0.005	0.001	0.000	0.002	0.001	0.001	0.001	0.000
Cr	0.582	1.289	1.463	0.615	0.002	1.242	1.345	0.633	1.411	0.647	0.013	1.348	1.477	0.198	1.430	0.866
Al	0.279	0.344	0.193	0.264	0.000	0.383	0.169	0.305	0.257	0.322	0.001	0.320	0.228	0.012	0.276	0.353
Mg	0.005	0.675	0.645	0.003	0.003	0.697	0.712	0.005	0.569	0.455	0.089	0.622	0.502	0.007	0.607	0.497
Ca	0.013	0.007	0.010	0.024	0.054	0.007	0.012	0.021	0.050	0.016	0.019	0.008	0.012	0.019	0.005	0.005
Mn	0.304	0.009	0.011	0.352	0.001	0.007	0.013	0.335	0.015	0.020	0.020	0.014	0.014	0.011	0.013	0.012

续表

成分	Sl1-33	Sl1-34	Sl1-35	Sl1-36	Sl1-37	Sl1-38	Sl1-39	Sl1-40	L50-1	L50-2	L50-3	L50-4	L50-5	L50-6	L50-7	L50-8
Fe^{3+}	0.335	0.138	0.137	0.291	1.957	0.138	0.222	0.320	0.213	0.764	1.719	0.206	0.178	1.511	0.181	0.518
Fe^{2+}	1.067	0.416	0.429	1.027	0.963	0.400	0.387	1.002	0.417	0.641	1.000	0.408	0.527	1.090	0.422	0.611
Ti	0.399	0.110	0.102	0.415	0.003	0.114	0.133	0.369	0.047	0.133	0.132	0.058	0.056	0.132	0.054	0.131
Ni	0.004	0.004	0.006	0.002	0.000	0.006	0.001	0.002	0.001	0.002	0.003	0.003	0.003	0.003	0.000	0.003
Total	3.00	3.00	3.00	3.00	3.00	3.00	3.00	3.00	3.00	3.00	3.00	3.00	3.00	3.00	3.00	3.00
Cr/(Cr+Al)	0.68	0.79	0.88	0.70	0.95	0.76	0.89	0.67	0.85	0.67	0.90	0.81	0.87	0.94	0.84	0.71
$Fe^{2+}/(Fe^{2+}+Mg)$	1.00	0.38	0.40	1.00	1.00	0.36	0.35	0.99	0.42	0.58	0.92	0.40	0.51	0.99	0.41	0.55
$Mg/(Mg+Fe^{2+})$	0.00	0.62	0.60	0.00	0.00	0.64	0.65	0.01	0.58	0.42	0.08	0.60	0.49	0.01	0.59	0.45
$Fe^{3+}/(Fe^{3+}+Al+Cr)$	0.28	0.08	0.08	0.25	1.00	0.08	0.13	0.25	0.11	0.44	0.99	0.11	0.09	0.88	0.10	0.30
$Al/(Cr+Al+Fe^{3+})$	0.23	0.19	0.11	0.23	0.00	0.22	0.10	0.24	0.14	0.19	0.00	0.17	0.12	0.01	0.15	0.20
$Cr/(Cr+Al+Fe^{3+})$	0.49	0.73	0.82	0.53	0.00	0.70	0.77	0.50	0.75	0.37	0.01	0.72	0.78	0.12	0.76	0.50
$Fe^{3+}/(Fe^{3+}+Fe^{2+})$	0.24	0.25	0.24	0.22	0.67	0.26	0.37	0.24	0.34	0.54	0.63	0.33	0.25	0.58	0.30	0.46
成分	L50-9	L50-10	L50-11	L50-12	L50-13	L50-14	L50-15	L50-16	L50-17	L50-18	L50-19	L50-20	L50-21	L50-22	L50-23	L50-24
Zone	Sp g	Sp g	Sp e	Sp f	Sp g	Sp e	Sp f	Sp g	Sp e	Sp f	Sp g	Sp e	Sp f	Sp g	Sp e	Sp f
SiO_2/%	1.04	0.26	0.16	0.05	0.49	0.11	0.04	0.15	0.17	0.26	0.39	0.16	0.07	0.54	0.15	0.06
Na_2O/%	0.09	0.06	0.03	—	0.01	0.02	0.02	—	—	0.04	0.02	0.04	0.00	0.05	0.02	0.05
K_2O/%	0.02	0.04	0.06	0.02	0.02	0.03	0.03	0.05	0.04	0.05	0.03	0.07	0.05	0.12	0.03	0.04
Cr_2O_3/%	3.58	0.49	54.12	35.11	3.69	56.77	32.20	3.37	54.19	39.23	5.80	54.72	32.72	5.19	52.87	32.50
Al_2O_3/%	0.25	0.02	7.36	10.58	0.84	5.91	10.74	1.21	6.01	9.28	1.29	5.40	9.39	1.18	7.60	10.66
MgO/%	0.26	0.47	12.85	13.01	0.85	13.03	14.00	1.55	12.91	13.32	0.36	12.34	12.83	0.44	12.72	14.27
CaO/%	0.30	0.32	0.10	0.04	0.12	0.03	0.07	0.15	0.11	0.13	0.18	0.08	0.10	0.14	0.16	0.22
MnO/%	0.11	0.19	0.36	0.37	0.25	0.32	0.42	1.57	0.38	0.38	0.25	0.47	0.34	0.28	0.34	0.41

续表

成分	L50-9	L50-10	L50-11	L50-12	L50-13	L50-14	L50-15	L50-16	L50-17	L50-18	L50-19	L50-20	L50-21	L50-22	L50-23	L50-24
Fe_2O_3/%	44.30	67.20	7.80	18.27	39.98	7.44	21.25	49.89	8.39	17.05	46.97	8.01	21.66	48.98	7.75	21.29
FeO/%	40.12	29.67	14.94	17.47	40.03	15.80	15.84	33.45	14.62	16.06	36.08	15.06	17.36	35.36	15.22	15.15
TiO_2/%	9.75	0.38	2.32	4.93	11.61	2.82	5.19	7.38	2.45	4.24	6.56	2.58	5.05	6.11	2.60	5.21
NiO/%	0.18	0.18	0.05	0.05	0.25	0.04	0.22	0.31	0.08	0.18	0.06	0.15	0.14	0.18	0.17	0.24
Total/%	99.98	99.28	100.12	99.90	98.15	102.31	100.01	99.07	99.35	100.22	98.00	99.06	99.69	98.50	99.61	100.10
Si	0.039	0.010	0.005	0.002	0.019	0.004	0.001	0.006	0.006	0.008	0.015	0.005	0.002	0.020	0.005	0.002
Na	0.006	0.004	0.002	0.000	0.001	0.001	0.001	0.000	0.000	0.003	0.001	0.002	0.000	0.003	0.002	0.003
K	0.001	0.002	0.003	0.001	0.001	0.001	0.001	0.003	0.002	0.002	0.002	0.003	0.003	0.007	0.001	0.002
Cr	0.107	0.015	1.403	0.903	0.111	1.452	0.823	0.101	1.423	1.008	0.176	1.450	0.850	0.157	1.377	0.828
Al	0.011	0.001	0.284	0.406	0.038	0.225	0.409	0.054	0.235	0.356	0.058	0.213	0.364	0.053	0.295	0.405
Mg	0.014	0.027	0.628	0.631	0.048	0.628	0.674	0.087	0.639	0.646	0.021	0.616	0.628	0.025	0.625	0.685
Ca	0.012	0.013	0.003	0.001	0.005	0.001	0.002	0.006	0.004	0.005	0.007	0.003	0.003	0.006	0.006	0.008
Mn	0.003	0.006	0.010	0.010	0.008	0.009	0.011	0.050	0.011	0.010	0.008	0.013	0.009	0.009	0.009	0.011
Fe^{3+}	1.258	1.948	0.193	0.447	1.149	0.181	0.517	1.418	0.210	0.417	1.359	0.202	0.535	1.408	0.192	0.516
Fe^{2+}	1.266	0.956	0.410	0.475	1.278	0.427	0.428	1.057	0.406	0.436	1.160	0.422	0.477	1.130	0.419	0.408
Ti	0.277	0.011	0.057	0.121	0.333	0.069	0.126	0.210	0.061	0.104	0.190	0.065	0.125	0.176	0.064	0.126
Ni	0.006	0.005	0.001	0.001	0.008	0.001	0.006	0.009	0.002	0.005	0.002	0.004	0.004	0.005	0.004	0.006
Total	3.00	3.00	3.00	3.00	3.00	3.00	3.00	3.00	3.00	3.00	3.00	3.00	3.00	3.00	3.00	3.00
Cr/(Cr+Al)	0.91	0.93	0.83	0.69	0.75	0.87	0.67	0.65	0.86	0.74	0.75	0.87	0.70	0.75	0.82	0.67
$Fe^{2+}/(Fe^{2+}+Mg)$	0.99	0.97	0.39	0.43	0.96	0.40	0.39	0.92	0.39	0.40	0.98	0.41	0.43	0.98	0.40	0.37
$Mg/(Mg+Fe^{2+})$	0.01	0.03	0.61	0.57	0.04	0.60	0.61	0.08	0.61	0.60	0.02	0.59	0.57	0.02	0.60	0.63

续表

成分	L50-9	L50-10	L50-11	L50-12	L50-13	L50-14	L50-15	L50-16	L50-17	L50-18	L50-19	L50-20	L50-21	L50-22	L50-23	L50-24
$Fe^{3+}/(Fe^{3+}+Al+Cr)$	0.91	0.99	0.10	0.25	0.88	0.10	0.30	0.90	0.11	0.23	0.85	0.11	0.31	0.87	0.10	0.30
$Al/(Cr+Al+Fe^{3+})$	0.01	0.00	0.15	0.23	0.03	0.12	0.23	0.03	0.13	0.20	0.04	0.11	0.21	0.03	0.16	0.23
$Cr/(Cr+Al+Fe^{3+})$	0.08	0.01	0.75	0.51	0.09	0.78	0.47	0.06	0.76	0.57	0.11	0.78	0.49	0.10	0.74	0.47
$Fe^{3+}/(Fe^{3+}+Fe^{2+})$	0.50	0.67	0.32	0.48	0.47	0.30	0.55	0.57	0.34	0.49	0.54	0.32	0.53	0.55	0.31	0.56
成分	L50-25	L30-1	L30-2	L30-3	L30-4	L30-5	L30-6	L30-7	L30-8	L30-9	L30-10	L30-11	L30-12	L30-13	L30-14	L30-15
Zone	Sp g	Sp h	Sp i	Sp j	Sp h	Sp i	Sp j	Sp h	Sp i	Sp i	Sp j	Sp h	Sp j	Sp h	Sp i	Sp j
SiO_2/%	2.42	0.13	0.06	0.39	0.11	0.07	0.94	0.13	0.07	0.10	1.20	0.05	0.64	0.12	0.08	1.41
Na_2O/%	0.08	—	0.01	0.04	0.05	0.06	0.07	0.05	0.02	—	0.08	0.05	0.01	0.03	0.04	0.09
K_2O/%	0.06	0.02	0.02	0.01	0.00	—	0.02	0.01	0.05	0.06	0.08	0.03	0.02	0.04	0.03	0.05
Cr_2O_3/%	3.67	48.27	54.99	2.33	50.35	50.58	1.39	51.43	40.44	21.28	2.21	57.95	6.98	51.88	29.19	5.50
Al_2O_3/%	1.07	6.75	3.29	0.31	5.39	3.52	0.22	5.27	2.94	2.59	0.89	2.68	1.23	4.80	3.00	0.88
MgO/%	1.14	13.04	11.98	0.52	12.66	12.44	0.19	12.78	11.82	11.06	1.25	12.17	2.64	12.97	11.86	0.84
CaO/%	0.22	0.06	0.02	0.14	0.14	0.32	0.52	0.07	0.14	0.14	0.21	0.11	0.21	0.18	0.11	0.38
MnO/%	0.26	0.61	0.63	0.16	0.63	0.66	0.03	0.67	0.56	0.76	0.16	0.63	0.43	0.63	0.70	0.31
Fe_2O_3/%	50.02	8.58	7.00	41.76	9.19	11.41	45.56	8.71	24.83	39.07	55.65	8.51	49.59	9.64	32.48	50.92
FeO/%	35.22	16.56	16.92	40.62	16.11	16.11	39.76	16.14	14.69	18.03	32.73	15.02	32.02	15.01	16.94	33.61
TiO_2/%	4.46	4.96	4.19	11.82	4.40	4.49	10.06	4.35	2.47	5.19	3.88	2.63	5.43	3.83	4.84	4.15
NiO/%	0.25	0.07	0.08	0.15	0.14	0.06	0.34	0.10	0.15	0.07	0.31	0.03	0.22	0.07	0.08	0.31
Total/%	98.87	99.02	99.17	98.22	99.17	99.69	99.08	99.69	98.18	98.33	98.64	99.83	99.39	99.20	99.34	98.35
Si	0.091	0.004	0.002	0.015	0.004	0.002	0.036	0.004	0.003	0.004	0.046	0.002	0.024	0.004	0.003	0.054
Na	0.006	0.000	0.001	0.003	0.003	0.004	0.005	0.003	0.001	0.000	0.006	0.003	0.000	0.002	0.003	0.007

续表

成分	L50-25	L30-1	L30-2	L30-3	L30-4	L30-5	L30-6	L30-7	L30-8	L30-9	L30-10	L30-11	L30-12	L30-13	L30-14	L30-15
K	0.004	0.001	0.001	0.000	0.000	0.000	0.001	0.000	0.003	0.003	0.005	0.002	0.001	0.002	0.002	0.003
Cr	0.109	1.267	1.474	0.071	1.331	1.344	0.042	1.352	1.105	0.588	0.066	1.546	0.206	1.372	0.791	0.166
Al	0.048	0.264	0.131	0.014	0.212	0.139	0.010	0.206	0.120	0.107	0.040	0.107	0.054	0.189	0.121	0.040
Mg	0.064	0.645	0.605	0.030	0.631	0.623	0.011	0.634	0.609	0.577	0.071	0.612	0.147	0.646	0.606	0.048
Ca	0.009	0.002	0.001	0.006	0.005	0.011	0.021	0.002	0.005	0.005	0.009	0.004	0.008	0.007	0.004	0.016
Mn	0.008	0.017	0.018	0.005	0.018	0.019	0.001	0.019	0.016	0.023	0.005	0.018	0.013	0.018	0.020	0.010
Fe^{3+}	1.418	0.214	0.179	1.206	0.231	0.289	1.307	0.218	0.646	1.028	1.592	0.216	1.390	0.243	0.838	1.459
Fe^{2+}	1.110	0.460	0.480	1.304	0.450	0.453	1.267	0.449	0.425	0.527	1.041	0.424	0.998	0.420	0.485	1.071
Ti	0.126	0.124	0.107	0.341	0.111	0.114	0.288	0.109	0.064	0.136	0.111	0.067	0.152	0.096	0.125	0.119
Ni	0.008	0.002	0.002	0.005	0.004	0.002	0.010	0.003	0.004	0.002	0.009	0.001	0.006	0.002	0.002	0.010
Total	3.00	3.00	3.00	3.00	3.00	3.00	3.00	3.00	3.00	3.00	3.00	3.00	3.00	3.00	3.00	3.00
Cr/(Cr+Al)	0.70	0.83	0.92	0.83	0.86	0.91	0.81	0.87	0.90	0.85	0.63	0.94	0.79	0.88	0.87	0.81
$Fe^{2+}/(Fe^{2+}+Mg)$	0.95	0.42	0.44	0.98	0.42	0.42	0.99	0.41	0.41	0.48	0.94	0.41	0.87	0.39	0.44	0.96
$Mg/(Mg+Fe^{2+})$	0.05	0.58	0.56	0.02	0.58	0.58	0.01	0.59	0.59	0.52	0.06	0.59	0.13	0.61	0.56	0.04
$Fe^{3+}/(Fe^{3+}+Al+Cr)$	0.90	0.12	0.10	0.93	0.13	0.16	0.96	0.12	0.35	0.60	0.94	0.12	0.84	0.13	0.48	0.88
$Al/(Cr+Al+Fe^{3+})$	0.03	0.15	0.07	0.01	0.12	0.08	0.01	0.12	0.06	0.06	0.02	0.06	0.03	0.10	0.07	0.02
$Cr/(Cr+Al+Fe^{3+})$	0.07	0.73	0.83	0.05	0.75	0.76	0.03	0.76	0.59	0.34	0.04	0.83	0.12	0.76	0.45	0.10
$Fe^{3+}/(Fe^{3+}+Fe^{2+})$	0.56	0.32	0.27	0.48	0.34	0.39	0.51	0.33	0.60	0.66	0.60	0.34	0.58	0.37	0.63	0.58

续表

成分	L30-16	L30-17	L30-18	L30-19	L30-20	L30-21	L42-1	L42-2	L42-3	L42-4	L42-5	L42-6	L42-7	L42-8	L42-9	L42-10
Zone	Sp h	Sp i	Sp j	Sp h	Sp i	Sp j	Sp l	Sp m	Sp l	Sp m	Sp l	Sp m	Sp m	Sp l	Sp m	Sp k
SiO_2/%	0.10	0.06	0.77	0.08	0.05	1.30	0.09	0.13	0.12	1.73	0.13	0.19	2.27	0.22	2.63	0.09
Na_2O/%	0.03	0.05	0.08	0.04	0.01	0.04	—	0.03	0.02	0.13	0.02	0.02	0.01	0.02	0.11	—
K_2O/%	0.01	0.00	0.02	0.02	0.01	0.01	0.01	0.02	0.01	0.05	—	0.01	0.09	0.01	0.08	0.00
Cr_2O_3/%	51.97	53.50	7.91	52.97	36.64	2.29	51.61	2.64	48.74	0.52	50.25	0.94	0.16	49.01	0.94	47.37
Al_2O_3/%	4.36	3.08	0.87	3.56	3.52	0.74	4.51	0.02	5.04	0.50	5.69	0.04	0.61	6.10	0.65	5.29
MgO/%	12.40	12.70	1.13	12.35	11.84	0.79	8.93	0.09	7.91	0.69	9.03	0.57	0.70	8.47	0.86	13.14
CaO/%	0.07	0.08	0.09	0.07	0.05	0.10	0.03	0.07	0.04	0.76	0.01	0.08	1.00	0.03	1.06	0.05
MnO/%	0.64	0.67	0.40	0.68	0.54	0.12	0.49	0.03	0.64	0.14	0.47	0.07	0.04	0.57	0.22	0.31
Fe_2O_3/%	8.02	10.32	50.06	9.30	25.91	55.15	8.40	66.33	9.06	63.93	8.44	67.64	61.61	9.14	60.48	10.96
FeO/%	17.42	15.32	33.71	16.16	17.71	34.17	23.01	31.05	23.28	30.83	21.79	29.73	31.89	22.52	31.75	16.90
TiO_2/%	5.04	3.82	4.64	4.11	4.48	3.78	4.51	0.28	4.09	0.44	3.80	0.36	0.75	3.59	0.84	5.38
NiO/%	0.08	0.10	0.29	0.03	0.12	0.22	0.20	0.34	0.09	0.07	0.22	0.94	0.06	0.17	0.07	0.25
Total/%	100.14	99.69	99.94	99.38	100.89	98.71	101.77	101.04	99.03	99.79	99.86	100.58	99.19	99.84	99.68	99.74
Si	0.003	0.002	0.029	0.003	0.002	0.050	0.003	0.005	0.004	0.065	0.005	0.007	0.086	0.007	0.099	0.003
Na	0.002	0.003	0.006	0.003	0.000	0.003	0.000	0.002	0.001	0.010	0.002	0.002	0.001	0.001	0.008	0.000
K	0.001	0.000	0.001	0.001	0.001	0.000	0.001	0.001	0.000	0.003	0.000	0.000	0.005	0.000	0.005	0.000
Cr	1.370	1.423	0.235	1.412	0.975	0.069	1.374	0.079	1.337	0.015	1.353	0.028	0.005	1.323	0.028	1.244
Al	0.171	0.122	0.038	0.141	0.139	0.033	0.179	0.001	0.206	0.022	0.228	0.002	0.027	0.245	0.029	0.207
Mg	0.617	0.637	0.063	0.621	0.594	0.045	0.448	0.005	0.409	0.039	0.458	0.033	0.040	0.431	0.048	0.651
Ca	0.003	0.003	0.004	0.003	0.002	0.004	0.001	0.003	0.001	0.031	0.000	0.003	0.041	0.001	0.043	0.002

续表

成分	L30-16	L30-17	L30-18	L30-19	L30-20	L30-21	L42-1	L42-2	L42-3	L42-4	L42-5	L42-6	L42-7	L42-8	L42-9	L42-10
Mn	0.018	0.019	0.013	0.020	0.015	0.004	0.014	0.001	0.019	0.005	0.014	0.002	0.001	0.017	0.007	0.009
Fe^{3+}	0.201	0.261	1.414	0.236	0.656	1.585	0.213	1.897	0.236	1.820	0.216	1.937	1.759	0.235	1.710	0.274
Fe^{2+}	0.486	0.431	1.058	0.456	0.498	1.091	0.648	0.987	0.676	0.975	0.621	0.946	1.012	0.643	0.998	0.469
Ti	0.126	0.097	0.131	0.104	0.113	0.109	0.114	0.008	0.107	0.012	0.097	0.010	0.022	0.092	0.024	0.134
Ni	0.002	0.003	0.009	0.001	0.003	0.007	0.005	0.011	0.002	0.002	0.006	0.029	0.002	0.005	0.002	0.007
Total	3.00	3.00	3.00	3.00	3.00	3.00	3.00	3.00	3.00	3.00	3.00	3.00	3.00	3.00	3.00	3.00
Cr/(Cr+Al)	0.89	0.92	0.86	0.91	0.87	0.67	0.88	0.99	0.87	0.41	0.86	0.94	0.15	0.84	0.49	0.86
$Fe^{2+}/(Fe^{2+}+Mg)$	0.44	0.40	0.94	0.42	0.46	0.96	0.59	0.99	0.62	0.96	0.58	0.97	0.96	0.60	0.95	0.42
$Mg/(Mg+Fe^{2+})$	0.56	0.60	0.06	0.58	0.54	0.04	0.41	0.01	0.38	0.04	0.42	0.03	0.04	0.40	0.05	0.58
$Fe^{3+}/(Fe^{3+}+Al+Cr)$	0.12	0.14	0.84	0.13	0.37	0.94	0.12	0.96	0.13	0.98	0.12	0.98	0.98	0.13	0.97	0.16
$Al/(Cr+Al+Fe^{3+})$	0.10	0.07	0.02	0.08	0.08	0.02	0.10	0.00	0.12	0.01	0.13	0.00	0.02	0.14	0.02	0.12
$Cr/(Cr+Al+Fe^{3+})$	0.79	0.79	0.14	0.79	0.55	0.04	0.78	0.04	0.75	0.01	0.75	0.01	0.00	0.73	0.02	0.72
$Fe^{3+}/(Fe^{3+}+Fe^{2+})$	0.29	0.38	0.57	0.34	0.57	0.59	0.25	0.66	0.26	0.65	0.26	0.67	0.63	0.27	0.63	0.37
成分	L42-11	L42-12	L42-13	L42-14	L42-15	L42-16	L42-17	L42-18	L42-19	L42-20	L42-21	L42-22	L42-23	L42-24	L42-25	L42-26
Zone	Sp l	Sp k	Sp l	Sp l	Sp m	Sp k	Sp l	Sp m	Sp k	Sp l	Sp m	Sp k	Sp l	Sp m	Sp k	Sp k
SiO_2/%	0.08	0.12	0.07	0.08	1.18	0.11	0.25	1.02	0.12	0.09	1.56	0.11	0.08	1.97	0.15	0.15
Na_2O/%	0.02	0.01	—	0.03	0.14	—	—	0.05	0.02	0.01	0.06	0.02	—	0.10	0.03	0.02
K_2O/%	—	0.01	0.02	—	0.05	0.01	—	0.03	0.02	0.00	0.04	—	0.01	0.06	0.01	—
Cr_2O_3/%	41.14	48.64	39.12	32.38	0.47	50.86	45.37	0.27	49.44	40.38	0.60	50.47	45.21	0.91	51.34	49.90
Al_2O_3/%	4.29	5.44	4.20	4.48	0.01	6.26	5.03	0.21	5.17	4.95	0.44	4.78	4.61	0.54	6.02	5.86
MgO/%	4.98	13.17	3.96	0.28	0.57	13.93	4.35	0.44	12.85	2.98	0.45	12.04	5.85	0.92	13.76	13.58

续表

成分	L42-11	L42-12	L42-13	L42-14	L42-15	L42-16	L42-17	L42-18	L42-19	L42-20	L42-21	L42-22	L42-23	L42-24	L42-25	L42-26
CaO/%	0.05	0.07	0.11	0.12	0.31	0.09	0.09	0.44	0.10	0.12	0.73	0.04	0.05	0.81	0.02	0.03
MnO/%	2.31	0.36	2.35	2.27	0.13	0.30	1.64	—	0.36	1.87	0.04	0.58	1.26	0.08	0.27	0.34
Fe_2O_3/%	12.26	10.67	13.63	15.39	64.28	9.63	9.61	65.39	11.86	14.36	61.97	10.50	11.32	62.18	9.31	11.34
FeO/%	26.88	17.06	29.63	36.13	32.23	14.69	28.00	31.13	16.32	30.22	31.89	17.11	26.10	31.65	15.39	14.86
TiO_2/%	5.71	5.20	6.49	7.69	1.61	3.94	4.28	0.64	4.04	4.70	1.14	4.06	4.50	1.01	4.22	3.66
NiO/%	0.14	0.23	0.13	0.13	0.07	0.18	0.09	0.38	—	0.10	0.08	0.18	0.10	0.08	0.23	0.18
Total/%	97.86	100.98	99.70	98.97	101.03	99.98	98.70	99.99	100.29	99.77	99.01	99.86	99.08	100.29	100.77	99.94
Si	0.003	0.004	0.002	0.003	0.044	0.004	0.009	0.039	0.004	0.003	0.060	0.004	0.003	0.074	0.005	0.005
Na	0.002	0.001	0.000	0.002	0.010	0.000	0.000	0.004	0.001	0.000	0.004	0.001	0.000	0.007	0.002	0.002
K	0.000	0.000	0.001	0.000	0.003	0.000	0.000	0.002	0.001	0.000	0.002	0.000	0.001	0.004	0.000	0.000
Cr	1.172	1.262	1.105	0.946	0.014	1.319	1.282	0.008	1.295	1.144	0.018	1.336	1.263	0.027	1.325	1.301
Al	0.182	0.211	0.177	0.195	0.000	0.242	0.212	0.010	0.202	0.209	0.020	0.189	0.192	0.024	0.232	0.228
Mg	0.268	0.644	0.211	0.016	0.032	0.681	0.232	0.025	0.635	0.159	0.026	0.601	0.308	0.051	0.670	0.668
Ca	0.002	0.002	0.004	0.005	0.012	0.003	0.004	0.018	0.004	0.004	0.030	0.001	0.002	0.032	0.001	0.001
Mn	0.070	0.010	0.071	0.071	0.004	0.008	0.049	0.000	0.010	0.057	0.001	0.017	0.038	0.002	0.008	0.010
Fe^{3+}	0.332	0.264	0.366	0.428	1.819	0.238	0.258	1.874	0.296	0.387	1.783	0.265	0.301	1.755	0.229	0.281
Fe^{2+}	0.810	0.468	0.885	1.117	1.013	0.403	0.837	0.991	0.452	0.906	1.020	0.479	0.771	0.993	0.420	0.410
Ti	0.155	0.128	0.174	0.214	0.046	0.097	0.115	0.018	0.101	0.127	0.033	0.102	0.120	0.028	0.104	0.091
Ni	0.004	0.006	0.004	0.004	0.002	0.005	0.003	0.012	0.000	0.003	0.002	0.005	0.003	0.002	0.006	0.005
Total	3.00	3.00	3.00	3.00	3.00	3.00	3.00	3.00	3.00	3.00	3.00	3.00	3.00	3.00	3.00	3.00
Cr/(Cr+Al)	0.87	0.86	0.86	0.83	0.97	0.85	0.86	0.46	0.87	0.85	0.48	0.88	0.87	0.53	0.85	0.85
$Fe^{2+}/(Fe^{2+}+Mg)$	0.75	0.42	0.81	0.99	0.97	0.37	0.78	0.98	0.42	0.85	0.98	0.44	0.71	0.95	0.39	0.38

续表

成分	L42-11	L42-12	L42-13	L42-14	L42-15	L42-16	L42-17	L42-18	L42-19	L42-20	L42-21	L42-22	L42-23	L42-24	L42-25	L42-26
$Mg/(Mg+Fe^{2+})$	0.25	0.58	0.19	0.01	0.03	0.63	0.22	0.02	0.58	0.15	0.02	0.56	0.29	0.05	0.61	0.62
$Fe^{3+}/(Fe^{3+}+Al+Cr)$	0.20	0.15	0.22	0.27	0.99	0.13	0.15	0.99	0.16	0.22	0.98	0.15	0.17	0.97	0.13	0.16
$Al/(Cr+Al+Fe^{3+})$	0.11	0.12	0.11	0.12	0.00	0.13	0.12	0.01	0.11	0.12	0.01	0.11	0.11	0.01	0.13	0.13
$Cr/(Cr+Al+Fe^{3+})$	0.69	0.73	0.67	0.60	0.01	0.73	0.73	0.00	0.72	0.66	0.01	0.75	0.72	0.01	0.74	0.72
$Fe^{3+}/(Fe^{3+}+Fe^{2+})$	0.29	0.36	0.29	0.28	0.64	0.37	0.24	0.65	0.40	0.30	0.64	0.36	0.28	0.64	0.35	0.41

成分	L42-27	L42-28	L42-29	L42-30	L42-31	L42-32	L42-33	L42-34	L42-35	L42-36	Xy6-1	Xy6-2	Xy6-3	Xy6-4	Xy6-5	Xy6-6
Zone	Sp m	Sp k	Sp l	Sp m	Sp k	Sp l	Sp m	Sp k	Sp l	Sp m	Sp n	Sp o	Sp n	Sp o	Sp n	Sp o
SiO_2/%	1.88	0.12	0.07	1.94	0.15	0.05	0.28	0.14	0.12	2.92	0.19	0.12	0.24	0.90	0.22	0.41
Na_2O/%	0.05	0.01	0.03	0.05	0.03	—	0.03	—	—	0.03	0.00	0.04	—	0.01	—	0.01
K_2O/%	0.03	—	—	0.06	—	—	—	0.01	0.00	0.01	0.03	0.03	0.01	0.01	0.00	—
Cr_2O_3/%	0.22	52.04	31.37	1.10	51.93	30.21	0.50	51.34	47.02	0.61	49.09	53.46	47.60	45.11	47.68	50.14
Al_2O_3/%	0.42	6.23	7.64	0.64	5.27	7.32	0.01	5.97	4.98	0.03	9.36	7.18	11.70	8.82	11.50	8.80
MgO/%	0.41	14.31	1.94	0.92	13.47	2.36	0.08	13.41	5.75	0.56	15.32	15.35	15.19	16.37	15.31	16.00
CaO/%	0.75	0.06	0.10	0.72	0.10	0.09	0.09	0.05	0.17	1.16	0.23	0.22	0.15	0.17	0.09	0.07
MnO/%	0.01	0.25	1.53	0.05	0.32	1.55	0.04	0.38	1.49	0.00	0.29	0.33	0.31	0.27	0.29	0.20
Fe_2O_3/%	61.71	9.56	15.43	61.39	8.88	16.11	66.90	9.23	9.23	59.70	6.41	7.49	7.10	11.63	7.30	9.08
FeO/%	32.96	14.96	34.60	31.52	15.97	33.99	30.96	15.99	25.87	32.98	13.64	12.17	13.21	12.00	13.19	11.99
TiO_2/%	1.42	4.15	7.05	0.91	4.54	7.33	0.22	4.25	4.34	0.92	4.83	3.71	3.61	3.91	3.75	3.35
NiO/%	0.13	0.22	0.11	0.17	0.18	0.11	0.00	0.23	0.12	0.11	0.18	0.09	0.17	0.16	0.31	0.17
Total/%	99.95	101.91	99.86	99.44	100.82	99.12	99.10	100.96	99.09	99.03	99.56	100.14	99.27	99.36	99.63	100.19
Si	0.071	0.004	0.003	0.073	0.005	0.002	0.011	0.005	0.004	0.111	0.006	0.004	0.008	0.029	0.007	0.013
Na	0.004	0.000	0.002	0.004	0.002	0.000	0.002	0.000	0.000	0.002	0.000	0.003	0.000	0.001	0.000	0.000

续表

成分	L42-27	L42-28	L42-29	L42-30	L42-31	L42-32	L42-33	L42-34	L42-35	L42-36	Xy6-1	Xy6-2	Xy6-3	Xy6-4	Xy6-5	Xy6-6
K	0.002	0.000	0.000	0.003	0.000	0.000	0.000	0.000	0.000	0.001	0.001	0.002	0.000	0.001	0.000	0.000
Cr	0.007	1.324	0.884	0.033	1.346	0.857	0.015	1.326	1.310	0.018	1.247	1.363	1.201	1.142	1.200	1.265
Al	0.019	0.236	0.321	0.028	0.204	0.309	0.000	0.230	0.207	0.001	0.354	0.273	0.440	0.333	0.431	0.331
Mg	0.023	0.686	0.103	0.052	0.658	0.126	0.005	0.653	0.302	0.031	0.733	0.738	0.723	0.782	0.727	0.761
Ca	0.030	0.002	0.004	0.029	0.003	0.003	0.004	0.002	0.006	0.047	0.008	0.007	0.005	0.006	0.003	0.003
Mn	0.000	0.007	0.046	0.002	0.009	0.047	0.001	0.010	0.045	0.000	0.008	0.009	0.008	0.007	0.008	0.005
Fe^{3+}	1.758	0.232	0.414	1.747	0.219	0.435	1.952	0.227	0.245	1.708	0.155	0.182	0.170	0.280	0.175	0.218
Fe^{2+}	1.043	0.403	1.032	0.997	0.438	1.020	1.004	0.437	0.763	1.049	0.366	0.328	0.353	0.321	0.351	0.320
Ti	0.040	0.100	0.189	0.026	0.112	0.198	0.006	0.104	0.115	0.026	0.117	0.090	0.087	0.094	0.090	0.080
Ni	0.004	0.006	0.003	0.005	0.005	0.003	0.000	0.006	0.003	0.003	0.005	0.002	0.004	0.004	0.008	0.004
Total	3.00	3.00	3.00	3.00	3.00	3.00	3.00	3.00	3.00	3.00	3.00	3.00	3.00	3.00	3.00	3.00
Cr/(Cr+Al)	0.26	0.85	0.73	0.54	0.87	0.73	0.98	0.85	0.86	0.93	0.78	0.83	0.73	0.77	0.74	0.79
$Fe^{2+}/(Fe^{2+}+Mg)$	0.98	0.37	0.91	0.95	0.40	0.89	1.00	0.40	0.72	0.97	0.33	0.31	0.33	0.29	0.33	0.30
$Mg/(Mg+Fe^{2+})$	0.02	0.63	0.09	0.05	0.60	0.11	0.00	0.60	0.28	0.03	0.67	0.69	0.67	0.71	0.67	0.70
$Fe^{3+}/(Fe^{3+}+Al+Cr)$	0.99	0.13	0.26	0.97	0.12	0.27	0.99	0.13	0.14	0.99	0.09	0.10	0.09	0.16	0.10	0.12
$Al/(Cr+Al+Fe^{3+})$	0.01	0.13	0.20	0.02	0.12	0.19	0.00	0.13	0.12	0.00	0.20	0.15	0.24	0.19	0.24	0.18
$Cr/(Cr+Al+Fe^{3+})$	0.00	0.74	0.55	0.02	0.76	0.54	0.01	0.74	0.74	0.01	0.71	0.75	0.66	0.65	0.66	0.70
$Fe^{3+}/(Fe^{3+}+Fe^{2+})$	0.63	0.37	0.29	0.64	0.33	0.30	0.66	0.34	0.24	0.62	0.30	0.36	0.33	0.47	0.33	0.41

成分	Xy6-7	Xy6-8	Xy6-9	Xy6-10	Xy6-11	Xy6-12	Xy6-13	Xy6-14	Xy6-15	Xy6-16	Xy6-17	Xy6-18	Xy6-19	Xy6-20	Xy6-21	Xy6-22
Zone	Sp n	Sp o	Sp n	Sp o	Sp n	Sp o	Sp n	Sp o	Sp n	Sp o	Sp p	Sp p	Sp p	Sp p	Sp p	Sp p
SiO_2/%	0.24	3.08	0.21	2.51	0.29	0.20	0.24	0.15	0.74	1.05	0.10	0.05	0.08	0.08	0.06	0.07
Na_2O/%	0.02	0.00	0.02	—	—	—	—	0.02	0.02	0.01	—	—	—	—	—	—

续表

成分	Xy6-7	Xy6-8	Xy6-9	Xy6-10	Xy6-11	Xy6-12	Xy6-13	Xy6-14	Xy6-15	Xy6-16	Xy6-17	Xy6-18	Xy6-19	Xy6-20	Xy6-21	Xy6-22
K_2O/%	0.02	0.02	0.01	0.01	0.01	0.06	0.04	0.05	0.07	0.01	0.00	0.02	0.00	0.01	0.01	0.00
Cr_2O_3/%	47.79	43.69	46.63	43.90	45.51	38.92	49.08	43.60	47.63	45.40	0.26	0.27	0.19	0.20	0.22	0.24
Al_2O_3/%	11.47	8.88	12.69	9.85	11.83	7.26	9.58	6.97	10.07	12.13	0.01	0.05	0.01	0.01	0.02	0.02
MgO/%	15.03	19.28	15.63	18.05	14.76	14.96	15.58	15.28	14.16	17.61	0.03	0.02	0.05	0.06	0.09	0.02
CaO/%	0.08	0.13	0.19	0.30	0.30	0.73	0.35	0.73	0.40	0.42	0.07	0.07	0.06	0.10	0.05	0.11
MnO/%	0.23	0.21	0.21	0.23	0.22	0.69	0.35	0.39	0.40	0.37	0.16	0.14	0.16	0.19	0.14	0.14
Fe_2O_3/%	7.27	11.27	7.05	10.06	7.82	16.38	8.22	13.95	9.42	10.17	69.34	68.94	68.63	68.87	69.40	69.18
FeO/%	13.24	11.18	12.70	11.85	13.81	13.73	12.60	12.64	15.63	11.25	31.25	30.89	30.82	30.77	31.06	30.96
TiO_2/%	3.53	3.84	3.78	3.79	3.92	6.17	4.03	5.33	3.78	3.69	—	—	—	0.02	0.02	—
NiO/%	0.32	0.21	0.28	0.37	0.33	0.17	0.14	0.16	0.19	0.10	—	0.07	—	0.09	0.03	0.13
Total/%	99.24	101.79	99.41	100.90	98.81	99.27	100.19	99.26	102.50	102.22	101.20	100.49	99.99	100.36	101.05	100.87
Si	0.008	0.094	0.007	0.078	0.009	0.007	0.008	0.005	0.023	0.032	0.004	0.002	0.003	0.003	0.002	0.002
Na	0.001	0.000	0.001	0.000	0.000	0.000	0.000	0.002	0.001	0.000	0.000	0.000	0.000	0.000	0.000	0.000
K	0.001	0.001	0.001	0.000	0.001	0.003	0.002	0.002	0.003	0.000	0.000	0.001	0.000	0.000	0.001	0.000
Cr	1.209	1.057	1.167	1.075	1.156	1.005	1.236	1.124	1.184	1.096	0.008	0.008	0.006	0.006	0.007	0.007
Al	0.433	0.320	0.473	0.359	0.448	0.279	0.360	0.268	0.373	0.437	0.000	0.002	0.000	0.001	0.001	0.001
Mg	0.717	0.879	0.738	0.833	0.707	0.728	0.740	0.743	0.664	0.802	0.001	0.001	0.003	0.003	0.005	0.001
Ca	0.003	0.004	0.006	0.010	0.010	0.026	0.012	0.026	0.013	0.014	0.003	0.003	0.002	0.004	0.002	0.004
Mn	0.006	0.005	0.006	0.006	0.006	0.019	0.009	0.011	0.011	0.010	0.005	0.004	0.005	0.006	0.004	0.004
Fe^{3+}	0.175	0.259	0.168	0.234	0.189	0.403	0.197	0.342	0.223	0.234	1.985	1.987	1.988	1.987	1.988	1.987
Fe^{2+}	0.354	0.286	0.336	0.307	0.371	0.375	0.336	0.344	0.411	0.287	0.994	0.989	0.992	0.986	0.989	0.988
Ti	0.085	0.088	0.090	0.088	0.095	0.151	0.097	0.131	0.089	0.085	0.000	0.000	0.000	0.000	0.001	0.000

续表

成分	Xy6-7	Xy6-8	Xy6-9	Xy6-10	Xy6-11	Xy6-12	Xy6-13	Xy6-14	Xy6-15	Xy6-16	Xy6-17	Xy6-18	Xy6-19	Xy6-20	Xy6-21	Xy6-22
Ni	0.008	0.005	0.007	0.009	0.009	0.005	0.004	0.004	0.005	0.003	0.000	0.002	0.000	0.003	0.001	0.004
Total	3.00	3.00	3.00	3.00	3.00	3.00	3.00	3.00	3.00	3.00	3.00	3.00	3.00	3.00	3.00	3.00
Cr/(Cr+Al)	0.74	0.77	0.71	0.75	0.72	0.78	0.77	0.81	0.76	0.72	0.97	0.79	0.92	0.91	0.87	0.88
$Fe^{2+}/(Fe^{2+}+Mg)$	0.33	0.25	0.31	0.27	0.34	0.34	0.31	0.32	0.38	0.26	1.00	1.00	1.00	1.00	1.00	1.00
$Mg/(Mg+Fe^{2+})$	0.67	0.75	0.69	0.73	0.66	0.66	0.69	0.68	0.62	0.74	0.00	0.00	0.00	0.00	0.00	0.00
$Fe^{3+}/(Fe^{3+}+Al+Cr)$	0.10	0.16	0.09	0.14	0.11	0.24	0.11	0.20	0.13	0.13	1.00	0.99	1.00	1.00	1.00	1.00
$Al/(Cr+Al+Fe^{3+})$	0.24	0.20	0.26	0.22	0.25	0.17	0.20	0.15	0.21	0.25	0.00	0.00	0.00	0.00	0.00	0.00
$Cr/(Cr+Al+Fe^{3+})$	0.67	0.65	0.65	0.64	0.64	0.60	0.69	0.65	0.67	0.62	0.00	0.00	0.00	0.00	0.00	0.00
$Fe^{3+}/(Fe^{3+}+Fe^{2+})$	0.33	0.48	0.33	0.43	0.34	0.52	0.37	0.50	0.35	0.45	0.67	0.67	0.67	0.67	0.67	0.67

成分	L1-1	L1-2	L1-3	L1-4	L1-5	L1-6	L1-7	L1-8	L1-9	L1-10	L1-11	L1-12	L1-13	L1-14	L1-15	L1-16
Zone	Sp q	Sp r	Sp s	Sp t	Sp r	Sp r	Sp s	Sp t	Sp r	Sp s	Sp t	Sp q	Sp r	Sp s	Sp t	Sp r
SiO_2/%	0.09	0.06	0.03	1.90	0.05	0.07	0.08	0.64	0.11	0.06	0.69	0.12	0.10	0.20	1.74	0.05
Na_2O/%	0.06	0.04	0.01	—	—	0.04	0.04	—	—	0.07	—	—	—	—	—	0.02
K_2O/%	0.01	0.01	0.01	0.01	0.02	0.01	0.01	0.02	0.03	0.01	0.02	0.03	0.01	0.02	0.06	0.02
Cr_2O_3/%	54.86	32.07	14.89	0.29	46.87	29.28	16.34	0.37	25.04	16.90	1.45	57.26	31.16	17.84	1.64	27.13
Al_2O_3/%	4.87	14.95	13.49	0.18	6.81	14.40	13.54	0.10	15.79	15.05	1.57	5.64	15.68	15.47	0.25	15.04
MgO/%	12.06	13.13	6.04	0.95	13.18	13.27	4.57	0.31	17.22	7.73	1.08	12.87	15.34	4.79	1.89	15.14
CaO/%	0.03	0.03	0.04	1.06	0.09	0.08	0.11	0.20	0.13	0.14	0.44	0.02	0.05	0.04	0.05	0.02
MnO/%	0.46	0.24	1.41	0.11	0.32	0.30	2.03	0.09	0.48	1.43	0.29	0.38	0.36	2.45	0.12	0.47
Fe_2O_3/%	7.89	17.54	27.09	61.98	12.48	20.08	25.47	64.41	23.83	26.10	58.79	5.80	19.86	24.20	62.22	22.94
FeO/%	16.10	17.07	28.30	31.61	15.49	17.45	29.53	30.49	12.23	25.24	31.99	14.86	15.09	29.26	29.77	15.25
TiO_2/%	3.03	4.14	6.63	1.45	3.82	4.79	6.31	1.21	5.46	5.95	3.00	2.53	4.45	5.46	0.30	5.09

续表

成分	L1-1	L1-2	L1-3	L1-4	L1-5	L1-6	L1-7	L1-8	L1-9	L1-10	L1-11	L1-12	L1-13	L1-14	L1-15	L1-16
NiO/%	0.12	0.12	0.08	0.48	0.03	0.04	0.11	1.49	0.08	0.08	0.46	0.17	0.06	0.10	0.05	0.10
Total/%	99.56	99.39	98.03	99.96	99.16	99.82	98.09	99.30	100.37	98.75	99.76	99.62	102.14	99.82	98.05	101.27
Si	0.003	0.002	0.001	0.072	0.002	0.002	0.003	0.024	0.003	0.002	0.026	0.004	0.003	0.007	0.067	0.002
Na	0.004	0.003	0.001	0.000	0.000	0.002	0.003	0.000	0.000	0.004	0.000	0.000	0.000	0.000	0.000	0.001
K	0.000	0.000	0.000	0.001	0.001	0.001	0.000	0.001	0.001	0.001	0.001	0.001	0.001	0.001	0.004	0.001
Cr	1.454	0.812	0.405	0.009	1.229	0.741	0.449	0.011	0.612	0.448	0.043	1.502	0.759	0.477	0.050	0.669
Al	0.192	0.564	0.548	0.008	0.266	0.543	0.554	0.005	0.575	0.595	0.070	0.220	0.569	0.617	0.011	0.553
Mg	0.603	0.627	0.310	0.054	0.652	0.633	0.237	0.018	0.793	0.387	0.061	0.637	0.704	0.241	0.108	0.704
Ca	0.001	0.001	0.001	0.043	0.003	0.003	0.004	0.008	0.004	0.005	0.018	0.001	0.002	0.001	0.002	0.001
Mn	0.013	0.007	0.041	0.003	0.009	0.008	0.060	0.003	0.012	0.041	0.009	0.011	0.009	0.070	0.004	0.012
Fe^{3+}	0.199	0.423	0.702	1.759	0.312	0.483	0.666	1.866	0.554	0.659	1.666	0.145	0.460	0.616	1.792	0.538
Fe^{2+}	0.451	0.457	0.815	0.997	0.430	0.467	0.858	0.982	0.316	0.708	1.007	0.412	0.389	0.828	0.953	0.398
Ti	0.076	0.100	0.172	0.041	0.095	0.115	0.165	0.035	0.127	0.150	0.085	0.063	0.103	0.139	0.009	0.119
Ni	0.003	0.003	0.002	0.014	0.001	0.001	0.003	0.046	0.002	0.002	0.014	0.005	0.001	0.003	0.001	0.003
Total	3.00	3.00	3.00	3.00	3.00	3.00	3.00	3.00	3.00	3.00	3.00	3.00	3.00	3.00	3.00	3.00
Cr/(Cr+Al)	0.88	0.59	0.43	0.51	0.82	0.58	0.45	0.71	0.52	0.43	0.38	0.87	0.57	0.44	0.82	0.55
$Fe^{2+}/(Fe^{2+}+Mg)$	0.43	0.42	0.72	0.95	0.40	0.42	0.78	0.98	0.28	0.65	0.94	0.39	0.36	0.77	0.90	0.36
$Mg/(Mg+Fe^{2+})$	0.57	0.58	0.28	0.05	0.60	0.58	0.22	0.02	0.72	0.35	0.06	0.61	0.64	0.23	0.10	0.64
$Fe^{3+}/(Fe^{3+}+Al+Cr)$	0.11	0.23	0.42	0.99	0.17	0.27	0.40	0.99	0.32	0.39	0.94	0.08	0.26	0.36	0.97	0.31
$Al/(Cr+Al+Fe^{3+})$	0.10	0.31	0.33	0.00	0.15	0.31	0.33	0.00	0.33	0.35	0.04	0.12	0.32	0.36	0.01	0.31
$Cr/(Cr+Al+Fe^{3+})$	0.79	0.45	0.24	0.00	0.68	0.42	0.27	0.01	0.35	0.26	0.02	0.80	0.42	0.28	0.03	0.38
$Fe^{3+}/(Fe^{3+}+Fe^{2+})$	0.31	0.48	0.46	0.64	0.42	0.51	0.44	0.66	0.64	0.48	0.62	0.26	0.54	0.43	0.65	0.58

续表

成分	L1-17	L1-18	L1-19	L1-20	L1-21	L1-22	L1-23	L1-24	L1-25	L1-26	L1-27	L1-28	L1-29	L1-30	L1-31
Zone	Sp s	Sp t	Sp r	Sp r	Sp s	Sp t	Sp r	Sp s	Sp q	Sp r	Sp s	Sp t	Sp q	Sp r	Sp s
SiO_2/%	0.08	1.43	1.45	0.25	0.12	1.15	0.05	0.17	0.07	0.07	0.08	1.72	0.11	0.07	0.07
Na_2O/%	0.02	0.03	0.00	0.01	0.01	—	0.03	0.01	0.03	—	0.02	0.02	0.02	0.01	0.02
K_2O/%	0.00	0.01	0.02	0.01	0.01	0.01	0.02	0.01	0.00	0.01	0.00	0.00	0.01	0.01	0.00
Cr_2O_3/%	14.12	0.55	22.84	25.57	17.27	0.79	30.64	12.68	56.69	31.45	18.72	1.02	56.35	35.52	23.67
Al_2O_3/%	13.21	0.20	14.01	14.60	14.90	3.76	14.17	16.09	4.87	14.75	14.84	0.03	5.40	13.31	13.51
MgO/%	5.78	0.68	13.75	15.85	6.78	2.29	13.94	7.41	12.18	14.84	8.55	1.10	12.12	12.83	5.68
CaO/%	0.03	0.50	1.05	0.12	0.03	0.32	0.04	0.04	0.03	0.04	0.09	0.30	0.05	0.02	0.05
MnO/%	1.84	0.17	0.62	0.47	1.81	0.24	0.34	1.66	0.39	0.42	0.90	0.24	0.36	0.38	2.15
Fe_2O_3/%	29.11	62.65	22.03	23.23	25.25	50.48	19.31	28.17	6.62	19.72	25.46	62.12	6.18	16.39	21.94
FeO/%	28.96	30.78	17.30	14.49	27.29	33.18	15.70	26.70	16.34	15.28	25.93	31.45	16.42	17.41	26.98
TiO_2/%	6.74	0.94	5.54	5.66	6.17	5.69	4.44	6.39	2.97	4.48	6.35	1.34	2.89	3.98	4.95
NiO/%	0.08	0.71	0.11	0.12	0.10	0.76	0.04	0.17	0.08	0.11	0.07	0.85	0.07	0.09	0.18
Total/%	99.98	98.64	98.19	100.37	99.72	98.65	98.70	99.47	100.26	101.17	101.00	100.14	99.98	99.99	99.22
Si	0.003	0.055	0.047	0.008	0.004	0.043	0.002	0.006	0.002	0.002	0.003	0.065	0.004	0.002	0.002
Na	0.002	0.002	0.000	0.001	0.000	0.000	0.002	0.000	0.002	0.000	0.001	0.002	0.001	0.000	0.001
K	0.000	0.001	0.001	0.000	0.000	0.001	0.001	0.001	0.000	0.001	0.000	0.000	0.000	0.001	0.000
Cr	0.379	0.017	0.579	0.633	0.457	0.023	0.780	0.334	1.492	0.778	0.484	0.030	1.483	0.903	0.638
Al	0.529	0.009	0.530	0.539	0.588	0.164	0.538	0.631	0.191	0.544	0.572	0.001	0.212	0.504	0.543
Mg	0.293	0.039	0.658	0.740	0.339	0.127	0.669	0.368	0.604	0.692	0.417	0.062	0.602	0.615	0.289
Ca	0.001	0.020	0.036	0.004	0.001	0.013	0.001	0.001	0.001	0.001	0.003	0.012	0.002	0.001	0.002
Mn	0.053	0.006	0.017	0.012	0.051	0.008	0.009	0.047	0.011	0.011	0.025	0.008	0.010	0.010	0.062

续表

成分	L1-17	L1-18	L1-19	L1-20	L1-21	L1-22	L1-23	L1-24	L1-25	L1-26	L1-27	L1-28	L1-29	L1-30	L1-31
Fe^{3+}	0.744	1.813	0.532	0.547	0.636	1.410	0.468	0.705	0.166	0.464	0.627	1.764	0.155	0.397	0.563
Fe^{2+}	0.822	0.990	0.464	0.379	0.764	1.030	0.423	0.743	0.455	0.400	0.710	0.992	0.457	0.468	0.769
Ti	0.172	0.027	0.134	0.133	0.155	0.159	0.107	0.160	0.074	0.105	0.156	0.038	0.072	0.096	0.127
Ni	0.002	0.022	0.003	0.003	0.003	0.023	0.001	0.004	0.002	0.003	0.002	0.026	0.002	0.002	0.005
Total	3.00	3.00	3.00	3.00	3.00	3.00	3.00	3.00	3.00	3.00	3.00	3.00	3.00	3.00	3.00
Cr/(Cr+Al)	0.42	0.65	0.52	0.54	0.44	0.12	0.59	0.35	0.89	0.59	0.46	0.96	0.87	0.64	0.54
$Fe^{2+}/(Fe^{2+}+Mg)$	0.74	0.96	0.41	0.34	0.69	0.89	0.39	0.67	0.43	0.37	0.63	0.94	0.43	0.43	0.73
$Mg/(Mg+Fe^{2+})$	0.26	0.04	0.59	0.66	0.31	0.11	0.61	0.33	0.57	0.63	0.37	0.06	0.57	0.57	0.27
$Fe^{3+}/(Fe^{3+}+Al+Cr)$	0.45	0.99	0.32	0.32	0.38	0.88	0.26	0.42	0.09	0.26	0.37	0.98	0.08	0.22	0.32
$Al/(Cr+Al+Fe^{3+})$	0.32	0.00	0.32	0.31	0.35	0.10	0.30	0.38	0.10	0.30	0.34	0.00	0.11	0.28	0.31
$Cr/(Cr+Al+Fe^{3+})$	0.23	0.01	0.35	0.37	0.27	0.01	0.44	0.20	0.81	0.44	0.29	0.02	0.80	0.50	0.37
$Fe^{3+}/(Fe^{3+}+Fe^{2+})$	0.47	0.65	0.53	0.59	0.45	0.58	0.53	0.49	0.27	0.54	0.47	0.64	0.25	0.46	0.42